U0052317

科學真有趣！

為什麼？是什麼？怎麼會？

孩子最想知道的科學疑問200+

總監修

米村傳治郎

（科學製作人）

監　修

今泉忠明

（日本動物科學研究所所長）

戶田一雄

（長崎大學名譽教授）

中島千惠子

（千葉經濟大學短期大學部教授）

布施哲治

（情報通信研究機構鹿島宇宙技術中心主任研究員）

將遊戲轉變為體驗！

米村傳治郎（Science Production）

遊戲過程中也包含了許多科學！

相信有不少人認為科學艱澀難懂，但其實生活周遭隱含許多科學原理。例如吹肥皂泡泡時，孩子們很可能會產生「為什麼泡泡會有顏色？」、「為什麼不會馬上破掉呢？」等諸如此類的疑問，因而在遊戲的過程中找到許多不可思議的科學現象。

科學實驗要成功，勢必要反覆驗證和費盡心思。玩遊戲也是一樣，當進展不順利時，孩子們就會開始思考「不是這樣、也不是那樣」，並費一番心思努力才能迎刃而解，或是獲得新發現。我認為透過讓孩子們思考和費心思努力，能讓他們充分體驗科學。運用雙手和身體，從乍看與科學無關的遊戲過程，同樣也能體驗到科學。

不要認為科學是艱澀難懂的知識，只要讓孩子們在遊戲中覺得「原來科學是如此平易近人」，對此感到樂在其中就好。

「為什麼？」「怎麼會？」讓孩子無時無刻都有無窮盡的疑問！！

如今我們視為理所當然的事物，最初也無人知曉。不曉得答案的古人，也是懷抱著各種疑問，歷經重重失敗才得出答案。抱持疑問是一切的開端。至於疑問的答案，則是花費長年累月一點一滴發現後，才逐漸發展為現代科學。

孩子們就像古人般察覺到許多「為什麼」、「怎麼會」的疑問。也許是因為不曉得答案，才會覺得困難，但其實沒必要這樣想。畢竟大家最初都不曉得，不懂也很正常。始終懷抱疑問，鍥而不捨地尋找答案才是重點所在。這也關係到孩子們的成長，請大家務必挑戰看看科學的諸多不可思議吧。

讓孩子對於學習、體驗樂在其中!!

在現代，諸多疑問很快就能查到答案，但查到答案並非代表懂了。光靠學習獲得的知識稱不上是答案，因為有許多事情，必須透過親身體驗始能真正領悟。

例如僅閱讀食譜，就能製作出同樣美味的料理嗎？我想有時候即使照書上寫的作法，使用菜刀和平底鍋也未必能夠得心應手，未必曉得火侯的掌控吧。光看食譜也無法得知該料理的味道。唯有透過親身實踐才能了解的事情其實很多。

對於閱讀本書後產生興趣的事物，以及能夠實踐的事務，請務必親自嘗試。實際動手做應該會有各種發現。雖然在實驗過程中難免會遭遇很多失敗。遇到這種情況時，不妨反思失敗的原因，重新挑戰看看。

歷經反覆實驗失敗，靠自己絞盡腦汁總算成功的那一刻，想必會是非常愉快的體驗。我認為透過這種體驗的累積，會讓孩子們茁壯成長。

科學真有趣！

為什麼？是什麼？怎麼會？

孩子最想知道的科學疑問200+ 目錄

將遊戲轉變為體驗！………2

本書使用方法………8

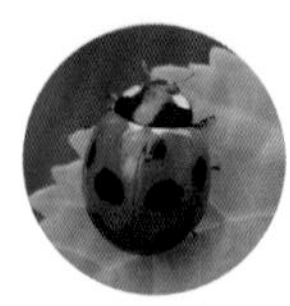

第1章 關於生物的為什麼？

蜜蜂的巢為什麼是六角形的呢？………12

水黽為什麼可以站在水面上呢？………14

螞蟻排隊要去哪裡呢？………16

尖頭蚱蜢為什麼背上背著另一隻蚱蜢呢？………18

被蚊子叮咬時，為什麼會覺得癢呢？………19

椿象為什麼會發出臭味呢？………20

蜘蛛為什麼不會被自己的網黏住？………21

蟑螂為何會出現在家裡呢？………22

鼠婦為什麼會變成圓形呢？………23

蟬為什麼會在飛翔時小便呢？………24

蝴蝶的口器為何會捲起來呢？………26

異色瓢蟲為何有各種花紋呢？………27

蜻蜓的眼睛為什麼那麼大呢？………28

蜻蜓的幼蟲為何要生活在水中呢？………29

螢火蟲為什麼會發光呢？………30

一到秋天就會聽到蟲鳴的聲音，
這是為什麼呢？………31

昆蟲沒有骨頭嗎？………32

最長壽的生物是什麼呢？………33

長頸鹿與大象的糞便為何大小不同？………34

地球上有多少種類的生物存在呢？………35

陸地上最強的生物是什麼呢？………36

動物會蛀牙嗎？………37

為什麼河馬的嘴巴那麼大呢？………38

袋鼠為什麼要用育兒袋來養育小袋鼠呢？………39

鯨魚寶寶如何在海裡吸母乳呢？………40

大猩猩砰砰地敲打自己的胸部是為什麼呢？………41

斑馬為什麼有花紋呢？………42

熊貓只吃竹子嗎？………43

為什麼狗會到處小便呢？………44

貓咪的鬍鬚有什麼作用呢？………46

山羊為什麼會吃紙呢？………48

北極熊為什麼能在冰天雪地裡生存？………49

啄木鳥為什麼會啄樹幹呢？………50

鳥為何會唱歌呢？………51

鳥為何可以飛呢？………52

鳥會在哪些地方築巢呢？………53

候鳥為什麼要進行遷徒？………54

變色龍為什麼會變色？………55

海豚的頭腦很好嗎？………56

烏賊和章魚為什麼會吐墨呢？………57

寄居蟹會搬家是真的嗎？………58

鮭魚為什麼會回到出生的河川呢？………59

食人魚很可怕是真的嗎？………60

魚會睡覺嗎？………61

魚也有耳朵和鼻子嗎？………62

水田裡為何要灌溉滿滿的水呢？………63

蘑菇是植物嗎？………64

什麼是外來種植物？………65

樹木的果實為什麼很多是紅色的呢？………66

有刺的果實為什麼會沾黏呢？………67

葉子為什麼是綠色的呢？………68

玫瑰為什麼有刺呢？………70

仙人掌為什麼有刺呢？………71
待宵草為什麼在夜晚開花呢？………72
蓮藕為何有孔呢？………73
天牛會剪人的頭髮嗎？………74
蝴蝶和蛾有什麼不同之處？………74
梟在夜晚時看不見嗎？………75
鸚鵡為何可以模仿人類說話呢？………75
紅鶴為什麼用單腳站立呢？………76
雞為什麼會早晨啼叫呢？………76
牛為什麼總是在咀嚼食物呢？………77
大象為什麼經常在玩水呢？………77
駱駝的駝峰裡面裝著什麼呢？………78
狸是不是真的會裝睡呢？………78
蛇的哪裡開始算是尾巴呢？………79
壁虎為什麼能夠貼在牆壁上呢？………79
鳳梨有種子嗎？………80
落花生是在泥土中結果嗎？………80
食蟲植物是怎麼抓蟲的呢？………81
植物也有分雄性和雌性嗎？………81

第2章 關於身體的為什麼？

為何跑步後心臟會蹦蹦跳呢？………84
人的眼睛和其他生物的眼睛相比，
有什麼特別之處呢？………86
視覺錯覺是什麼意思？………88
耳朵的功能僅僅是聽到聲音嗎？………90
為什麼鼻塞時，吃東西就沒味道呢？………91
皮膚的顏色為何會不同呢？………92
為什麼悲傷時會流眼淚呢？………93
嬰兒為什麼常常在哭呢？………94
嬰兒出生後為什麼還不會站立呢？………95
人為什麼能用兩隻腳走路呢？………96
打哈欠會傳染是真的嗎？………97
吃辣的食物時會流汗是為什麼呢？………98
孩子為何會長得像父母？………99
為什麼人類沒有尾巴呢？………100
為什麼人有肚臍呢？………101
為什麼會感冒呢？………102
為什麼要打預防針呢？………103
血型為什麼有四種呢？………104
流血時，為什會自然止血呢？………105
為什麼頭部會長頭髮呢？………106
為什麼會打嗝呢？………107
為什麼會有蛀牙呢？………108
指甲的根部的白色部分是什麼呢？………109
為什麼看到酸的食物就會流口水呢？………110
轉圈圈時，為什麼會頭昏眼花呢？………111
人一天會呼吸多少次呢？………112
自己搔癢也不覺得癢是為什麼呢？………113
為什麼要洗澡呢？………114
右撇子或左撇子是天生的嗎？………115
人如果沒有水就不能活下去嗎？………116
為什麼不吃東西就不能存活呢？………117
為什麼會放屁呢？………118
每個人的指紋都不同嗎？………119
為什麼一定要吃蔬菜呢？………120
為什麼人需要睡眠呢？………121
人為什麼會作夢呢？………122
肚子裡有細菌嗎？………123
為什麼會尿床呢？………124
為什麼男女的聲音不同呢？………124
年紀漸長後，
會禿頭或長白髮出來是為什麼呢？………125
撞到頭後為什麼會腫起來？………125
為何會有雞皮疙瘩呢？………126
為什麼會有痣出現？………127
為什麼會眨眼呢？………127
大喊出聲能幫助出力是真的嗎？………127

中暑是怎麼發生的呢？………128
為什麼曬太陽皮膚會變黑呢？………128
為什麼肚子會咕嚕咕嚕作響呢？………129
用餐後馬上跑步，為什麼會肚子痛呢？………129
洗澡時手指為什麼會變得皺皺的呢？………130
花粉症是什麼呢？………130
正座（跪坐）時，為何腳會麻呢？………131
吃刨冰時，為什麼會突然覺得頭痛？………131

第3章 關於日常生活的為什麼？

為什麼脫毛衣時會啪啪作響？………134
乾電池裡面有裝電嗎？………136
電是如何產生的？………138
LED 和螢光燈有什麼不同？………139
微波爐為什麼可以加熱物品？………140
瓦斯是從哪邊運到家裡的呢？………141
以鐵打造的船為何不會沉沒？………142
為什麼滑溜滑梯的時候，屁股會熱熱的？………143
紙是用什麼方式回收的呢？………144
雲霄飛車為什麼
倒立在半空中也不會掉下來？………146
腳踏車為什麼不會倒呢？………147
迴力鏢為什麼會飛回來？………148
球為什麼會彈跳？………150
為什麼熱水是從上層開始變熱？………151
水為什麼會結冰？………152
磁鐵為什麼會緊貼在一起？………154
動畫為什麼會動？………155
玻璃為什麼是透明的？………156
為什麼用望遠鏡觀看遠方的物體，
就能看起來比較大？………157
自己的聲音錄音後，
為什麼跟自己平常聽到的聲音不同？………158
新幹線的第一節車廂為什麼是細長狀？………159
鑽石是怎麼研磨的？………160
輪胎為什麼要有凹槽？………161
煙火為什麼有五顏六色？………162
起重機是如何抬到大廈頂樓呢？………163
為什麼棒球的變化球會轉彎？………164
鐵為什麼會生鏽？………165
為什麼橡皮擦能擦掉鉛筆字？………166
指北針為什麼會指向北方？………167
為什麼要曬棉被？………168
為什麼布或道路淋濕後會變色？………169
為什麼水煮開時會發出咻咻的聲響？………170
為什麼冰冰的杯子上會出現水滴？………171
為什麼會下雪？………172
飛機雲是怎麼形成的？………173
空氣也有重量嗎？………174
為什麼紅茶加入檸檬後會變色？………176
蛋煮過後為什麼會變硬？………178
切洋蔥時為什麼會想流眼淚？………180
烏龍麵的「嚼勁」是什麼？………181
納豆為什麼會黏糊糊的？………182
為什麼替蔬菜灑鹽會冒出水分？………184
為什麼切開的蘋果要浸泡鹽水？………185
水與油會分離不混合的原因是什麼？………186
任何食物都可以冷凍嗎？………188
發黴的原因是什麼？………189
明膠和寒天有何不同？………190
果醬為什麼不會腐敗？………192
為什麼在人群面前會感到緊張？………193
為什麼人會懼怕高處和暗處？………194
阿嬤也有阿嬤嗎？………195
壽命是什麼？………196
人類死亡後會怎麼樣？………197
在電車上跳起來，為什麼落地時還在原處？………198
為什麼遙控器可以開電視？………198

為什麼小鳥能安然停在電線上呢？………199
為什麼在寒冷的日子，嘴裡會呼出白煙？………199
麻糬放久了為什麼會變硬？………200
爆米花為什麼會爆開？………200
標示無糖的商品為什麼有甜味？………201
為什麼要在西瓜上灑鹽？………201
蝦蟹煮過後為什麼會變成紅色？………202
麵包為什麼會膨脹？………202
為什麼醫生都要穿白衣？………203
病毒是生物嗎？………203
鋪在鐵軌上的石頭有什麼作用？………204
為什麼天熱要在室外灑水？………204
蒟蒻的原料是什麼？………205
古時候的人如何切割巨石？………205

第4章 關於地球·宇宙的為什麼？

月亮的形狀為什麼會改變？………208
月食和日食的成因是什麼？………209
太陽究竟有多熱？………210
流星是怎麼形成的？………211
流星雨是什麼？………212
土星為什麼有環？………213
星星為什麼只在晚上發光？………214
星星的亮度為何會有所不同？………215
為什麼會打雷？………216
晚霞為什麼是紅色？………217
彩虹是怎麼形成的？………218
梅雨是什麼？………220
朝陽跟夕陽為什麼看起來比較大？………221
雲是由什麼所組成？………222
天氣預報怎麼產生的呢？………224
為什麼有時會下西北雨？………226
世界上最深的海有多深？………227
酸雨是什麼？………228
颱風是如何形成的呢？………229
為什麼會有春夏秋冬？………230
南極和北極哪邊比較冷？………231
地球暖化是什麼？………232
化石是怎麼形成的？………233
恐龍真的曾經存在過嗎？………234
銀河是什麼？………236
宇宙是何時形成？………236
黑洞是什麼？………237
外星人存在嗎？………237
海市蜃樓是怎麼形成的？………238
漩渦是什麼？………238
海水為什麼是鹹的？………239
極光是什麼？………239
臭氧層是什麼？………240
為什麼會有溫泉？………240

名詞解說………242
給各位家長的話………246

本書使用方法

本書會介紹生活中令人感到「為什麼？」和「真不可思議」的科學疑問答案，也會解說與疑問相關的科學實驗以及自然觀察等，請實際體驗看看。

關於生物的為什麼？
關於身體的為什麼？
關於日常生活的為什麼？
關於地球・宇宙的為什麼？

本書把日常生活的疑問分成四大領域。

「為什麼」的疑問
於本頁回答的疑問。

回答
簡短說明答案。

講解答案
詳細解說答案。

延伸問題 從本頁疑問衍生出來的疑問。進一步了解想知道的事物吧！

空氣也有重量嗎？

回答 雖然肉眼看不見，空氣也是有重量的。

●各位有親身感受到自己周圍空氣的重量嗎？雖然我們看不見也摸不著空氣，不過空起也跟其他物體一樣具有重量。
颳強風時，都有身體被風吹著跑的經驗吧。那就是空氣的重量衝撞身體的緣故。被颱風風力吹倒的樹木和掀起的屋頂，同樣也是抵擋不了空氣的重量。
1公升的空氣與1圓日幣（1g）等重。

延伸問題 為什麼我們感受不到空氣的重量？

回答 因為體內有股外推空氣的力量。

●在我們頭上約10km高處，有著層層堆疊的空氣。這些空氣以相當於用手掌舉起一位成人的力量，由上而下壓著我們。既然如此，為何我們感受不到空氣的重量呢？因為我們體內有股外推空氣的力量，恰好與體外空氣的壓力達到平衡。
●空氣下壓的力量越往高處越小，因為自己上方的空氣變得稀薄。將密封包裝的零食或麵包帶到高山上，包裝袋會更加膨脹。這是因為密封在袋內的空氣外推力，強於袋外的壓力。攀登高山時，不妨帶包袋裝零食進行觀察吧。

▲越往高處空氣下壓的力量越弱。
▶變得更加膨脹的袋裝零食。

174

大小和重量等單位的標記方式

本書出現的單位標記方式

●長度・大小
mm（millimeter，公釐）
cm（centimeter，公分）…1cm=10mm
m（meter，公尺）… 1m=100cm
km（kilometer，公里）… 1km=1000m
●重量
g（gram，公克）
kg（kilogram，公斤）… 1kg=1000g
t（tonne，公噸）… 1t=1000kg
●體積
mℓ（milliliter，毫升）
ℓ（liter，公升）… 1ℓ=1000
●溫度
℃（度）…攝氏
●比例
%（百分比）…整體為100時佔的比率。

實驗・觀察的注意事項

- 實驗有時候並非第一次便能成功，請別氣餒繼續挑戰。
- 實驗使用的材料和道具，請事前準備齊全。

  ※「準備用品」內會列出主要用品。若是必要用品，請設法準備好。
- 使用剪刀、美工刀和菜刀等刀具時，要謹慎避免受傷。

  若使用上遇到困難，可以尋求大人的協助。
- 有關用火和熱水的實驗，一定要在大人的陪同下才能進行。

實驗看看！ 以空氣砲感受空氣的威力
製作會射出空氣彈的空氣砲，親身體驗空氣的威力。
準備用品
紙箱、封箱膠帶、美工刀。
實驗方法
①紙箱的邊緣以封箱膠帶黏3層，進行密封。
②在紙箱側面割出直徑約10cm的圓洞。可以用碗或是罐子等圓形物體抵住紙箱側面，沿著邊緣畫一圈記號，再以美工刀割掉。
③為避免箱蓋晃動，將手伸入洞內，從內側黏貼固定數處。
空氣砲的射擊方法
①將圓洞朝著想射擊的物體，單手捧起箱子。
②另一隻手用力敲打紙箱的相反側。將紙箱放在桌上，從兩側敲打也可以。
瞄準臉和身體後，便能感受到空氣彈的威力。
空氣砲彈是這種形狀
拍打箱子的瞬間，內部的空氣被猛烈地壓到箱外。彈出的空氣會形成漩渦環。
▲透過捲起漩渦，空氣砲彈劃過空氣前進的力量會變強，就會猛烈噴射出來。
動手作作看！
不妨嘗試這些玩法。
●以空氣砲瞄準折好的紙標靶，試著把標靶射倒。
●在遠處瞄準點燃的蠟燭，試著讓火熄滅。
※一定要有大人在場才能使用火燭。
175

實驗看看

觀察看看！ ？小測驗

動手作作看！

介紹與本頁疑問有關的實驗、觀察提議、玩法和謎題。

親身體驗疑問的答案，加以驗證吧。

實驗的解說

實驗的重點和解說。請作為實驗摘要的參考。

本書登場的人物

為大家介紹這兩位！

跟我們一起探索為什麼的答案吧！

問號哥哥　問號妹妹

第1章

關於生物的為什麼？

蜜蜂的巢為什麼是六角形的呢？

回答 因為六角形的巢又輕又牢固，而且可以分割成好多房間。

●像蜜蜂的巢一樣，由很多六角形的格子組合而成、中間沒有縫隙的構造，就叫作「蜂巢構造」。蜂巢構造有很多優點：
首先，抗壓性很強。在六角柱上方施加力道會反彈，左右施加的力道則可以被吸收。如此一來，蜂巢就會很堅牢。
其次，可以善加利用空間。整個空間鋪滿相同的六角形形狀，不會產生多餘的空隙。
最後，需要使用的築巢材料不多。蜜蜂建造蜂巢變得輕鬆，並且可以作出很輕的巢。

▲蜜蜂的巢。

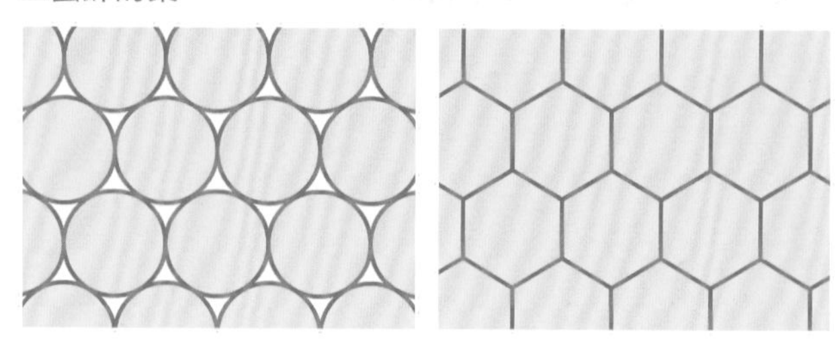

▲若是圓形並排，會產生空隙，六角形則不會產生空隙。

實驗看看！ 以肥皂泡泡來作作看六角形吧！

將肥皂泡泡一個個連接起來，看看蜂巢構造是如何形成的？

準備用品

廚房清潔劑、水、吸管、食物托盤等有淺平底部的容器。

製作方法

①將廚房清潔劑加水一起攪拌，作成肥皂水。
②將肥皂水倒在食物托盤裡，插入吸管吹氣，製造肥皂泡泡。儘可能製造相同大小的泡泡。
③相連的泡泡是什麼形狀呢？

▲肥皂泡泡看起來是六角形的。

為什麼會變成六角形呢？

肥皂泡泡會變成圓形，是因為「表面張力」，就是液體使表面積盡可能保持最小的作用力。這個實驗中，圓形的肥皂泡泡與旁邊的泡泡緊緊靠在一起，表面張力會讓相連部分變成牆壁。當肥皂泡泡有七個緊緊相連時，中央的泡泡牆就會呈現六角形。

這個時候，如果以沾著肥皂水的透明板蓋住泡泡，擠壓泡泡，就能看見泡泡變得更像六角形。

延伸問題 蜜蜂是用什麼打造蜂巢的？

回答 蜂蠟。

●蜜蜂的腹部有八個分泌腺，可以分泌出如薄紙般的蜂蠟，蜜蜂會用腳將蜂蠟送到嘴巴，然後在嘴巴中一邊咀嚼一邊捏出形狀，這就是建造蜂巢的材料。

蜜蜂通常是大家分工合作，一起搭建很多六角形房間。

▲正在捏塑蜂蠟的蜜蜂。

觀察看看！

來觀察造訪花叢的蜜蜂吧！

●蜜蜂除了有一個普通的胃以外，也有採花蜜用的「蜜胃」。造訪花叢的蜜蜂，伸出長長的舌頭，汲取藏在花朵深處的花蜜，並貯存於蜜胃裡。

同時，牠們也會採取花粉，花粉會圓圓地附著在後腳周圍。

蜜蜂會將這些花粉帶回蜂巢中，作為大夥們的食物，或當作過冬的儲糧。

▲花粉會呈圓形附著於蜜蜂後腳，被稱作「花粉丸子」。

●蜜蜂會刺人。由於在蜜蜂屁股上的蜂針，是由產卵管變化而成，女王蜂以外的雌蜂，也就是工蜂。一旦使用蜂針螫人後就無法拔除，蜜蜂的屁股會斷裂而死亡。

蜜蜂除非被嚇到，
否則很少會主動攻擊。
遇到蜜蜂
請慢慢移動身體，
切記勿過度
刺激蜜蜂哦！

●蜜蜂的天敵是胡蜂。胡蜂有時會偷襲蜜蜂的巢，將蜜蜂和其幼蟲吃掉。

日本原生的日本蜜蜂能迎擊胡蜂的攻擊。對於前來偵查蜂巢動態的胡蜂，蜜蜂群會集結成群，圍成一個球形，然後鼓動牠們的翅膀，將溫度往球形中心傳送，以熱氣將胡蜂殺滅。

另一方面，最初以採集蜂蜜為目的，而自歐洲引進的西洋蜜蜂，並無可與胡蜂打鬥的特殊技能。因此，當胡蜂來臨時，蜂巢會遭到毀滅。

▲持強而有力下顎的胡蜂。

水黽為什麼可以站在水面上呢？

回答 因為牠體態輕盈，擁有可以彈跳於水面的腳。

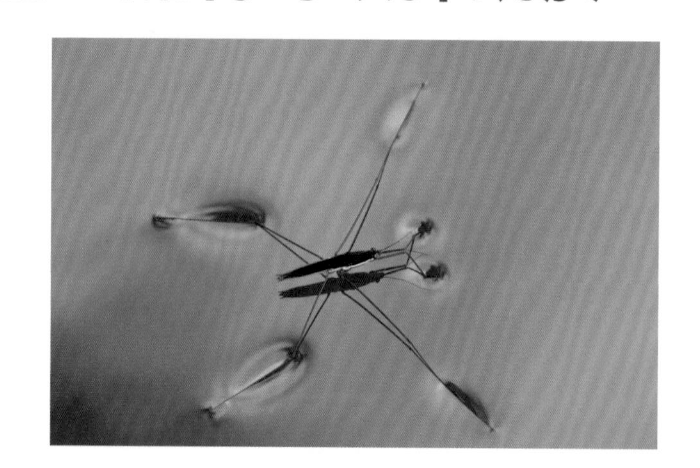

●常會在水池等處看到的水黽，可以停佇在水面上不會沉下去。為什麼可以這樣呢？有三大原因。

第一，因為水黽相當輕盈，身形也細長扁平。

第二，水黽有細長的腳，與水接觸的腳尖，有著細長的毛。毛上附有水黽身體分泌出來的油脂，可以於水面彈跳。

第三個原因則是水的特性。因為水的相互連結力很強，就如同水面形成一層膜一樣。

觀察水黽的腳接觸水面的部分，可看到凹陷下去的形狀。水黽能夠靈巧地轉動腳，停留在水面上，不會將水膜破壞掉。

◀水黽的腳。

水黽腳上的毛
如果沒有油脂，
就會溺水。

關於第三個原因——水的「表面張力」

水分子之間會互相拉扯，有著能讓表面積維持最小的表面張力。

在荷葉上的水滴會形成圓形，也是因為有表面張力。

如果想使水的表面張力變弱，可以將清潔劑倒入水中。清潔劑的分子會和水相互連結，讓水分子之間的連結性隨之變弱。

只有水的時候

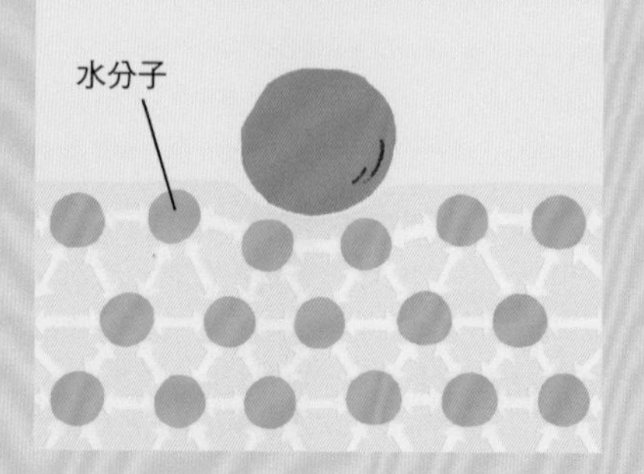
水分子

▲水分子會相互連結，讓物體不容易沉入水中。

倒入清潔劑後

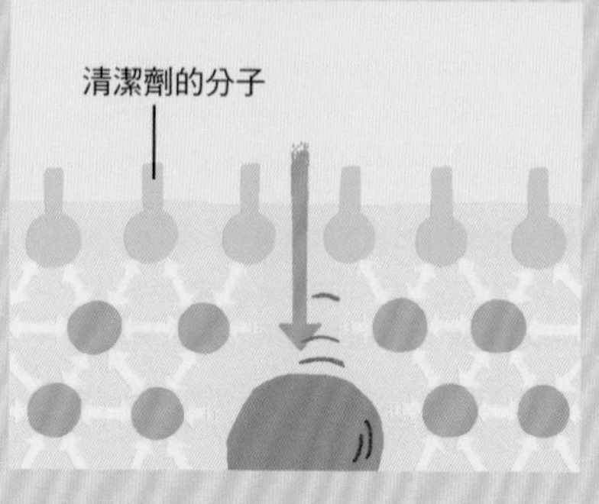
清潔劑的分子

▲水面的水分子聯結性減弱，物體就很容易沉入水中。

動手作作看！

用彩色穗帶作成水黽！

防水噴霧請在
屋外使用吧！

準備用品

彩色毛根二條、防水噴霧一罐。

製作方法

①將二條彩色毛根交織在一起，從中間擰到兩端，形成水黽的身體。

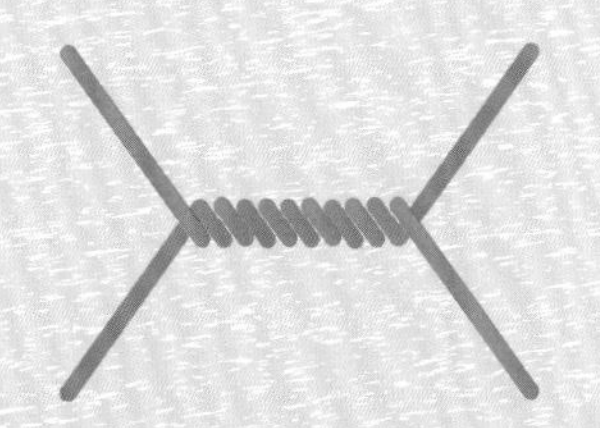

②將兩端的四隻腳，往同一方向彎曲然後展開。

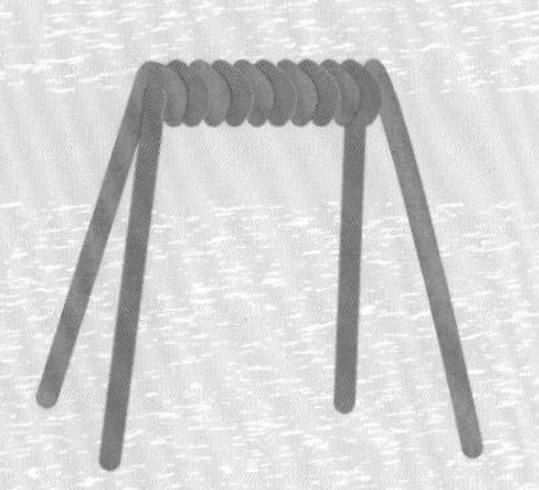

③四隻腳彎成與地面平行的形狀，在腳上噴防水噴霧。

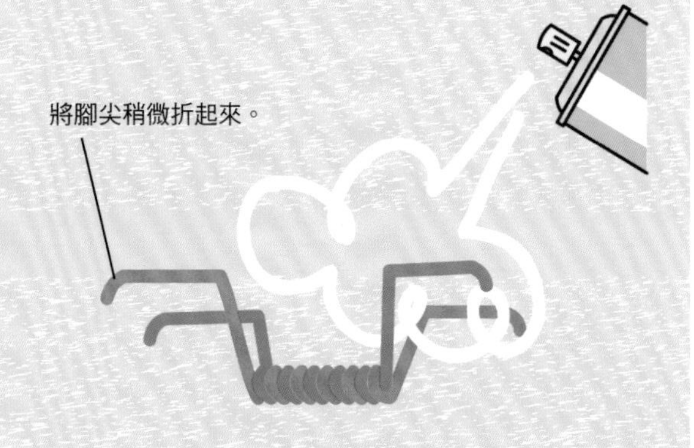
將腳尖稍微折起來。

玩玩看！

將水倒入洗臉盆裡，讓毛根作的水黽浮在水面上吧。將腳放置於水面上，輕輕地放上是關鍵。成功了，就再多作幾隻吧！

改用不一樣長度的
毛根，就能作出更
大的水黽。

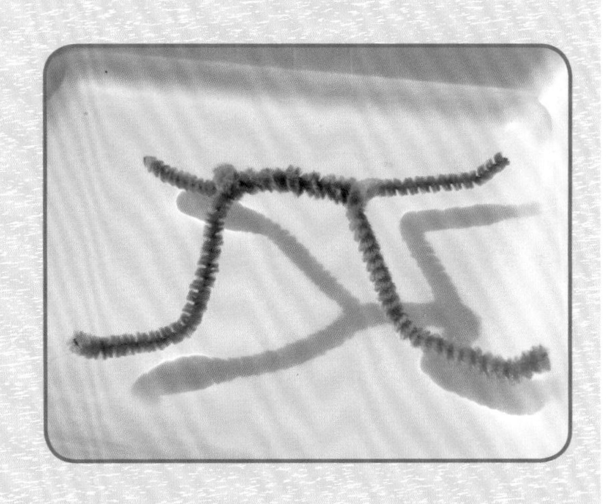

試著這樣玩玩看！

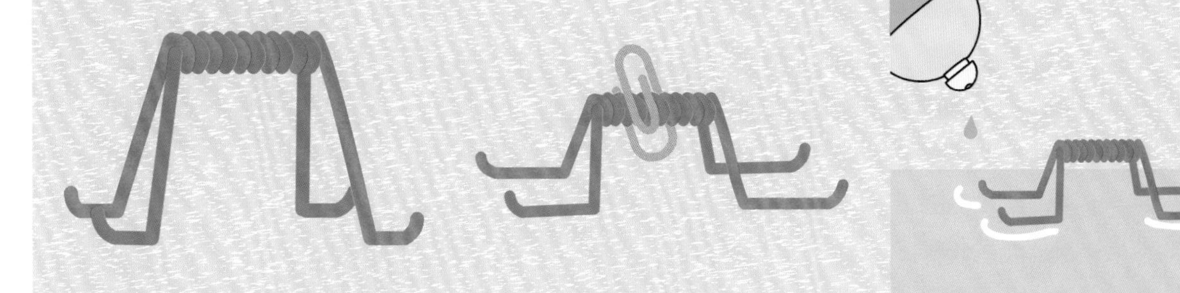

●將水黽的腳作長一點。

●在身體上夾上迴紋針，以增加重量。

●在洗臉盆的水中倒入清潔精後，會變成如何呢？

螞蟻排隊要去哪裡呢？

回答 將食物搬往地下的巢穴入口。

●螞蟻是一種會將窩築在地面以下，過著團體生活的昆蟲。

螞蟻一家人是以女王蟻為領首，其他還有很多肩負各種任務的螞蟻。我們常看到的是，為了收集食物在螞蟻窩外走動的工蟻。

當工蟻發現光靠自己無法搬動的食物時，會先回到窩巢中，通知其他工蟻，然後接獲通知的工蟻們，就會前往該食物的所在地，將該食物搬回窩裡，此時就會形成排成一列的螞蟻。

●此外，當螞蟻群要搬往新的窩時，也會排成一列移動。

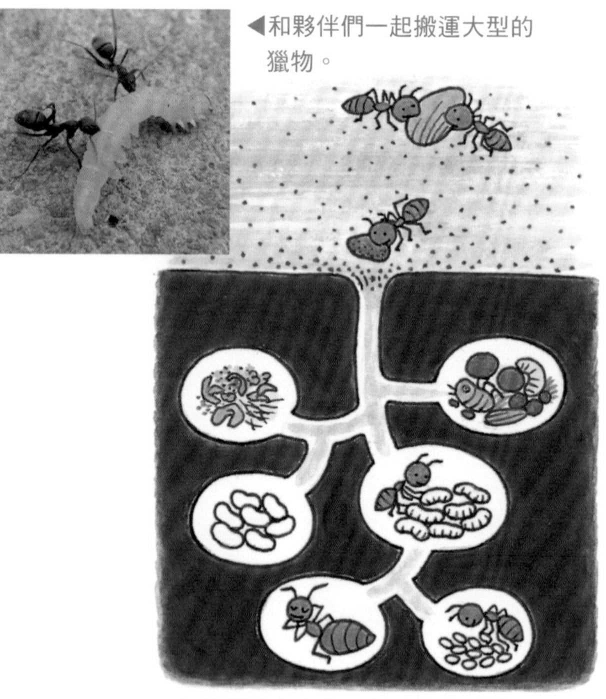
◀和夥伴們一起搬運大型的獵物。

▲在螞蟻窩中也有存放食物的房間。

延伸問題 螞蟻怎麼知道食物和窩的地點呢？

回答 牠們會在沿路作標記。

●發現食物的工蟻，在回巢時，會從臀部分泌一種同一個螞蟻群之間共有的液體，撒在沿路上。即使被雨淋到，螞蟻也能聞到此味道。

▲以味道來通知夥伴回家的路，這種液體又被稱作「路標費洛蒙」。

我們來改變螞蟻的隊伍！

讓我們在螞蟻窩附近放上糖果，看看螞蟻是會形成隊伍呢？若螞蟻開始排隊，在牠們的隊伍途中放置障礙物看看吧！螞蟻們會採取什麼樣的行動呢？隊伍是否會沿著一樣的道路前進呢？

把紙平放，擋在隊伍中間或以泥土掩蓋。

動手作作看！ 製作觀察螞蟻的巢箱

準備用品

保特瓶、空鋁罐、剪刀、膠帶、紗布、橡皮筋、美工刀。

製作方法

製作巢箱，最好使用表面平滑的透明保特瓶，可以透視內部狀態，也比較容易用剪刀剪開。

容器準備好之後，捉來10隻左右的工蟻放入其中。請務必從同一個窩捕獲工蟻，而泥土也從工蟻所在的地方取來。

①將保特瓶以剪刀剪開。不好剪時，先以美工刀割開一個縫隙，再用剪刀剪。

②在下部的保特瓶中間放入空的鋁罐，在鋁罐周圍空間內放入泥土。

③將上部的保特瓶蓋下，如果有縫隙，就用膠帶貼住。

在裡面放入空罐，能減少使用的泥土量，並增加面向邊緣的窩穴，以便於觀察。

④從瓶口處放入螞蟻，將剪成小片的紗布套在瓶口上，用橡皮筋固定捆住。靜放數日，請勿搖動保特瓶。拿著保特瓶時，請握著底部堅固的部分。

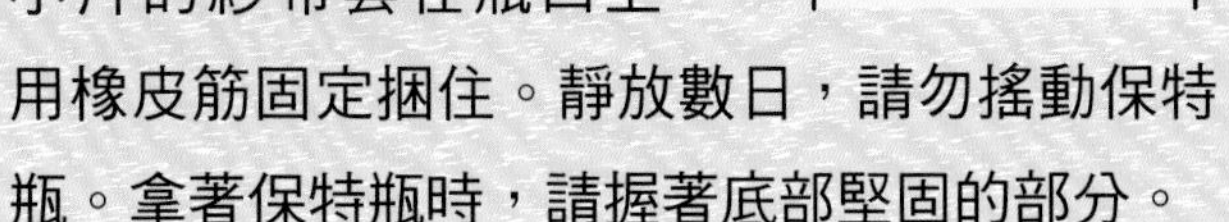

觀察看看！ 觀察螞蟻的窩！

在巢箱內放入螞蟻後，將燈光調暗，讓窩巢內變暗並保持安靜。盡量不要移動巢箱。過一會兒，工蟻會開始掘巢。請每日觀察窩巢，紀錄蟻窩如何建立。

給工蟻的飼料使用餅乾碎屑即可。

觀察一陣子後，再放回原來捕捉的場所吧！

沒有女王蟻的巢

這個巢箱是短期觀察用。工蟻會築巢，但這個窩裡沒有女王蟻，就看不到新生命的培育。

▶野生的女王蟻能不斷地產卵，窩巢會逐漸擴大。

尖頭蚱蜢為什麼背上背著另一隻蚱蜢呢？

回答　雌蚱蜢背著雄蚱蜢，等待產卵。

●在下方比較大的蚱蜢是雌蚱蜢，被背著的是雄蚱蜢。

當雄蚱蜢發現雌蚱蜢時，為了交配會跨坐背上。其他的蝗科昆蟲在交配結束後兩隻會分開，但雄性尖頭蚱蜢會一直站在雌尖頭蚱蜢身上。雄尖頭蚱蜢直到雌尖頭蚱蜢產卵為止，都會一直緊緊依附在背上。

被背著的雄尖頭蚱蜢，會在上面監視著，不讓其他雌尖頭蚱蜢接近。通常雌尖頭蚱蜢生產的卵，是和最後一隻交配的雄尖頭蚱蜢所生的。

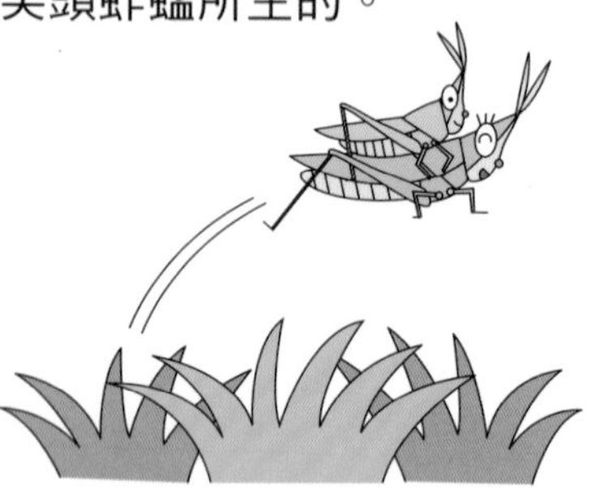

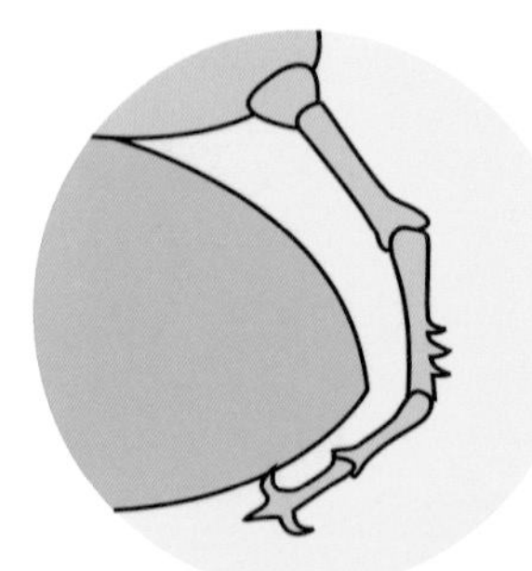

雄尖頭蚱蜢的腳可以勾在雌尖頭蚱蜢的身體上，就算跳躍也不會掉落。

延伸問題　為什麼雌尖頭蚱蜢體型比較大呢？

回答　因為雌性體型較大才能孕育較多的後代。

●獅子等動物，需要互相競爭，越大越強的雄性動物，越能留下後代。

另一方面，蚱蜢等昆蟲會生下很多卵，其中只有一部分能成功孵化成小蚱蜢。因此，儘可能多產卵為妙。也因此昆蟲以雌性體型較大的為多。

由雄性守護雌性的生物，雄性的體型就會比較大。

▲雄螳螂（下方）和雌螳螂（上方）。

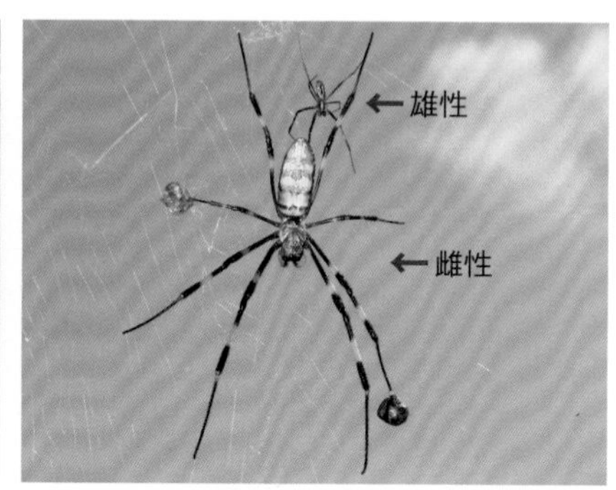

▲雄蜘蛛和雌蜘蛛。

▲雄蝗蟲（上方）和雌蝗蟲（下方）。

被蚊子叮咬時，為什麼會覺得癢呢？

回答 因為蚊子分泌出來的唾液，會讓人感到癢。

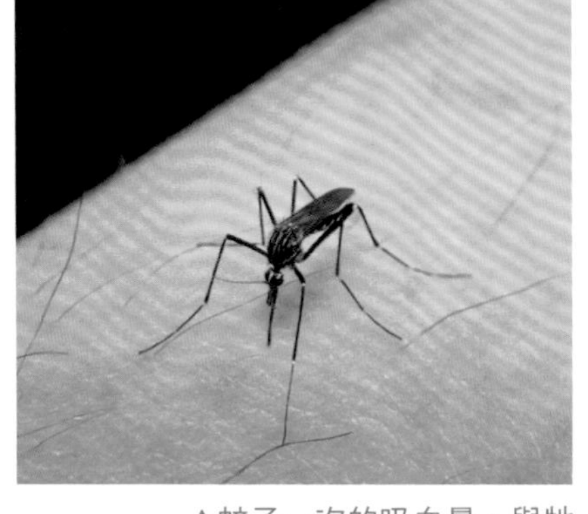

▲蚊子一次的吸血量，與牠本身的體重大致相同。從停下來到吸完血為止，如果中途沒被干擾，約會花上二分三十秒的時間。

●蚊子在吸人血時，一開始會將自己的唾液注射於皮膚上。
蚊子的唾液中，含有會讓人感到難以察覺被叮的麻醉成分，也含有會讓吸的血不會凝固的成分。
蚊子的唾液進入人體後，人體會出現防禦機制，抵抗外來不明物體，也就是過敏反應。也就是說，覺得癢是因為身體產生過敏反應。

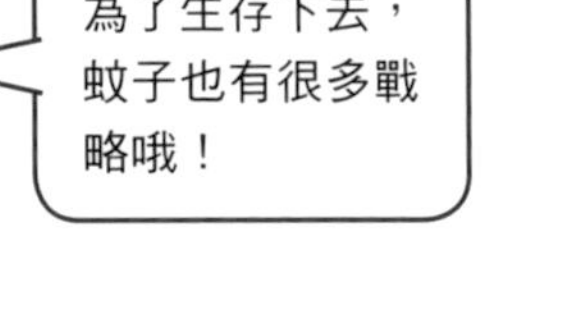

為了生存下去，蚊子也有很多戰略哦！

延伸問題 為什麼蚊子要吸血呢？

回答 因為產卵需要營養，所以要吸血。

●蚊子日常吸的不是動物的血，而是植物的汁液，花蜜等等。會吸血的是要產卵的雌性蚊子。雄性的蚊子是完全不吸血的。雌性蚊子為了產卵，需要很多營養。

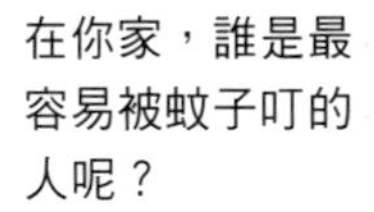

在你家，誰是最容易被蚊子叮的人呢？

? 小測驗

什麼樣的人容易被蚊子叮呢？

① 呼吸大聲的人

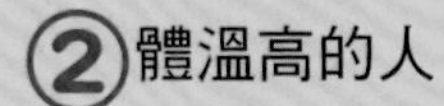

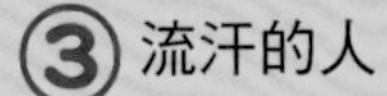

答案 以上三者皆為容易被蚊子叮咬的人。

椿象為什麼會發出臭味呢？

回答 為了要防禦敵人。

▲小珀椿象

●椿象在快要被天敵攻擊時等狀況下，感到危險時，後腿根部的臭腺就會分泌令人嫌惡的臭味液體。臭液能保護椿象免於受到敵人的侵略。這樣的臭味沾在手上，一整天都洗不掉。

椿象群聚在一起時，當其中有一隻分泌臭液，為了傳遞危險訊息，其他的椿象也會開始分泌臭液。

●當椿象想呼叫同伴時，也會分泌臭液。此時的臭液氣味，會比擊退敵人時的臭液更淡。

●只有一部分的椿象會分泌臭液，也有很多不會分泌臭液的椿象。

也有分泌好聞液體的椿象哦！調查看看吧！

延伸問題 還有其他以臭氣來保護自身安全的生物嗎？

回答 有類似行為的生物很多。

●討厭的臭氣會殘留在敵人的記憶裡，也就是說，不只在被敵人攻擊時有效，其後敵人也會避免攻擊自己。這就是充分利用臭氣的聰明戰略。

北美負鼠

▲被敵人攻擊時，會捲起身體並且伸出舌頭裝死。此時負鼠還會散發出腐肉般的味道，讓敵人失去興趣離開。

投彈甲蟲

▲投彈甲蟲別名放屁蟲，當感到有危險接近時，會從屁股將溫度100℃以上的霧狀臭氣，發出巨大聲響迅速地噴出。射中目標的機率高，也可以連續發射。

鳳蝶的幼蟲

▲鳳蝶的幼蟲在遭遇敵人攻擊時，頭部和胸部之間會伸出一支分叉的角，叫作臭角。臭角的顏色為紅色或黃色，相當鮮豔，會發出難聞的味道。敵人在驚嚇之餘，也會失去吞食的興趣。

臭鼬

▲自肛門伸出二根管，分泌黃色油狀液體，而非排出氣體。液體味道很強烈，一旦沾染上，即使以香皂洗一個月也無法消除那味道。

蜘蛛為什麼不會被自己的網黏住？

回答 因為牠攀著的是不黏的蜘蛛絲。

●輕輕碰觸蜘蛛網的絲時，會發現有些絲沒有黏性。有黏性的是圍繞著網中心的緯線，從中心放射出去的經線是沒有黏性的。

蜘蛛攀著經線，在蜘蛛網上行走。即使牠的腳碰到緯線，蜘蛛的腳上會分泌油脂，所以不會被自己的絲線纏繞住。

以絲編織蜘蛛網的蜘蛛，當蜘蛛網捕獲獵物時，會以絲將獵物纏繞住，將消化液注入捕獲物的體內，將其溶化，然後吸取體液。

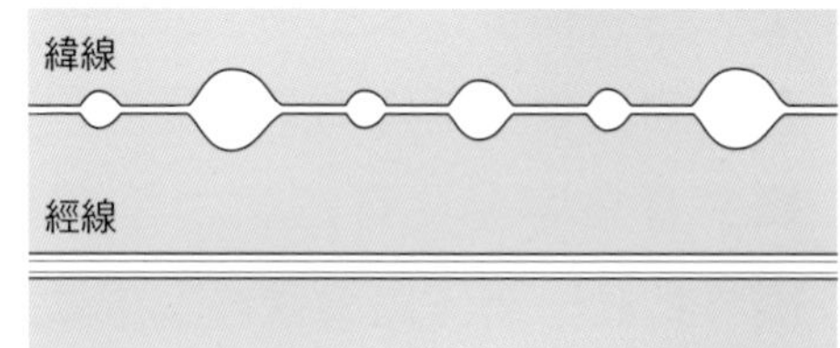
緯線
經線

▲緯線上會有黏稠的體液，經線很粗、有延伸性。

觀察看看！

蜘蛛網的編織方法

體型小小的蜘蛛，要如何結出大大的網呢？讓我們來看看，蜘蛛結網的過程。如果有機會實際觀察蜘蛛結網的過程，是最好不過的了！

蜘蛛網並非蜘蛛所住的窩，而是捕獲獵物用的陷阱。

①鎖定地點，放出蜘蛛絲隨風飄盪。

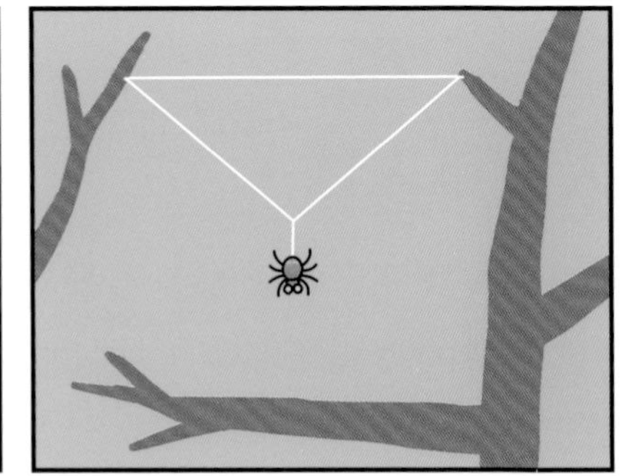

②以掛著的絲為基底，構築橋狀絲線。

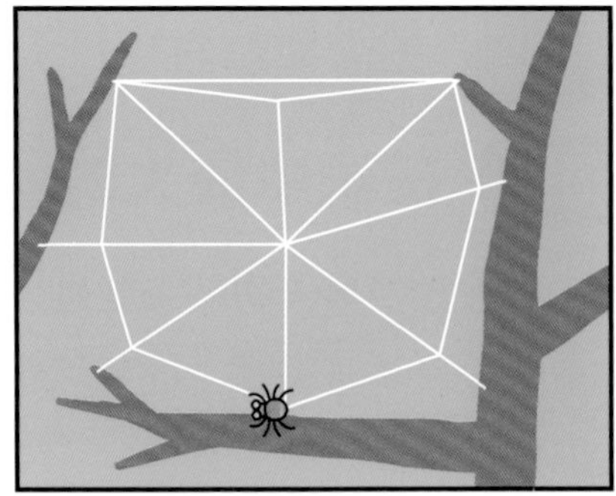

③結成框線和經線。

④從中心點往外鋪設不黏的絲，作為蜘蛛的攀爬處。

⑤由外而內將攀爬用的絲拔起，一邊吐出有黏性的緯線。

⑥蜘蛛網完成。

蟑螂為何會出現在家裡呢？

回答 因為家中適合居住。

蟑螂存在於地球已有三億年以上，存活力驚人，只要有水就可以活一個月以上。

●在日本大約有六十種的蟑螂，而且大部分的蟑螂，都在森林等野外居住。會出現在人們家裡的蟑螂，只不過是其中的數個種類而已。

蟑螂會受到人們家中傳出的食物香味吸引，而跑去家中。家中比起野外來得溫暖，也有濕氣，也有很多水和食物。並且不會遭遇到鳥等敵人的攻擊，對蟑螂來說是容易生存的地方。

蟑螂會在容易生存的家中築巢產卵，組織家庭。如此一來，就會常在家中看到。

蟑螂白天會躲在冰箱後方之類，溫暖且陰暗的地點。蟑螂特別喜歡這樣的場所。天暗後，就出來尋覓食物和水，會出現在廚房等地方。

◀在樹林中居住的暗色丘蠊。

延伸問題 蟑螂討厭什麼呢？

回答 在家中最大的敵人就是人類。

●蟑螂在家中最大的敵人就是人類吧！人們總是看蟑螂不順眼，以各種手段來消滅蟑螂。還有可能會被飼養的家貓所捕捉，或被壁虎、白額高腳蛛吃掉。

此外，蟑螂似乎也討厭檸檬、辣椒、薄荷等香草。

▲貓咪

▲檸檬

▲辣椒

▲薄荷

▲白額高腳蛛

鼠婦為什麼會變成圓形呢？

回答 保護腹部和頭部。

●用手指碰觸鼠婦，牠就會拱成圓形，像球一樣。這是為什麼呢？
鼠婦其實並非昆蟲，在生物學分類上是持有硬殼、類似蝦子或螃蟹的甲殼類。鼠婦的背有硬殼，而腹部非常柔軟，相當容易被敵人所攻擊。鼠婦的天敵是螞蟻、蜘蛛、青蛙等。當鼠婦感到危險時，身體會拱成圓形，靠硬殼完全將牠的柔軟腹部和重要的頭部隱藏起來。

●另有一種身體呈現扁平狀，顏色較淺的糙瓷鼠婦，觸碰也不會拱成圓形，能夠輕易分辨。

●鼠婦的身體結構

身體分成十四節

腳有十四隻

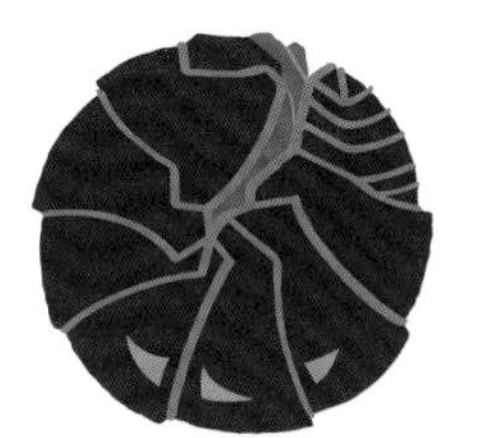

動手作作看！ 來作鼠婦迷宮吧！

鼠婦只要撞到障礙物就會往右、往左、往右、往左交替轉著彎前進。
我們來試看看吧！

準備用品

方格厚紙板、美工刀。

製作方式

如下圖所示，用美工刀將厚紙板切割後立起來。

玩玩看！

將鼠婦放在裡面，讓牠向前移動。

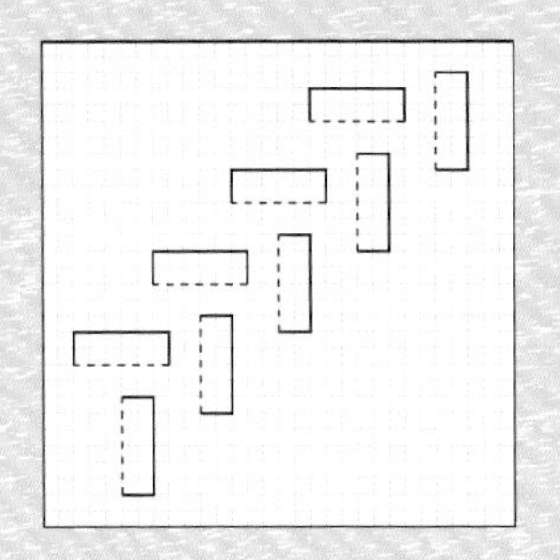

▲使用有方格的厚紙板會很方便。

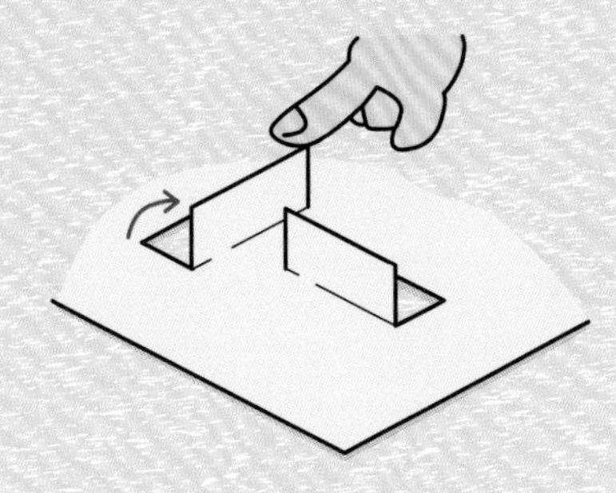

▲將切開處彎折起來，製造2至3公分高的牆壁。

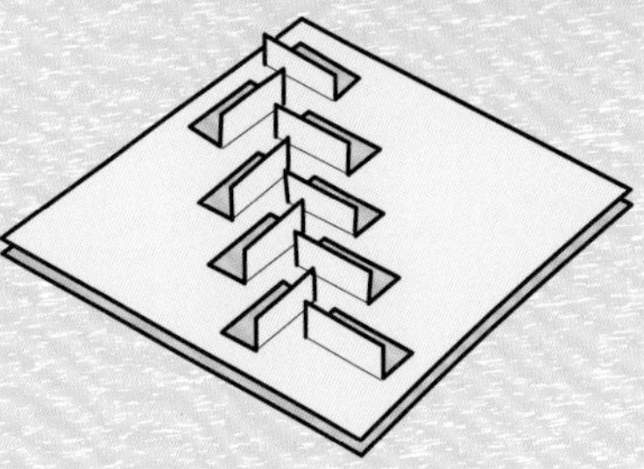

▲底下可以墊另一張厚紙板，將切割的洞封起。

蟬為什麼會在飛翔時小便呢？

回答　蟬吸取的樹汁，會在蟬飛起時被擠壓飛濺起來。

●蟬的口器是針狀，能穿刺樹木表面，吸取樹汁。樹汁大多為水分，幾乎全部變成尿液迅速排出。因為蟬要在空中飛翔，所以身體越輕越好。
有動靜時，停留樹上休息的蟬會受到驚嚇而展翅飛起。此時，尿液會從身體排出來。蟬並非只有在飛起時才會小便。

▲雖說是小便，幾乎都是水分，被潑灑到也沒關係。

延伸問題　為什麼蟬要發出很大的叫聲呢？

回答　那是雄蟬在告訴雌蟬自己的所在位置。

●只有雄蟬才會叫，但不是用嘴巴出聲，而是振動腹部，發出巨大的聲響。
成蟲的蟬，生命只有一週至一個月左右。在有限時間內，必須和雌蟬相遇，並留下後代才行。所以，雄蟬為找到雌蟬，必須以大聲音量告知自己的所在位置。

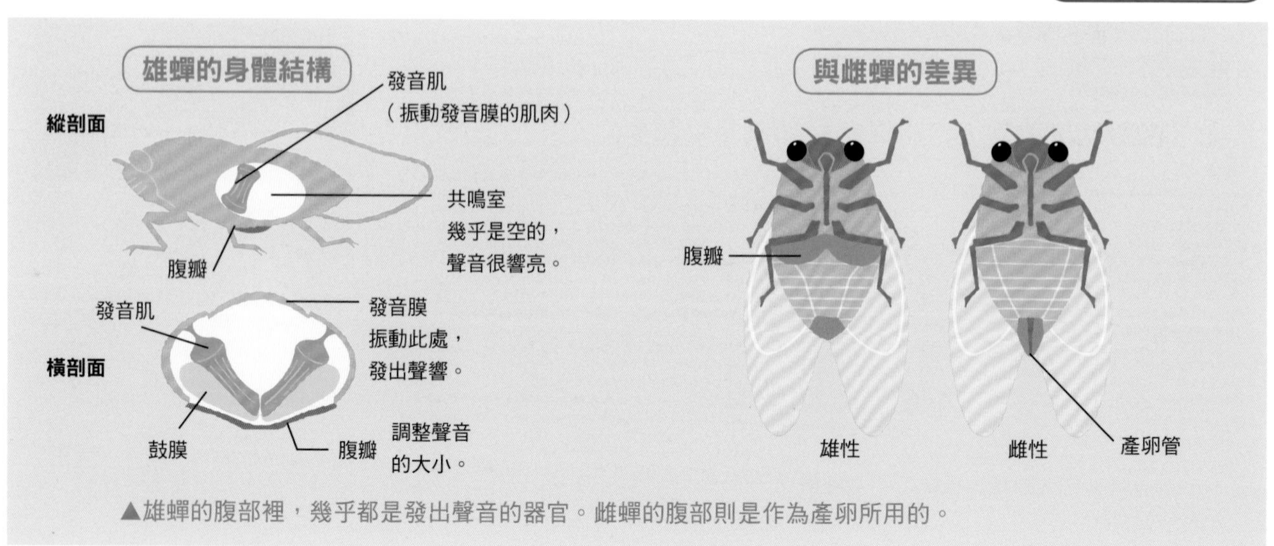

▲雄蟬的腹部裡，幾乎都是發出聲音的器官。雌蟬的腹部則是作為產卵所用的。

延伸問題 為什麼蟬的壽命很短呢？

回答 並非壽命很短，而是牠們主要的時間都在土裡。

●我們日常所見的都是蟬的成蟲，給人生命很短暫的印象。

日本油蟬在幼蟲時代會在土壤中生存五到六年，其中經過四次脫皮，慢慢長大。

在第六或七年的夏天，蟬會爬出地面羽化。成蟲最多也只能活一個月左右，我們能看到的蟬，都是只有成蟲時期的蟬而已。

成蟲留下後代就會死去。蟬在地面上的天敵也很多，沒有堅強的身體。所以只有在生命最後的夏天，會在地上活動。

日本油蟬的一生
雌蟬在樹皮底下產卵。
第六或第七年的夏天，在地上羽化為成蟲。
隔年夏天，孵化的幼蟲潛到土裡。
幼蟲會攝取樹根的汁長大。
在土中進行四次脫皮。

每十七年會出現的蟬

在北美，每隔一段長時間，就會有一種蟬出現。十七年蟬（周期蟬）正如其名所示，有十七年都在土中度過，等到第十七年才到地上蛻變為成蟲。

過去曾經有過報導，在某年在某個時期，幾乎要把樹木淹沒般的大量十七年蟬一齊破土而出。

蟬其實是長壽的昆蟲呢！

? 小測驗

各種蟬鳴聲 你知道以下的聲音，是哪種蟬發出的嗎？

① 嘎嘎嘎 嘎嘎嘎

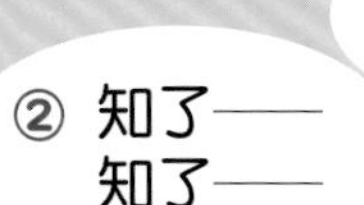

⑤ 喀噠喀噠 喀噠喀噠喀噠

⑥ 唧—— 唧唧——

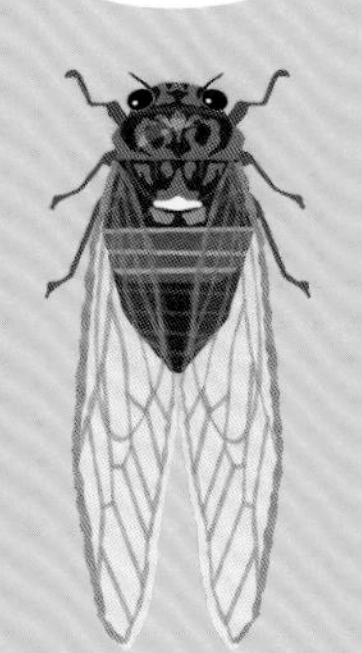
斑透翅蟬

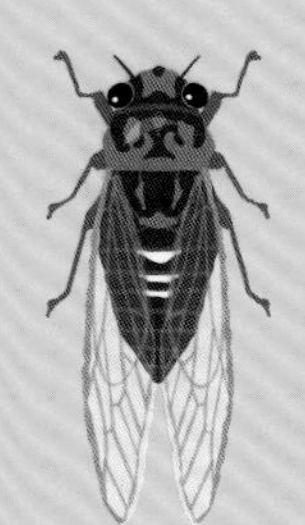
寒蟬

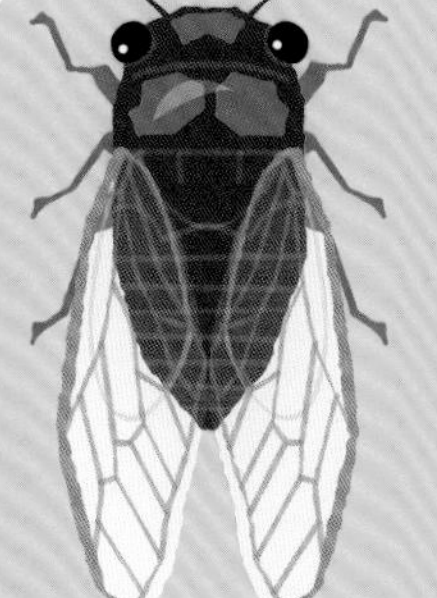
熊蟬

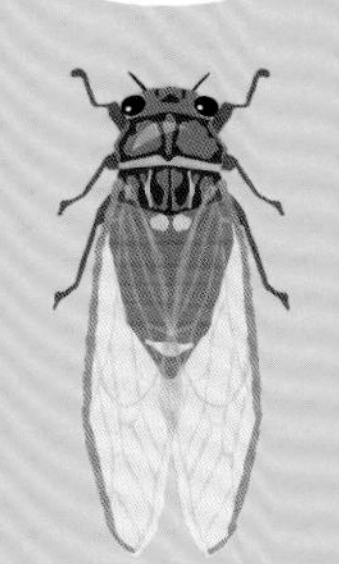
日本暮蟬

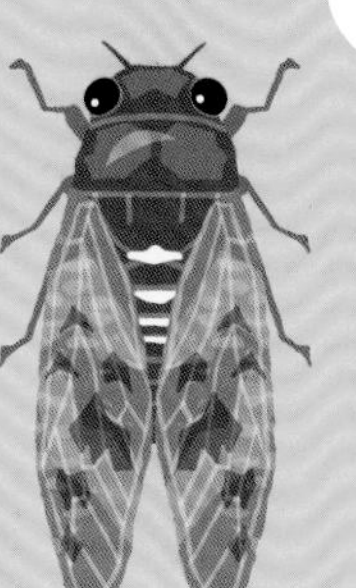
日本油蟬

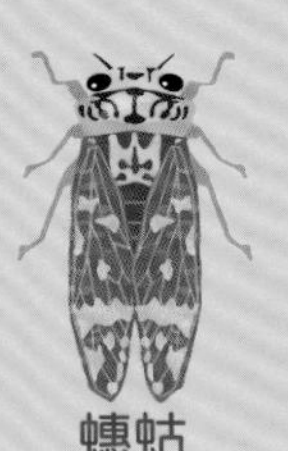
蟪蛄

答案 ①熊蟬 ②寒蟬 ③斑透翅蟬 ④日本油蟬 ⑤日本暮蟬 ⑥蟪蛄

蝴蝶的口器為何會捲起來呢？

回答 不使用口器時，就捲起收合防止受傷。

●蝴蝶的食物主要是花蜜。蝴蝶的口器，有兩根唇鬚，呈現長型吸管狀。這是用來穿刺花朵深處的雌蕊，以吸取花蜜。

各種蝴蝶的口器長度不一。如果口器過短，花蜜在深處的花朵就會無法吸蜜。依蝴蝶的品種不同，喜歡的花朵也各有所異。

長長的口器在吸取花蜜相當方便，但是如果一直呈現伸展狀態，會妨礙移動。並且如果口器折斷，就無法吸取花蜜了。因此，蝴蝶平常為了避免口器受傷，會將口器捲縮起來。

▲在樹液上聚集的蝴蝶。

▲也有蝴蝶喜好樹液及腐臭的果實。無論哪種蝴蝶，都是以口器在吸取汁液。

觀察看看！ 看看其他昆蟲的口器形狀吧！

那麼其他昆蟲的口器長什麼樣子呢？

獨角仙的口器，為了要舔舐樹液，形狀有如方便的刷子。螳螂擁有能夠撕碎食物的下顎。天牛從幼蟲開始，就有強壯的下巴可以啃食木材。象鼻蟲有長長的嘴，能吃植物的果實，或在要產卵的地方打洞。

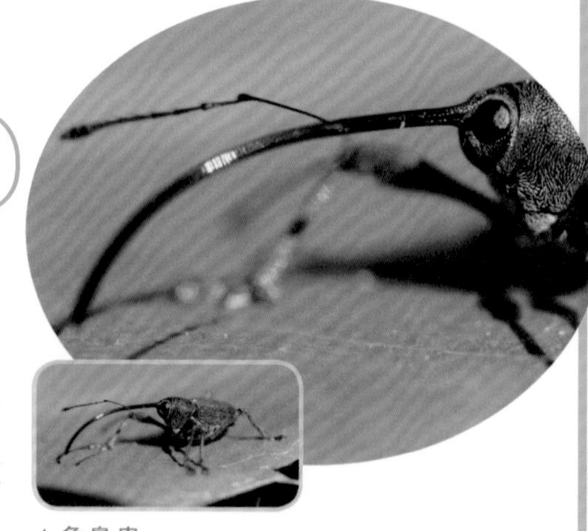
▲象鼻蟲

▲獨角仙

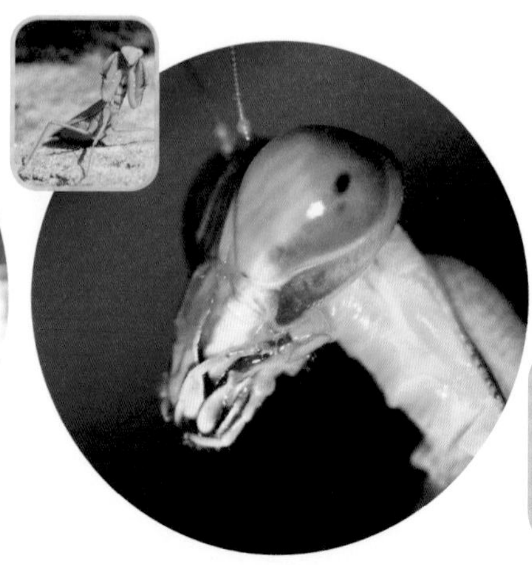
▲螳螂

▲天牛

異色瓢蟲為何有各種花紋呢？

回答 異色瓢蟲身上的花紋，是由父母的花紋交織而成。

●我們在日常生活中常看到的瓢蟲，有異色瓢蟲和七星瓢蟲兩種。七星瓢蟲的背部花樣都是一樣的，正如其名，在紅色的背部上有七個斑點。而異色瓢蟲則有各種各樣的花紋。孩子的花紋來自父母，父母又是來自祖父母所遺傳而來的花紋交織而成。花紋結構複雜，至今未有明確研究。

調查看看自己生活周遭有哪些花紋的異色瓢蟲出現吧，會很有趣唷！

●異色瓢蟲的各種花紋

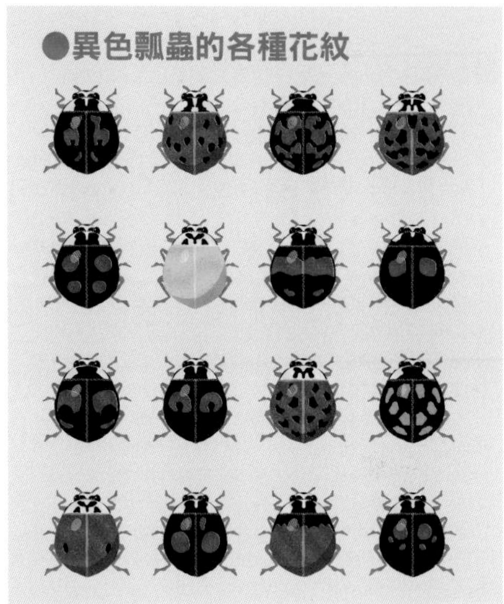

其他種類瓢蟲的花紋

與異色瓢蟲的不同之處在於，其他種瓢蟲都是固定的花紋。

▲七星瓢蟲　▲六斑異瓢蟲　▲茄二十八星瓢蟲

哪種花紋的異色瓢蟲比較多，會依地區而不同。

動手作作看！ 向著天際的瓢蟲

瓢蟲的行動就像朝著太陽前進一樣。

把瓢蟲放在手上，牠會將身體蜷縮起起來，然後馬上緩緩地移動著。

此時，牠一定會往上方爬去，途中將手翻過來，牠仍會轉一圈又往上爬。

如果爬到最上方時，牠會怎麼作呢？

蜻蜓的眼睛為什麼那麼大呢？

回答 因為是由很多小眼睛聚合而成的。

●蜻蜓有著稱作複眼的大眼睛。複眼是由兩萬個以上的六角形小眼結合而成的。

複眼能精確捕捉獵物的動作，並且能一次看到相當廣大的範圍。因為蜻蜓的頭部常常在動，只要稍微傾斜一下頭部，就能把自己周遭的景象全部收入眼底。

●蜻蜓一邊在空中飛翔，一邊捕捉小蟲來吃，因為牠的飛翔力卓越，還有特別好的眼力，堪稱空中一流的獵人。

▲除了複眼，蜻蜓也有單眼。單眼能辨視周遭的明亮度。

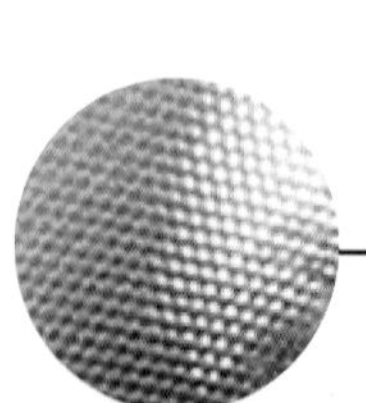

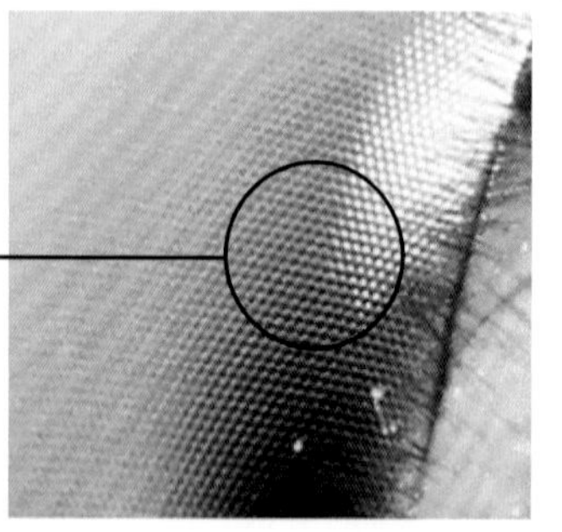

▲由很多六角形的小眼緊緊相連而成。

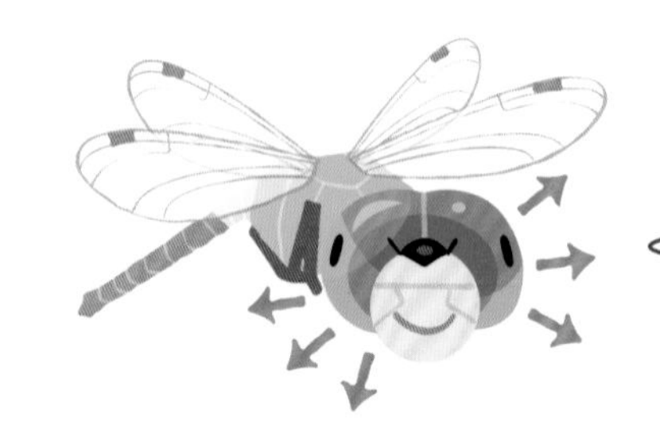

我的複眼能看到周遭的全部事物！對於獵物動態也能瞭如指掌呢！

實驗看看！ 讓蜻蜓眼睛轉得頭昏眼花，就能捉到嗎？

有個說法是「在蜻蜓的眼前以手指轉圈圈，能讓蜻蜓頭昏眼花」，不過，這是真的嗎？

蜻蜓可以快速地逃離接近自己的物體。在蜻蜓眼前讓自己的手指慢慢轉圈圈前進，好像就會讓牠們難以捕捉到獵物或發現敵人的存在。這時如果瞬間靠近蜻蜓，可以捕捉到。

不過，似乎不是因為牠們頭昏眼花的關係。

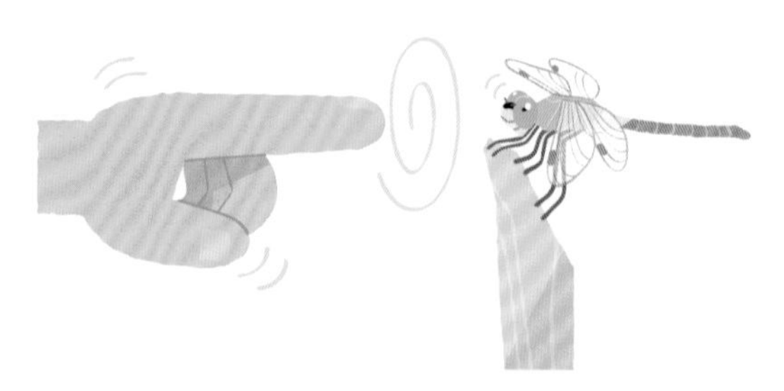

▲不轉動手指，搖晃手指也可以。

▲蜻蜓可能會出現歪著頭的動作，好像牠頭昏眼花一樣。

實驗重點

◎一邊慢慢搖晃著身體，一邊往蜻蜓方向接近。

◎接近到與蜻蜓相隔幾公分的距離，用手指迅速捕捉蜻蜓的翅膀看看。

如果是警戒心強的蜻蜓會立刻逃走。

蜻蜓的幼蟲

為何要生活在水中呢？

回答 因為水裡會吞食蜻蜓卵的敵人比較少。

●很久以前，在蜻蜓繁衍旺盛的時代，必須互相競爭產卵和幼蟲生長的場所，在水中的幼蟲則能順利成長，存活下來。

●有許多種類的昆蟲，幼蟲和成蟲生活在不同環境。蜉蝣和蚊子的幼蟲都在水中生活。而蟬和獨角仙的幼蟲則在泥土中成長。因此，昆蟲為了在不同的環境中活動會產生變態。在水中以鰓呼吸，吃小魚長大的水蠆，會羽化成為蜻蜓，在天空飛翔，呼吸空氣且吃著小蟲。

像這樣變換居住場所和食物，如果在某年，成蟲的生活環境變得惡劣，幼蟲也能平安存活下來。這是一種昆蟲為了長久存活下來採取的手段。

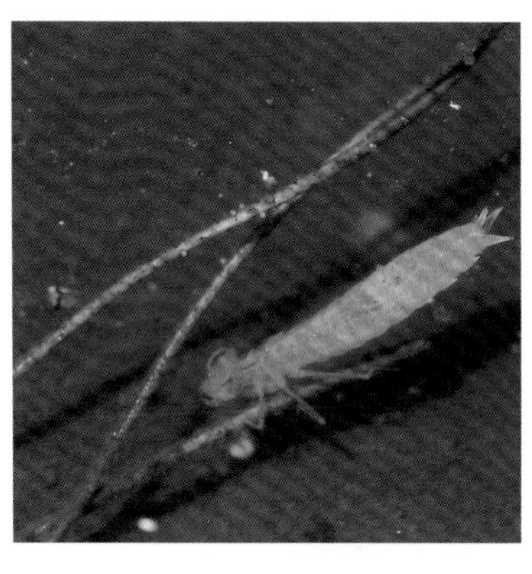

▲水蠆以伸縮如自的強力下巴捕捉小魚。

蜻蜓的一生

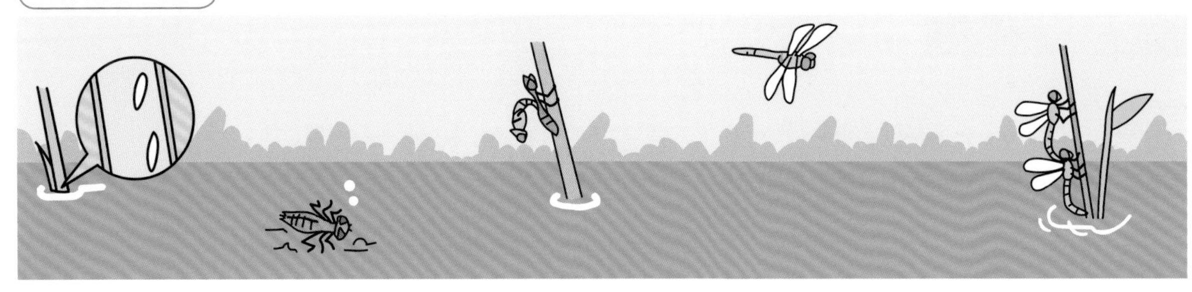

▲卵　▲幼蟲（水蠆）　▲羽化　▲成蟲　▲產卵

觀察看看！ 住在水裡的形形色色昆蟲

在水中生活的昆蟲稱作水生昆蟲。除了水蠆，也有各種水生昆蟲。

▲仰泳椿

▲龍蝨

▲石蠅（幼蟲）

▲蜉蝣（幼蟲）

螢火蟲為什麼會發光呢？

回答 為了和同類互相打暗號。

●螢火蟲發光，就好像與同類之間對話一樣。螢火蟲是夜晚活動的昆蟲，透過發光與同類取得連絡，通知大家自己所在的地方。雄性螢火蟲會向雌性螢火蟲求愛，並趕走敵人，以發光來傳達很多訊息。螢火蟲的光是隱隱發亮的光。

●一般廣為人知的螢火蟲，有源氏螢和平家螢兩種。源氏螢的卵、幼蟲及蛹也會發光。在光亮的場所中，螢火蟲無法進行交流，也無法生存下去。

以臀部的發光器
吸取氧氣發光，
不會發熱。
◀雄性源氏螢。

雄性螢火蟲跳著舞
向雌性螢火蟲求偶
告訴同伴自己
所在的位置
雌性螢火蟲
會停在草或樹木
上發著微弱的光
▲日落約兩小時以後，螢火蟲的發光活動最為熱鬧。一隻雄性螢火蟲為了求偶，可以一邊跳舞一邊發光達二十分鐘。

延伸問題 螢火蟲住在什麼樣的地方呢？

回答 夜晚會一片漆黑，乾淨的水邊。

漆黑
川蜷
（幼蟲的食物）
岸邊泥土
（幼蟲變成蛹的地方）
乾淨的水

●螢火蟲的生存環境必須具備四項條件：①乾淨的水②食物（川蜷等貝類）③水邊的泥土④晚上完全漆黑。

從前隨處可見的螢光蟲，如今因為清潔劑、農藥等造成水污染、河岸工程的整修等，可以看到的機會大大減少了。

川蜷

源氏螢的幼蟲

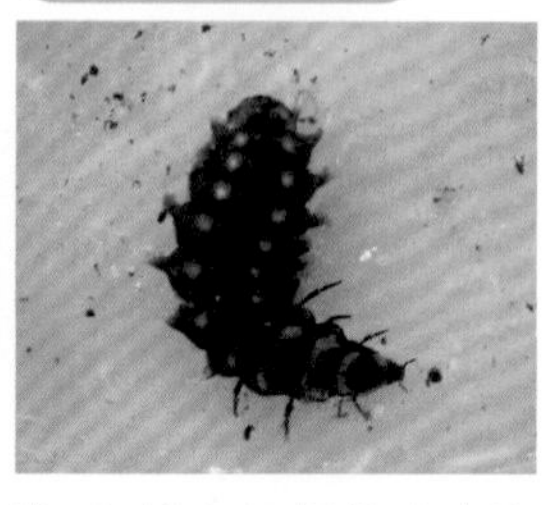

▲源氏螢的幼蟲所吃的川蜷，無法在污濁的水中生存。沒有川蜷，螢火蟲就無法生存。

一到秋天就會聽到蟲鳴的聲音，這是為什麼呢？

回答 蟲兒鳴叫是為了留下後代子孫而求偶。

●一到秋季就會到蟲兒鳴叫的聲音，這些蟲有可能是蟋蟀或螽蟖。而會鳴叫的蟲都是雄性。

蟲會鳴叫是為了求偶，在冬日來臨之前，必須完成產卵才行。所以一到秋天，蟲兒們就會一起發出鳴叫聲。

此外，蟲兒也會了要宣示自己的地盤，向其他雄性提出警告。

▲以翅膀摩擦發出聲音的雄性黃臉油葫蘆。

成蟲在產卵後會死亡。

蟲鳴的祕密

在秋日鳴叫的蟲兒，並非是以喉嚨發聲。雄蟲左右的翅膀為鋸齒狀，二枚相互摩擦就能發出聲音。蟋蟀及螽蟖在前腳有鼓膜，是用這裡聽到聲音。

觀察看看！ 蟲兒有什麼樣的鳴叫聲呢？

依蟲的種類，有各種不同的鳴叫聲。

和家人晚上一起到公園等處散步，聽聽看蟲鳴聲吧！聽起來像是從哪裡傳出來的聲音呢？你知道是什麼蟲的鳴叫聲嗎？錄音下來，調查看看也不錯哦！

黃臉油葫蘆

雲斑金蟋

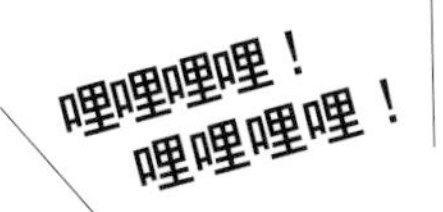

長瓣樹蟋

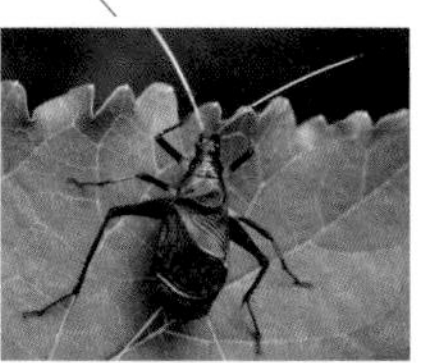

鈴蟲

梨片蟋

昆蟲沒有骨頭嗎？

回答 硬質皮膚形成骨頭的替代物。

●昆蟲和螃蟹等擁有堅硬的身體表面，稱作外骨骼。外骨骼可以支撐並移動身體，就形同骨頭的代替物。

人、野獸、魚類等生物擁有內骨骼，以脊椎為中心的骨頭，從身體內側支撐整個身體。

●外骨骼能保護身體，如同裝著身體的容器，不會像內骨骼一樣，漸漸長大。因此，昆蟲等隨著成長，身體會感到擁擠，便生成新的骨骼，脫掉舊的外骨骼後身體就會變大。

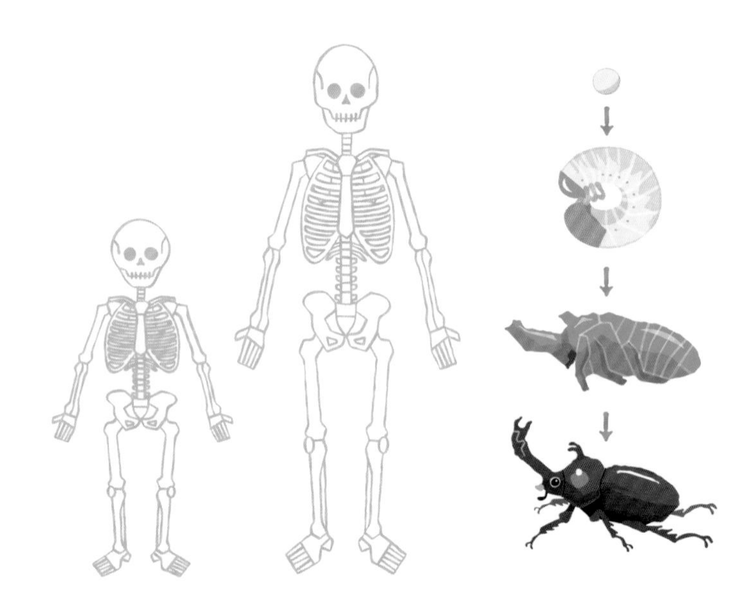

▲人從出生到成人為止，骨骼的架構幾乎沒有變化。

▲許多昆蟲隨著成長，體型也會改變。

存在於體內的內骨骼，不會變成其他形狀。

比一比人和昆蟲之間的不同吧！

人與昆蟲之間，身體的結構和成長方式有很大的差異。各自有什麼優點呢？而為什麼會形成那樣的結構呢？讓我們來想想看吧！

人類		昆蟲
較大	體格	較小
自嬰兒出生後 以同樣的體型 持續長大	成長	從卵而生 脫皮後成長 許多昆蟲會 經過變態
內骨骼	骨頭	外骨骼
無	翅膀	一對或兩對 也有沒有翅膀的

●昆蟲的身體結構

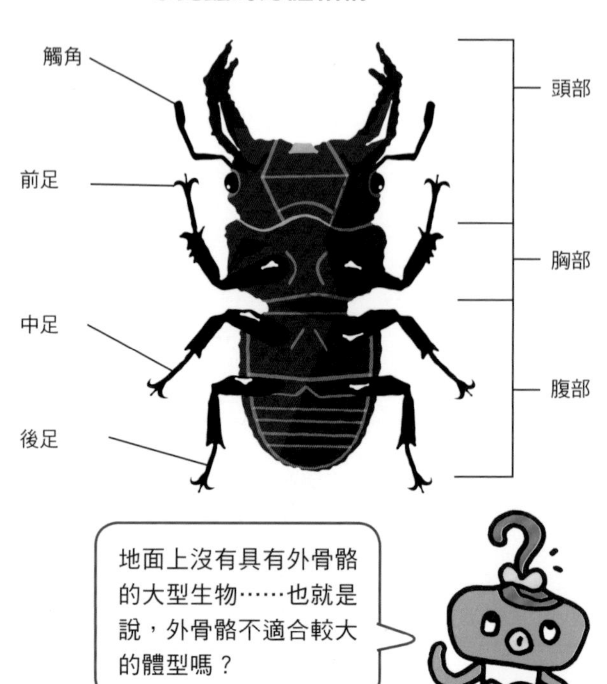

最長壽的生物是什麼呢？

回答 若以單一個體的紀錄而言，就是北極蛤。

●根據2007年英國班戈大學研究者進行的調查，一個拾自愛爾蘭海海底的北極蛤，年齡約有405至410歲。之後的研究則發現，正確來說應該有507歲。不過，在研究結果出來之後，這隻北極蛤很快就死去了。

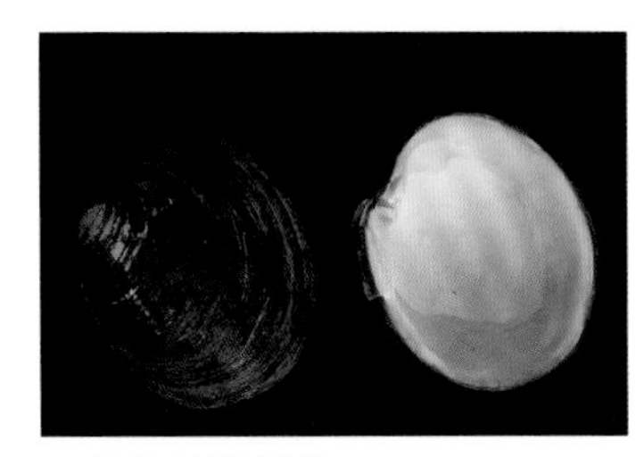
▲北極蛤的貝殼。

觀察看看！ 長壽的生物

地球上有哪些長壽的生物呢？另外也有因其生存方式，可以生存數千、數萬年以上的植物。

弓頭鯨

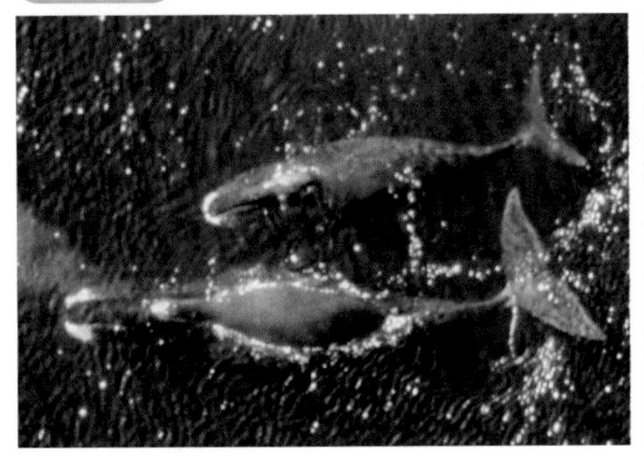
▲長壽的弓頭鯨可以活長達150至200年。雌性弓頭鯨到90歲也能產卵。

象龜

▲大部分的象龜都能活到100歲以上。雖然沒有精確的記錄，也有活到250歲的象龜。

喙頭蜥

▲成長速度慢，直到20歲才能夠產卵。能夠活到100歲以上。

鯉魚

▲平均壽命約20歲，在魚類中屬於長壽的種類。也有活到70歲的鯉魚。

洞穴螯蝦

▲成長速度慢，到100歲時才能產卵。可以活到約175歲。

海綿動物

▲住在南極海的海綿動物，在低溫下徐徐成長，曾發現活到1550年的海綿動物。

長生不老的水母

燈塔水母成長到某個程度後，會變回水螅的型態，回到幼兒期再次長大，一直反覆這個循環，被稱為長生不老的水母。

長頸鹿與大象的糞便為何大小不同？

回答 長頸鹿能將食物充分消化掉。

●長頸鹿和象都是吃草的大型動物。然而觀察牠們的糞便，長頸鹿的糞便，是一粒粒小小的，而大象的則是沉甸甸很大的糞便。為什麼會有如此的不同呢？

●長頸鹿有四個胃在消化食物，能充分攝取營養。剩下的渣滓少，形成的糞便變就比較小。另一方面，大象的胃只有一個，無法好好攝取營養。即使吃得很多，大概有一半沒有消化就排出了，因此糞便也很大。

一天大約吃20公斤的葉子。

一天吃的草量大約110公斤。

一小粒一小粒分散撒落的糞便，直徑約2到3公分。

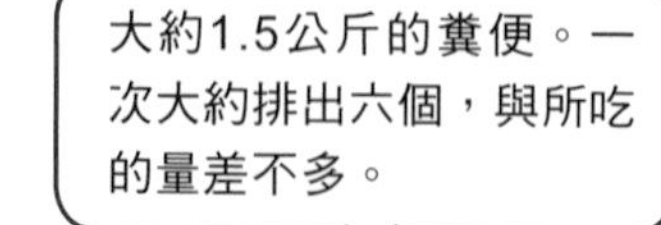

大約1.5公斤的糞便。一次大約排出六個，與所吃的量差不多。

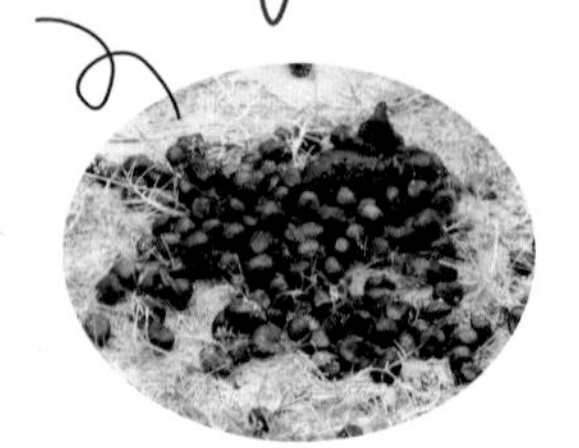

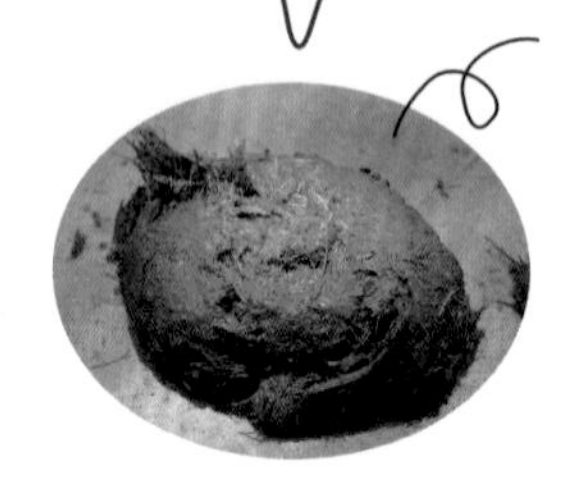

大號時一定會將尾巴抬起來。

大象的糞便是很好的肥料。

？小測驗

這是誰的糞便呢？

依食物及消化方式的不同，糞便的形狀和顏色也不一樣，你知道這是以下哪一種動物的糞便嗎？

A

B

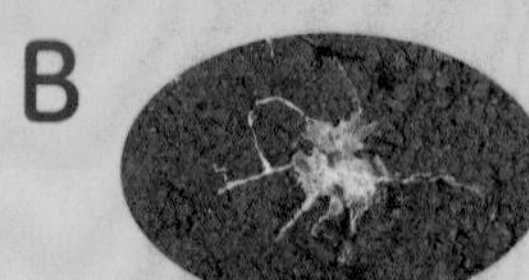

C

D

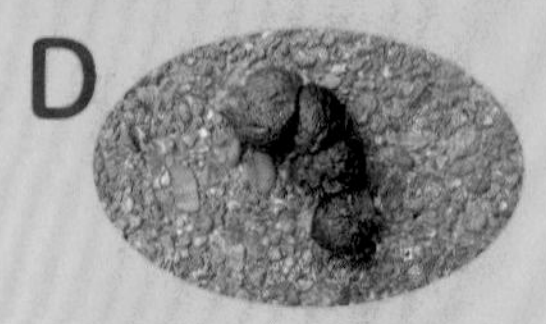

狗

兔子

倉鼠

烏鴉

答案 A倉鼠 B烏鴉 C兔子 D狗

地球上有多少種類的生物存在呢？

回答 目前光是有被發現的生物，就有147萬種以上。

●居住於地球上的生物，並非全部都為人類所知。不只如此，其實沒有被發現的生物，比被發現的生物多了很多倍。

至今，被人們所發現而命名的生物約有174萬至190萬種。其中大約一半為昆蟲，包括人等等哺乳類動物在內的「脊椎動物」，約只有佔3%而已。

●目前尚未發現的生物數目，只能透過調查方式加以預測，但只能得出大約的數字。

根據2011年科學雜誌上發表的研究顯示，地球上的生物種類全部預計共有八百七十萬種。這是至今最為正確的數目，約有九成的生物至今仍不為人所知曉。

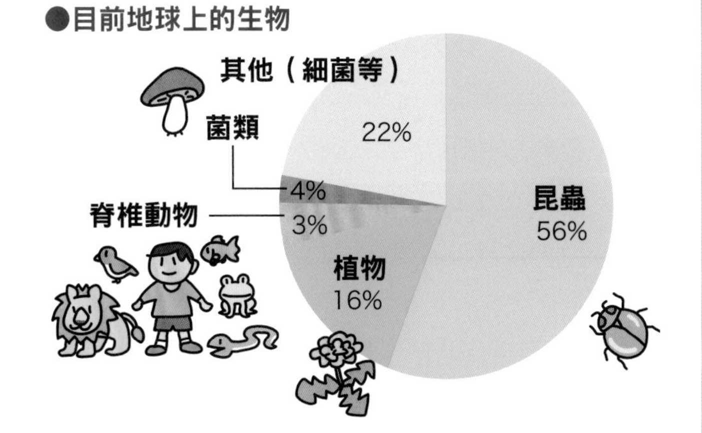

延伸問題 滅絕的生物正在逐漸增多嗎？

回答 生物絕種的速度越來越快。

●就像很久以前曾經有過全盛時期的恐龍一樣，也有很多生物滅絕。這都是自然定律所決定，無法避免的一件事。

不過，如今生物以比起自然滅絕還要快一千倍到一萬倍的速度在消失中，每年約有四萬種以上的生物絕種。

紅皮書

調查有滅絕可能性的野生動物，匯整成所謂的「紅皮書」，作為自然保護等的參考依據。

●有滅絕危機的日本生物

▲東方白鶴　▲赤蠵龜　▲小笠原狐蝠

陸地上最強的生物是什麼呢？

回答 以一對一而言是非洲象。

●人稱百獸之王的獅子，也無法贏過非洲象，即使有數頭獅子成群結隊，也無法攻擊健康有活力的大象。

非洲象在陸上是超大型、重量型動物。大型象全長7.5公尺，身高3.5公尺。體重也達7噸，就如同卡車一樣的重量。

大象的皮膚溫熱又堅硬，也持有獠牙。犀牛或河馬跑來撞擊大象時，很容易反而自己跌倒。大象的鼻子和腳的力道很強，能將對方彈開或踩踏在腳下。

▲當非洲象要威嚇敵人時，會將耳朵張開，鼻子抬起來。

可怕的集體行動

行軍蟻

能將地面幾乎完全覆蓋住的大量螞蟻，一邊捕獲路邊的食物一邊前進，迅速以大又尖銳的下顎咬住動物或人類。

適應環境的身體

水熊

身處嚴竣環境中時，會全身蜷縮進入假死狀態，環境適合時再復活，極為耐熱和耐寒的強大生物。

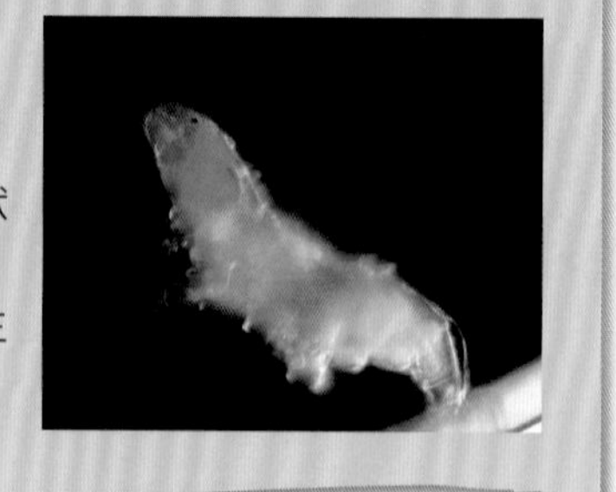

延伸問題 海中最強大的生物為何？

回答 抹香鯨和虎鯨

●若是以一對一的決鬥而言，應該是體型大力氣也大的抹香鯨最強。牠的尾鰭有強烈的打擊力。

如果是團體作戰捕獲獵物的話，虎鯨是最厲害的，連座頭鯨都會成為牠們的攻擊對象。

▲抹香鯨

●只是，野生動物不會為了較量力氣高下而戰鬥。應該說牠們會寧願避免浪費力氣，因為受傷對野生動物來說是很致命的。

▲虎鯨

動物會蛀牙嗎？

回答 野生動物一般情況下不會蛀牙。

●野生動物都是吃生的食物，幾乎都是很硬的東西，必須好好咀嚼。既然需要好好咀嚼，也能對牙齒形成清潔作用。

而且，野生的食物中沒有砂糖，人會蛀牙是因為口中的蛀牙菌（致齲菌）讓食物中的糖分變酸，也因此人類必須清潔牙齒。

●被人們所飼養的寵物，也有蛀牙的例子。那是因為日常生活中常食用柔軟的食物和含砂糖的食物。動物園的動物也常吃比野生動物的食物還要軟的食物，容易沾黏在牙齒上，形成蛀牙。

▲因為頻繁咀嚼，會分泌唾液。唾液有防止形成蛀牙的功效。

延伸問題 動物園的動物如果有蛀牙時該怎麼辦呢？

回答 將嚴重的蛀牙拔掉。

●狀況較輕微的蛀牙，會用藥物等進行治療，而嚴重蛀牙的情況下需要拔除。動物在接受治療時，通常會亂動，只能施打麻醉藥，麻醉會對身體帶來負擔，不適合反覆進行治療。

有蛀牙就糟了，所以不要給動物園的動物和寵物吃人類的點心喔！

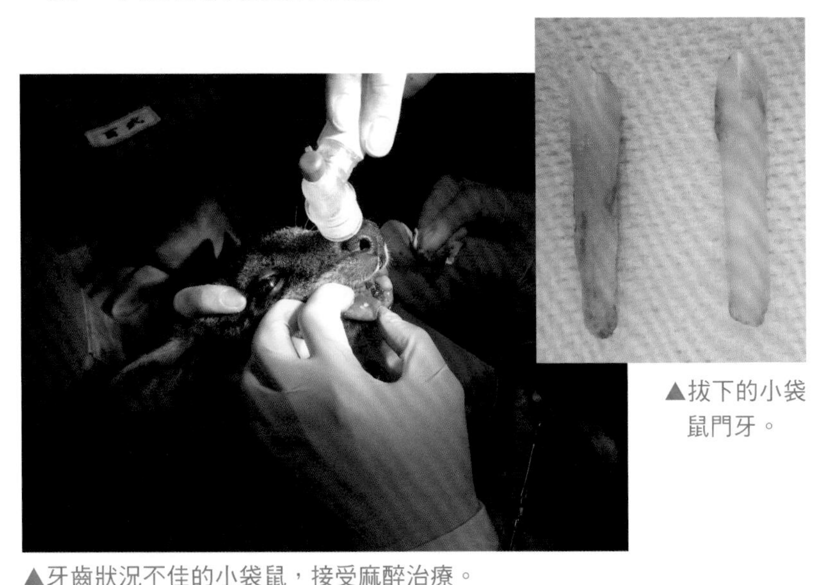

▲拔下的小袋鼠門牙。

▲牙齒狀況不佳的小袋鼠，接受麻醉治療。

▲趁麻醉期間，進行X光線檢查，確認是否有其他問題。

為什麼河馬的嘴巴那麼大呢？

回答 張大嘴巴是為了威嚇敵人。

●河馬是在水中居住的草食性動物。白天在水中，夜間就會到陸上來，吃地面上的草。大大的嘴巴和尖銳的獠牙，不是為進食所用的。

●當河馬張大口部，作出像是在打哈欠時的動作，是河馬之間在吵架。誰嘴巴張得大，誰就贏了。河馬的嘴可以張開到一百五十度的角度。

●此外，河馬生活的河川中有鱷魚，鱷魚可能會攻擊小河馬。所以河馬張開大大的嘴巴，亮出牠的獠牙，以嚇唬鱷魚。如果這樣不能嚇退鱷魚時，就會用獠牙與鱷魚一較高下。河馬雖然看起來很溫和，但在非洲是比鱷魚更危險的動物，被人們所懼怕。

▲河馬和鱷魚在同一條河川內居住。

動物園中的河馬如果肚子餓時，也會張開嘴巴表示。

延伸問題 河馬會流紅色的汗是真的嗎？

回答 那並非汗水，而是保護皮膚的黏液。

●河馬的皮膚，不像人一樣擁有出汗和皮脂分泌的構造，但會分泌紅色像汗水的汗液。
這樣的液體可以保護皮膚免於過於乾燥、防禦強烈的太陽光，及細菌的感染等。就像防曬乳一樣。
顏色之所以是紅色的，不是因為含有血液而是紅色色素，能抵禦紫外線的照射。剛流出的液體是近乎透明的，但稍等一下就會變成紅色，也有殺菌的效果。

袋鼠為什麼要用育兒袋來養育小袋鼠呢？

回答　為了讓非常小的袋鼠寶寶平安長大。

●剛出生的袋鼠是早產狀態，體型非常地迷你。因此，在母袋鼠肚子的育兒袋中長大是最安全的。

袋鼠的育兒袋裡有乳頭，可以進行哺乳。

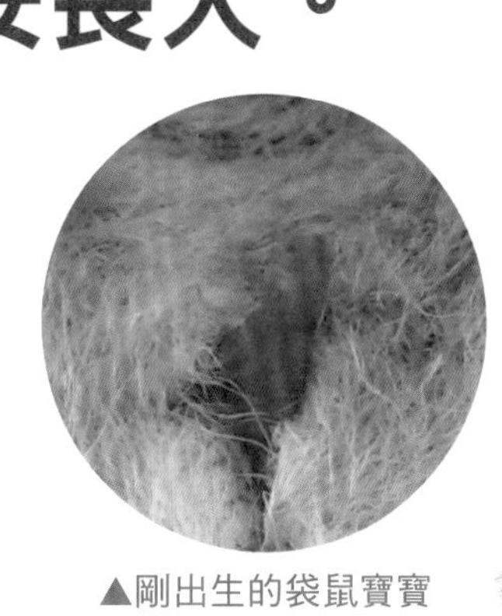

▲剛出生的袋鼠寶寶
（圖為實際大小）

●袋鼠的育兒袋原本只是身體的皺摺而已。因為袋鼠是種會頻繁走走跳跳的動物，有皺摺才能讓小袋鼠抓住，當皺摺越來越深時，就會形成育兒袋。

延伸問題　袋鼠的育兒袋沾到糞便不會髒掉嗎？

回答　袋鼠媽媽會清潔乾淨。

●幼兒時期的小袋鼠，不能從育兒袋中出來，當小袋鼠大便或尿尿弄髒育兒袋時，都會由袋鼠媽媽舔舐乾淨。

擁有育兒袋的動物

有袋類動物就是有育兒袋的動物。除了袋鼠以外的有袋類動物，育兒袋都是朝著後方（下方）。

除了在美洲大陸的負鼠以外，其他的有袋類動物都住在澳洲。

為什麼澳洲有那麼多有袋類動物呢？查查看吧！

袋熊

▲在泥土中挖掘隧道築巢。

無尾熊

▲吃尤加利樹的葉子維生。

負鼠

▲會將長大離開袋子的小負鼠背在身上。

鯨魚寶寶如何在海裡吸母乳呢？

回答 在母鯨魚的下方一邊游泳，閉氣吸著母乳。

●座頭鯨寶寶在出生時全長就有3到5公尺，體重也重達1.5噸，而且出生三十分鐘後就會游泳。
鯨魚是哺乳類，座頭鯨寶寶是喝母乳長大的。牠會躲在母座頭鯨的腹部底下，以嘴碰媽媽的乳房。接著乳汁就會噴射到小座頭鯨的口中，小座頭鯨就能喝到摻著些許海水的乳汁。座頭鯨寶寶還無法長時間閉氣，途中會一直將頭抬出海面呼吸，反覆進行此動作。

●鯨魚的乳汁比牛乳多出了十倍的脂肪量，濃稠且營養豐富。小座頭鯨每天約喝五百公升，每天可以增重約六十公斤，茁壯長大。

▲座頭鯨母子檔。母座頭鯨為了照顧寶寶，會在接近海面的地方一起游泳。

延伸問題 鯨魚為什麼會噴水呢？

回答 因為要在海面上呼吸。

●我們看見的鯨魚噴水，實際上並非將海水噴出。而是在寒冷的季節裡，鯨魚在海面上吐出的氣息變成白色，周遭的海水也被鯨魚噴出的氣息激盪起來，彷彿煙霧起升起於空中。

●魚兒是使用魚鰓在水中進行呼吸，而鯨魚是哺乳類動物，和我們一樣是靠肺部呼吸。
鯨魚的鼻孔長在頭頂上，是為了容易在海面上呼吸。必須不時浮出水面，吐氣並且吸氣。
以座頭鯨而言，大約每隔十到二十分鐘，會為了呼吸而將頭浮出海面。

據說可以潛水長達約四十五分鐘。

▲座頭鯨的噴水動作。

鯨魚會唱歌嗎？

當鯨魚呼喚同類或要一起捕魚時，會發出聲音和同類交流。
雄座頭鯨被廣為人知的是，牠們會向雌座頭鯨發出求偶的歌聲。

大猩猩砰砰地敲打自己的胸部是為什麼呢？

回答 為了威嚇敵人，以及和同伴打暗號。

●野生的大猩猩會在山中群體行動。當有並非同伴的動物接近大猩猩時，牠們會激動地拍打自己胸部，發出聲響，這是為了警告對方「不要靠近我！」，以避免真的開始打鬥。

而且，大猩猩群的首領，也會朝著遠方拍打自己的胸部。這是在告示其他大猩猩群牠們的所在地，以避免和其他大猩猩群狹路相逢並打起架來。

另外，和同伴之間玩鬧，或希望引起關注時，也會敲打胸部。就像人類在高興和希望別人注意他時也會拍手示意。

大猩猩雖然外表看起來有點可怕，但其實是種關心同伴，愛好和平的動物。

▲威嚇其他不同群體的大猩猩。

▲與同伴之間交流情感。

▲為了避免與其他大猩猩見到面所表示的訊息。

拍打胸部是很重要的訊息！

觀察看看！ 以聲音作各種用途的生物

除了大猩猩以外，也有不是透過叫聲，而是以其他聲響來交流的生物。

兔子

▲腳在地面上咚咚咚地踩著，告知同伴危險狀態（跺腳）。

虎鯨

▲跳躍起來，撞擊海面，告知自己的所在地（躍身擊浪）。

東方白鶴

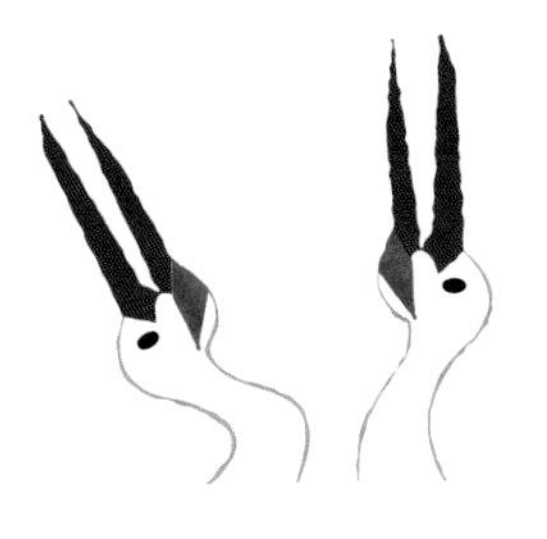

▲以鳥喙喀噠喀噠地發出聲響，向雌白鶴求偶（發出咯咯響）。

大黃蜂

▲對於接近蜂窩的生物，磨擦下顎發出嗒嗒嗒聲響以警告對方。

斑馬為什麼有花紋呢？

回答 為了防止生病以及保護自己免於敵人侵襲。

●斑馬身上為何有如此獨特的花紋呢？事實上至今尚未有明確的研究。

有一派新的學說認為是「為了要預防引起疾病的蒼蠅攻擊的保護色」。

在斑馬居住的地區，有著會叮咬牛馬造成嚴重疾病的螯蠅。這種螯蠅，具有討厭黑白花紋的特性，所以斑馬比其他住在同個區域的動物更不容易被攻擊。不過為何只有斑馬是條紋花紋呢？目前仍不為人所知。

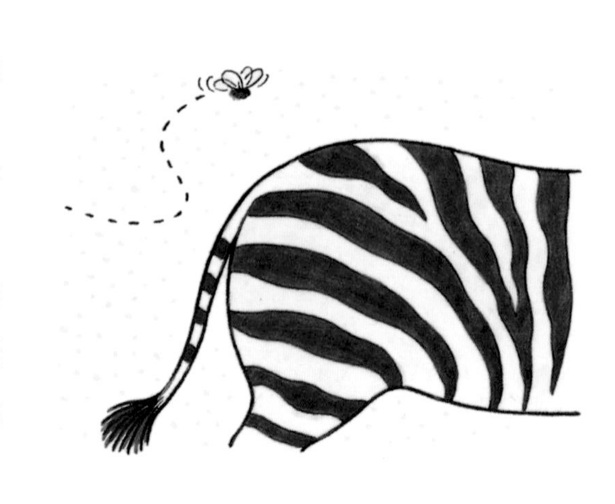

▲群聚的斑馬。

●就目前為止的學說而言，有一說為斑馬「用條紋使欲攻擊牠們的敵人眼花」。

斑馬是群居動物。因為大家都是條紋花紋，比起同樣顏色的生物群，身體的輪廓更難辨認，因此比較不容易被獅子等動物攻擊。

延伸問題 老虎的花紋也是相同原因嗎？

回答 老虎的花紋是為了能潛身於森林裡不被輕易發現。

●老虎是種會捕捉其他動物的獵食性動物。看起來很顯眼的黑黃條紋，藏身於草木繁盛的森林裡時會變得不醒目，讓獵物不易察覺牠的存在，而可以慢慢接近獵物，非常適合於野外狩獵生存。

◀老虎會慢慢接近獵物，特別擅長於埋伏狩獵。

斑馬的花紋是直條紋還是橫條紋呢？

動物的條紋花紋不是以與地面相對的方向，而是以與脊椎相對的方向來看。斑馬的花紋，與脊椎相對而言是橫向的，是橫條條紋。而花栗鼠與脊椎相對而言是直條條紋。

熊貓只吃竹子嗎？

回答 也能吃其他食物。

●熊貓是熊科動物，事實上是屬於也會吃肉的雜食性動物之一。因此，除了竹葉以外，牠也會吃其他食物。野生貓熊的食物，99%是竹葉，也會吃死亡動物的肉、昆蟲及蛋。熊貓似乎很喜歡吃肉，但野外不容易取得，因此最常吃竹子和細竹來維生。

▲動物園裡吃竹子的熊貓。

我的正式名稱
叫作大貓熊！
我是小熊貓！

●為什麼熊貓會開始吃竹子呢？那是在很久以前，熊貓和其他熊科動物相互競爭，比較弱的熊貓，為了避免爭食，逃至深山。在那裡整年都能獲得的食物就只有竹子和竹筍，就作為主食而演變至今。
野生的熊貓依季節而定，會吃竹子不同的部分。春天和夏天吃竹筍，秋天吃竹子的葉子，冬天吃竹子的枝葉。熊貓居住的山區，生長著很多竹葉。

熊貓雖然是熊科動物，但因為冬天有食物所以不用冬眠。

延伸問題 熊貓的糞便是什麼顏色的呢？

回答 吃完竹子後會變成綠色的。

●原本就是雜食性動物的熊貓，無法將竹子消化完全。吃下去的量約有80%無法消化，直接形成糞便排出。
因此，食用竹子的熊貓的糞便，就像將竹子打碎後揉成團一般。是綠色的，像竹子的味道一樣好聞。

▲熊貓的糞便。

人類吃下的食物
中，約有25%會
變成糞便。

▼有時候，熊貓的大腸裡的黏膜塊會變成糞便排出，有別於熊貓通常的糞便。這表示熊貓健康出了狀況，會變得很沒有精神，看起來很疼痛。

為什麼狗會到處小便呢？

回答 為了宣示自己的地盤。

●狗在散步時，會到處在電線桿等地方小便。每次一點點，進行多次小便，看起來也不是單純想尿尿。
這種小便稱為「作記號」，主要有兩種用處：

●第一個是沾上自己的味道，宣示自己的地盤。雖說是地盤，也不是禁止其他的狗踏入，而是強調「我在這裡哦！」的自我宣示。
因此，狗會在很多地方小便，告知其他狗自己的活動範圍。

●而且，狗會透過氣味，相互交流。「我現在經過這裡了哦！」像是在原地留下一封信一樣。即使同時有多隻狗兒小便的氣味，狗似乎能分辨那是哪一隻留下的。
此外，母狗進入發情期也會透過小便宣示。

▲公狗為了要使自己的小便容易被發現，會把腳抬得高高地，儘量往高處小便。

▲據說憑尿液的味道，就能了解身體狀況和心情狀態等。

延伸問題 狗的鼻子為何濕濕的呢？

回答 為了捕捉味覺粒子。

●鼻子濕濕的，可以確認味道。
狗透過鼻子上眾多的嗅覺細胞，分辨氣味的能力比人類強一百萬倍以上，對於油脂氣味的分辨能力，則比人類強大一億倍以上。

▲鼻子表面有細小的槽溝，可以讓水分停駐。

狗的鼻子乾燥時，
就會以舌頭舔舐。

延伸問題 為什麼狗會將舌頭吐出喘氣呢？

回答 感到熱的時候，讓體溫下降。

●人類在感到熱時會流汗，當汗水蒸發時，會吸收身體的溫度，使體溫下降。

狗不會出汗，熱的時候就伸出舌頭喘氣，使體溫下降。

◀狗的全身都被毛所覆蓋住，不易調節體溫。

？小測驗

狗的心情能從尾巴看出來嗎？

人們常說狗的情緒可以從尾巴看出來。

以下圖片中尾巴的動作，是表現何種心情呢？

A 什麼什麼？是誰是誰？

B 好開心！最喜歡了！

C 要打架嗎！走開！

D 好可怕喔！嚇死我了！

① 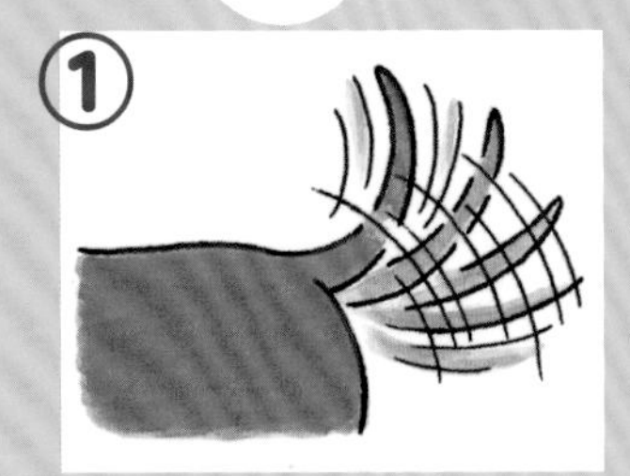

② 

③ 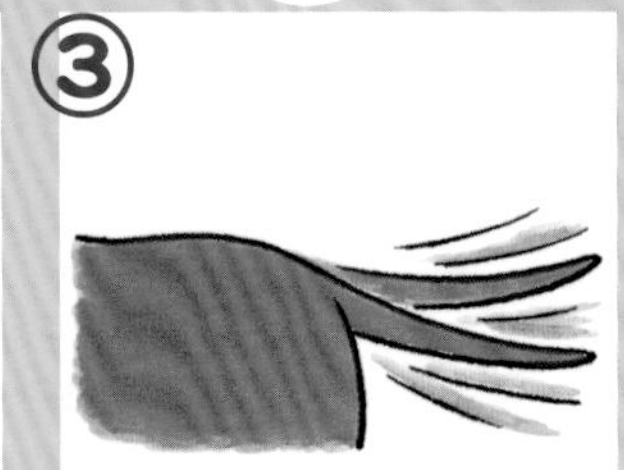

④ 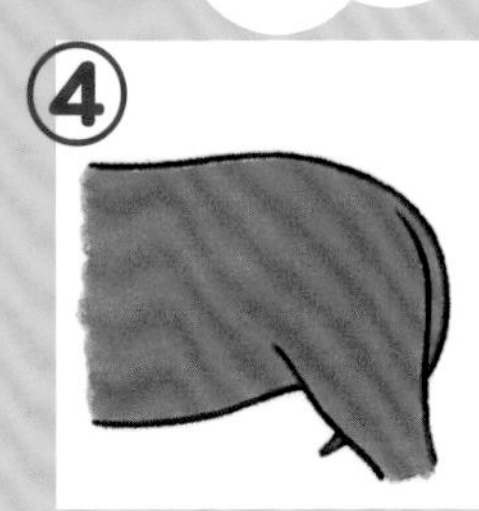

狗的體型大小和體態各有不同

狗有很多品種，體型大小和體態也各有千秋，但都是狗。

狗的祖先是狼，逐漸被馴化而成今日的狗。無論是捕獵用的獵犬、管理家畜類的牧羊犬、寵物犬等等，人們經過長時間改良出許多犬種。

◀狼和犬雖然很相似，但狼體型比較大，有著強勁的獠牙和下顎，也會狩獵。

獵犬類

薩路基獵犬等

獒犬類

藏獒等

牧羊犬類

蘇格蘭牧羊犬等

薩摩耶犬類

薩摩耶犬等

答案 A-③，B-①，C-②，D-④

貓咪的鬍鬚有什麼作用呢？

回答 用來衡量空隙的距離和取得平衡。

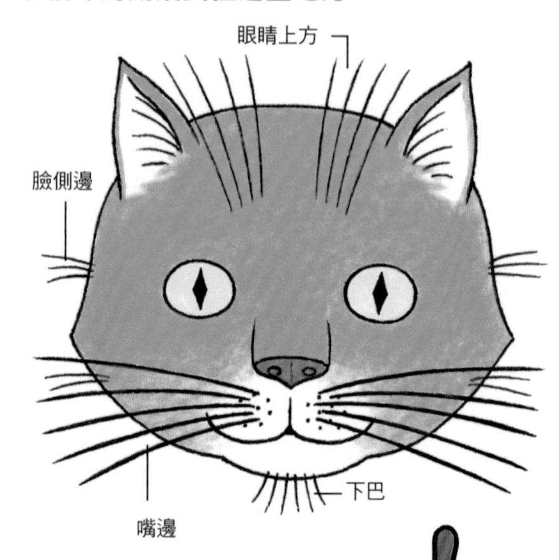

●貓咪的鬍鬚又叫作「觸毛」。與昆蟲的觸角相同，可以獲知周遭的動靜，扮演重要的角色。

●貓咪的鬍鬚的根部有著敏感的偵測器。即使周遭稍微一點點的空氣振動也能察覺。而且光是靠聲音就能知道風向。

貓咪的身體很柔軟，即使是狹窄的縫隙也能穿過，並能以鬍鬚事先測量自己是否能夠通過。

此外，貓咪也會利用鬍鬚，取得身體的平衡。

●眼睛上方的觸毛碰觸到物體的瞬間，貓的眼皮會迅速閉合起來，以免眼睛受到傷害。

在前腳的後方也有喔！

我們來檢視一下貓咪的能力吧！

●貓咪的跳躍能力

貓咪能跳上約自己的身體五倍的高度。因此，即使不用助跑也能跳上高高的圍牆。以人比喻，就是身高150cm的人跳躍上二樓的屋頂。

貓咪的動作輕盈優美，後腳的肌肉發達，可以輕易跳躍成功。

▲跳躍中的貓咪。

●貓咪的視力和聽力

將貓咪的視力比作人類，約為只有0.2左右。但貓對於捕捉移動中的生物相當擅長，可以觀察廣泛的範圍。

貓的耳朵也很靈敏，特別對於高音約有高於人類四倍的敏感度，且對於聲音的方向和距離也能精確掌握。

▲貓咪的左右耳朵可以各自朝不同方向動作。

延伸問題 關於貓咪的「為什麼？」

貓咪為什麼夜裡眼睛會發光呢？

貓咪在即使只有月光的昏暗處也能看得清楚。映入眼睛的光線，會在眼底反射，因此可以看得很清楚。貓咪夜裡眼睛發光，即為反射的光線。

昏暗環境下，貓咪的瞳孔為了納入更多光線，會變圓變大。

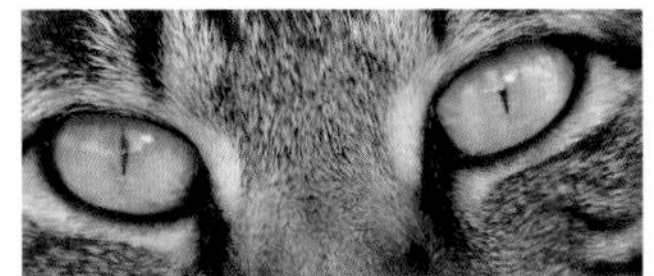

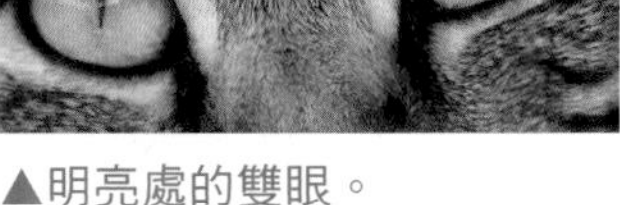

▲明亮處的雙眼。

▲黑暗處的雙眼。

為什麼貓要磨爪子？

為了把爪子磨利。

要磨的只有前腳，在柱子與粗糙表面等處上抓，將爪子老舊的部分刮落。
後腳的爪子可以用嘴清除老舊部分。

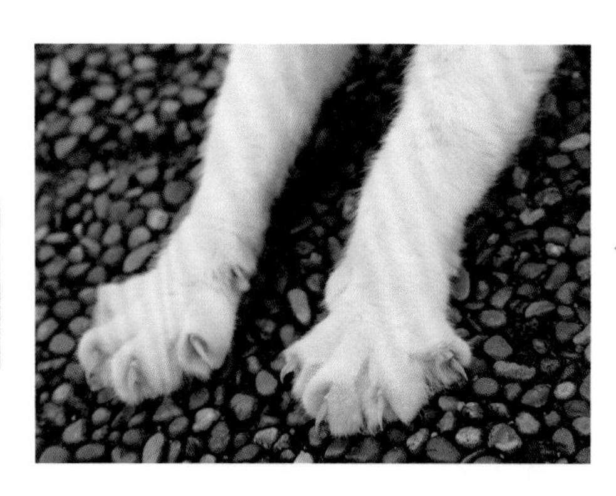

◀貓的前腳可以將爪子藏起與伸出。

為什麼貓會追飛蟲或是老鼠呢？

這是貓咪的本能。

貓是野生山貓經由人類馴養而成，野生的山貓需要憑己力捕獲食物。貓咪也多少留著原本的特性，只要看到小小的生物在動，就會想要猛撲過去。

牠們會將捕獲的獵物吃掉或戲弄，或送給飼主。

▲對於會動的小小物體都會猛撲過去。

貓咪為什麼老是在睡覺呢？

一直靜止不動，才不會消耗不必要的體力，以儲備捕捉獵物時所需的體力。這也是貓咪從野生時就持有的特性。

貓咪一天之中大約有十四到十五小時在睡覺。雖說如此，牠們也不是熟睡，而是一邊注意周遭動靜一邊瞇著眼。

▶只在家中活動的貓咪，睡覺時間也會變長。

為什麼貓要舔舐整理自己的毛呢？

貓咪在清醒狀態下，約有30%的時間都在舔舐、整理自己的毛。這是為了清潔自己毛上的污垢，並清除自己的味道，以及調節體溫。此外，藉由舔著自己身體，也能得到放鬆。

◀貓咪在被撫摸後，為了將附著於毛上面的人類氣味清除掉，會梳整自己的毛。

山羊為什麼會吃紙呢？

回答 因為把紙當作由木頭作成的飼料。

●山羊屬於牛科，能將不好消化的食物，從胃反芻到口中再次咀嚼吞下，攝取營養。特別是山羊，只要是植物什麼都吃。
紙類是由樹木所作成的。山羊將紙當成由樹木作成的飼料，會將紙吃下去。
不過，現今市面上的紙，為了漂白紙張，都有添加藥劑，對山羊身體有害，小朋友們不要餵牠們紙張哦！

▲動物園裡的可愛動物區，也有溫馴的山羊。

延伸問題 山羊和綿羊之間有什麼差別？

回答 就外觀來看，鬍子、尾巴和毛的形狀都不同。

●山羊和綿羊是同科的動物，自古以來就被人們當作家畜所飼養。外形和叫聲也很像。行動上的不同在於，山羊動作俐落，會往高處爬，也會吃樹木的葉子和新芽。

●山羊

性格活潑，好奇心旺盛。

尾巴短，朝上。

毛較硬。

羊角往後方生長。

有山羊鬍。

樹木的果實、葉子、草等，只要是植物都吃。

●綿羊

性格老實乖巧，很聽從飼主的話。

羊角呈現旋渦狀。

毛又長又軟。

尾巴長長的，呈現下垂狀態。

沒有鬍子。

以吃草為主。

北極熊為什麼能在冰天雪地裡生存？

回答 因為牠有特殊的毛和相當厚的脂肪。

●北極熊住的北極地區，冬季氣溫平均零下25度，相當地寒冷。北極熊之所以可以耐寒，是因為牠們的毛有秘密武器。

北極熊的白毛，事實上是透明的。是因為有很多毛聚集在一起，看起來才像是白色的。

牠的毛有分成長毛和短毛兩種，是雙重構造。長毛可以保護下方膨鬆的短毛，短毛能維持體內保暖。

北極熊的毛每一根都像吸管一樣中空，孔裡面有空氣。就像羽絨外套一樣，有禦寒效果。

皮膚底下有厚厚的脂肪，可以保持體溫並補充營養。

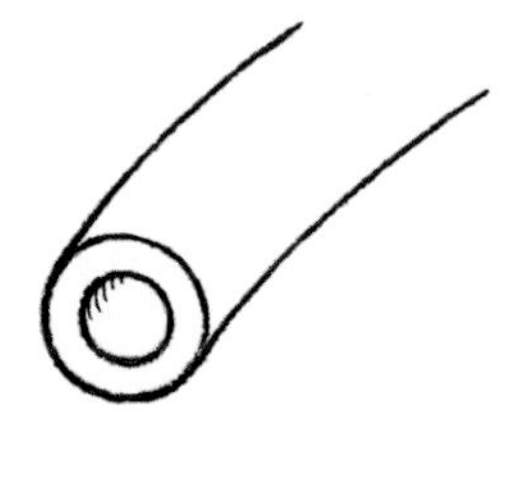

▶北極熊的毛像吸管一樣，中間有孔，孔中有空氣。

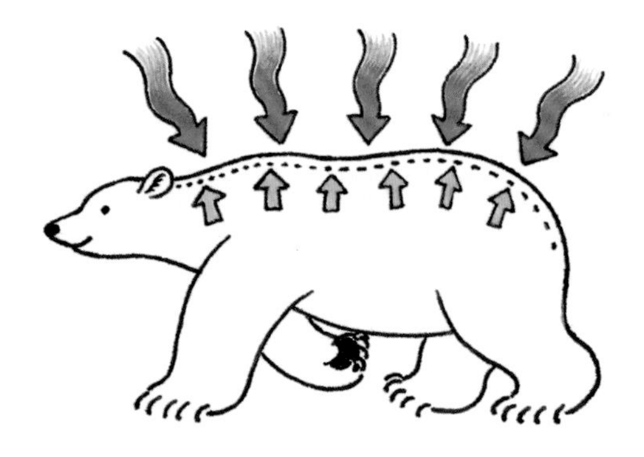

▲讓身體保暖的構造
北極熊的毛是透明的，不會阻絕太陽光，能照在身體表面。因為北極熊的皮膚是黑色的，可以完全吸熱，並保留在皮膚和汗毛之間囤積的肥厚脂肪上。

延伸問題 在結冰的海水中，北極熊也可以游泳嗎？

回答 北極熊擅長游泳和潛水。

▲擅長潛水。

●北極熊相當擅長游泳，游泳時速約達10km。有時可以花上好幾小時完成數百公里的距離的泳程。

來瞧瞧牠的體型，小小的臉孔，搭配細長的脖子，能夠降低阻力。厚厚的脂肪以及含有空氣的膨鬆毛皮，即使在冰冷的水中也能自由自在地游著。

●北極熊主要生存於陸地上，當發現生活在結冰海水上的海豹時，會游向海豹所在位置然後捉捕海豹。

◀在上陸時將水甩掉，毛上不會附著冰塊。

北極的冬天，在海中的溫度會比陸上氣溫來得溫暖

啄木鳥為什麼會啄樹幹呢？

回答 為了要捕捉樹木中的蟲。

●啄木鳥啄木有幾個理由：

首先是為了要捕捉在樹木裡的小蟲。一邊啄著樹木，以聲音尋找小蟲是否在樹木中。一旦發現小蟲時，就從開孔處伸入長長的舌頭，勾住目標，然後拉出樹幹外。

●啄木鳥會在樹上開洞築巢。使用過的啄木鳥巢，會有其他小鳥或小動物來築巢。

●雄性啄木鳥為了宣示地盤或向雌性啄木鳥求偶時，會啄著木頭發出聲音。

由於鳥喙會慢慢生長，即使啄著樹木也不會磨損過多。

▲小星頭啄木鳥

▲大斑啄木鳥

舌尖有勾小蟲用的勾針。

舌頭相當長，繞過頭部一圈後伸出。

停留在樹上時，會以尾巴支撐身體。

爪子有四隻，前後各二隻。停留在樹上時，其中一隻後爪會往側邊伸展。

所謂「啄木鳥」是通稱會啄木的鳥類，其中包含許多品種。

觀察看看！ 比較看看不同鳥兒的嘴！

鳥兒的喙依品種不同，而有各式各樣的形狀，吃的食物種類也不同。有哪些鳥喙形狀不同的鳥類呢？

鸚鵡

▲可以咬開堅硬的果實。

鷺科

▲細長的形狀，可以將魚夾起來或穿刺魚。

紅鸛

▲能夠瀝出水，只留下捕獲的小蝦。

鵜鶘

▲將魚連同水一起吸進嘴巴，像是水桶一樣的形狀。

蜂鳥

▲以細長的鳥喙來吸取花蜜。

鳥為何會唱歌呢？

回答 為了和同伴交換訊息和求偶。

▲麻雀

●鳥兒的叫聲可以分為二大類，一種是「鳥啼」，一種是「鳥囀」。
鳥啼就是日常對話。告知同伴自己的所在地、通知同伴哪裡有危險時會發出的聲音。麻雀日常發出啾啾啾叫的聲音，就是鳥啼。
而「鳥囀」是求偶時發出的鳴啼聲，主要是雄鳥會發出的聲音。通常是在向雌鳥求愛，並對於進入自己地盤的其他雄鳥提出警告。黃鶯的鳥囀因為相當清脆婉轉，享富盛名。

黃鶯的啼叫聲有報春的意義在，自古以來深受人們喜愛。

▲黃鶯

? 小測驗

小鳥的聲音聽起來如何？

小鳥的悅耳鳴叫聲，聽起來向是以人類的語言在說……
右方的句子是以下哪種鳥的叫聲呢？
*編註：此為日語諧音。

① 霜淇淋～霜淇淋～
② 專利許可局
③ 你來一下！你來一下！
④ 燒酒來一杯～
⑤ 札幌拉麵 味噌拉麵

也有很多其他聽起來像在說人話的鳥叫聲，來查看看吧！

冠羽柳鶯

杜鵑

黃眉姬鶲

竹雞

黃道眉

答案 ①—黃眉姬鶲 ②—杜鵑 ③—竹雞 ④—冠羽柳鶯 ⑤—黃道眉

鳥為何可以飛呢？

回答 輕盈的身體配上大大的羽翼和強壯的肌肉。

●要在空中飛翔，最重要的就是輕盈，鳥兒連骨頭都很輕。

●只要羽翼夠大，就算重量較重也能飛吧？但要拍動巨大的羽翼，就需要有足夠的強壯的骨頭與強力的肌肉才行。如此一來，也會使體重變重。

再者，一旦體重變重，為了飛行也需要消耗很多熱量，必須進食大量食物。然而吃得越多，也使體重更重。

當體重變重，飛行就會更加困難。

●鳥是這樣飛翔的

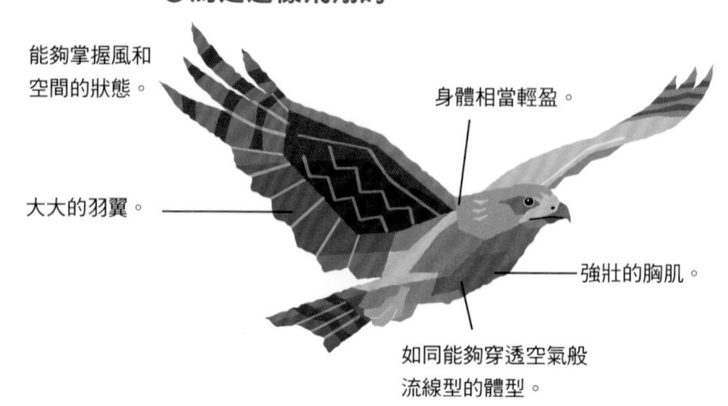

能夠掌握風和空間的狀態。
身體相當輕盈。
大大的羽翼。
強壯的胸肌。
如同能夠穿透空氣般流線型的體型。

●鳥和飛機的飛行原理不同

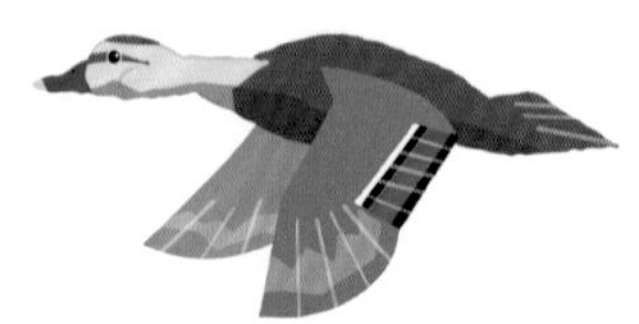

▲鳥拍打羽翼，產生浮力和前進動力。

▲飛機透過引擎產生前進動力，讓機翼乘著風，產生浮力。

延伸問題 只要是鳥類都會飛嗎？

回答 也有不會飛的鳥。

●與在空中飛翔的鳥兒不同，也有不會飛的鳥。

牠們會依生活場所和食物演化成適合生存的體形。

也有經過品種改良，變得不會飛的鳥。

駝鳥

▲體重很重，不會飛，以強而有力的長腳快速奔跑。

企鵝

▲以羽翼取代鰭，如同在水中飛翔般游泳。

雞

▲被人們所飼養，沒有必要飛。

鳥會在哪些地方築巢呢？

回答 依鳥的種類各有不同。

●鳥巢幾乎不是為了居住，而是為了產卵和育子所築。
鳥巢一般印象為建在樹上，以收集而來的樹枝作成。其實鳥巢不只是建造場所不同，形狀和材質也形形色色各有不同。
近期鳥巢的材質也有塑膠等人造材料。

小星頭啄木鳥

▲在枯木等處挖洞築巢。鳥巢只用一次，每年會築一個新的巢。

烏鴉

▲常在都會的電線桿上看到牠們的蹤跡。素材也會使用銅製吊衣架等。

栗耳短腳鵯

▲將巢築在樹枝上。牠的巢比身體小，呈現碗狀。材料採自細長的草。

小鸊鷉

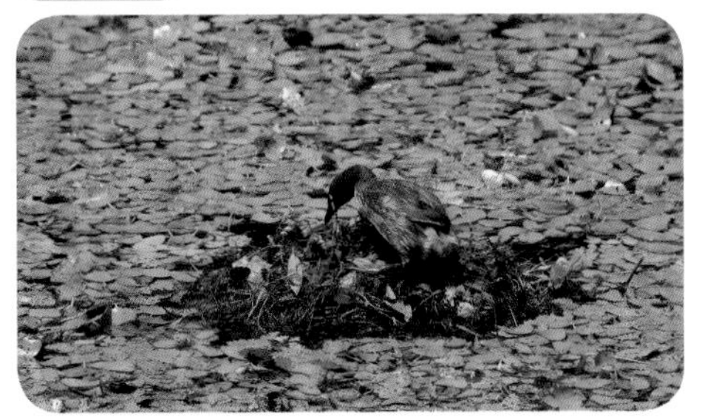

▲在水生植物及土樁上以葉子或草莖築成鳥巢，看起來像是漂浮在水面一樣。

大葦鶯

▲在河灘的蘆葦叢上，以蘆葦的葉子和莖部等，築成碗狀的鳥巢。

燕子

▲習慣築巢於人類住家的牆上，將沾著泥巴的枯草，以唾液黏在一起築巢。

不築巢的大杜鵑

大杜鵑會偷偷將卵產於其他鳥的巢中，讓其他鳥來養育自己的幼子。大杜鵑的雛鳥會比其他雛鳥長得更快更大。

雲雀

▲在地面的草根上挖掘淺洞，以稻草等築起簡單的巢。

小燕鷗

▲在小石頭很多的河灘等挖坑作為巢，蛋長得像石頭不顯眼。

候鳥為什麼要進行遷徙？

回答 為了依季節而遷徙到適合居住的場所。

●候鳥會隨季節，從夏天育子的地區，移動到過冬的地區。這樣的過程稱為「遷徙」。

遷徙其實是有危險的，那為什麼候鳥不在同一個地區生存呢？

●為何候鳥會開始遷徙呢？目前仍無法證實。有一說是為了要尋求缺乏的食糧，從很久以前每年都反覆進行移動，演變至今形成遷徙的行為。

●來本地渡過夏天的鳥稱為「夏季候鳥」，渡過冬天的鳥稱作「冬季候鳥」，而只有在春天和秋天才會看到的鳥稱為「過境鳥」。

目前日本為人所知的夏季候鳥有燕子，冬季候鳥有天鵝，而過境鳥有鷸科鳥、白鶴等。

●燕子的遷徙路線

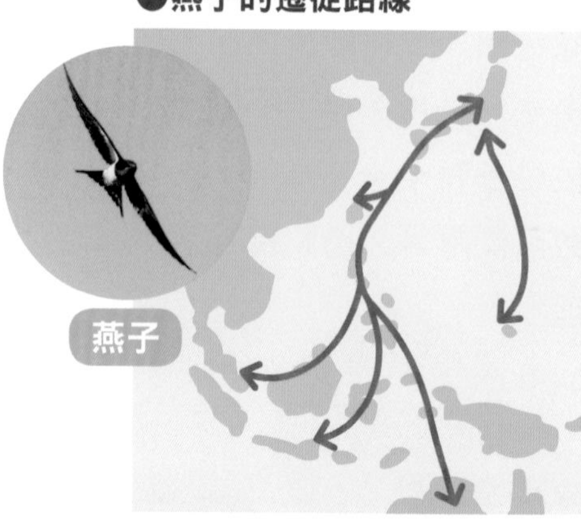

▲自東南亞、台灣等地開始旅程，遷徙距離約達3000至5000公里。

●黃嘴天鵝的遷徙路線

▲從3000公里之外的西伯利亞，遷徙來到日本的北海道、本州。

延伸問題 哪一種候鳥的遷徙距離最遠？

回答 北極燕鷗。

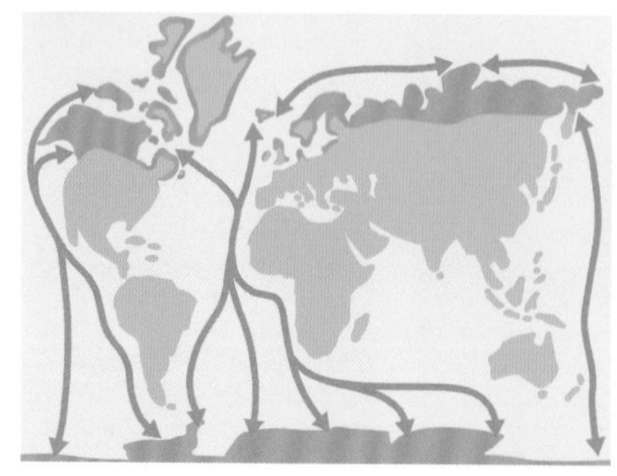

●北極燕鷗一年內會周遊世界一圈。沿著大陸，呈現S字狀的飛行路線，最遠達八萬公里。夏天在北極育子之後，遷徙到南極過冬，夏季時又回到北極。

也有遷徙的蝴蝶

大絹斑蝶在春季至夏季，會在日本的山區生活，一到秋天就會南下。會越過海洋，最遠也有到台灣去過冬的。

變色龍為什麼會變色？

回答 為了要防禦敵人，並容易捕捉獵物。

●身體的顏色和周遭顏色相近，自己的藏身之處就不容易被發現。因此，變色龍可以躲過蛇或鳥等敵人的侵襲。
並且，變色龍會以長長的舌頭捉蟲來吃，變色能力也能讓獵物不易察覺，順利捕捉。

▲鮮豔的變色龍。

會隨周遭的溫度和身體狀況，改變身體顏色。

延伸問題 變色龍如何改變身體的顏色？

回答 皮膚表層底下有與顏色相關的細胞層。

●變色龍的皮膚是透明的，底下有雙層的彩虹色素細胞。在該細胞當中，有很多反射光線的小粒子，會依光線的強弱，讓粒子之間的空隙擴散，身體顏色就能跟著改變。
牠的身體顏色也能隨著心情而改變。雄變色龍在向雌變色龍求偶時，體色也會改變。

第一層的彩虹色素細胞
將光反射回來，
改變身體顏色。

第二層的彩虹色素胞
反射紅外線，
保護身體不受熱能傷害。

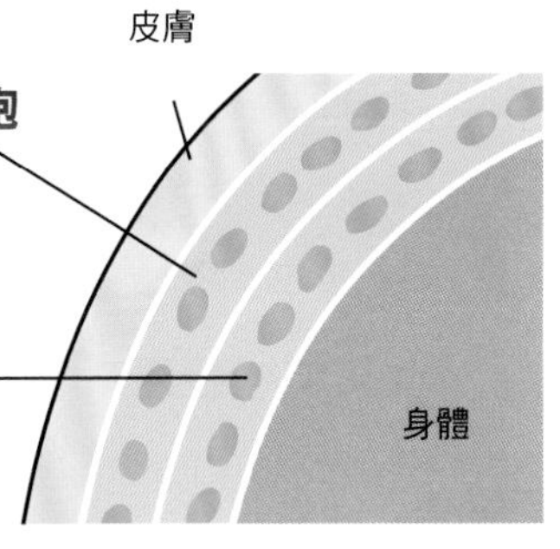

變色龍不是透過眼睛，而是透過皮膚來感覺顏色。

會改變體色的生物

有的動物會隨季節改變顏色，如雷鳥等。有些生物身體的顏色和花紋會和周遭環境變得相似，稱為保護色。

章魚

▲紅細胞運作改變顏色。身體的形狀也能改變，非常擅長變身。

比目魚

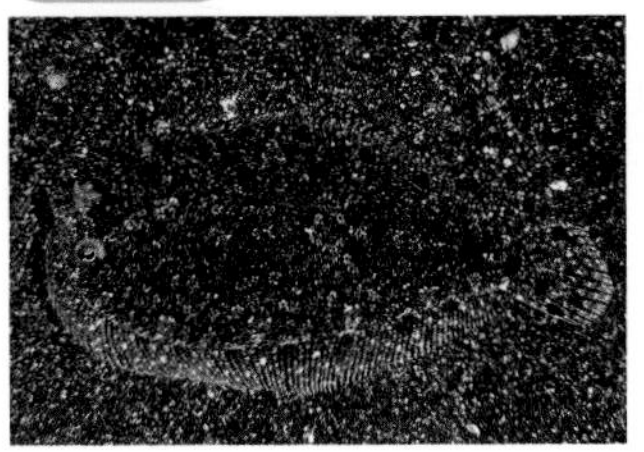
▲只會變化身體明亮度，但能和海底的砂子和小石的顏色相似。

雨蛙

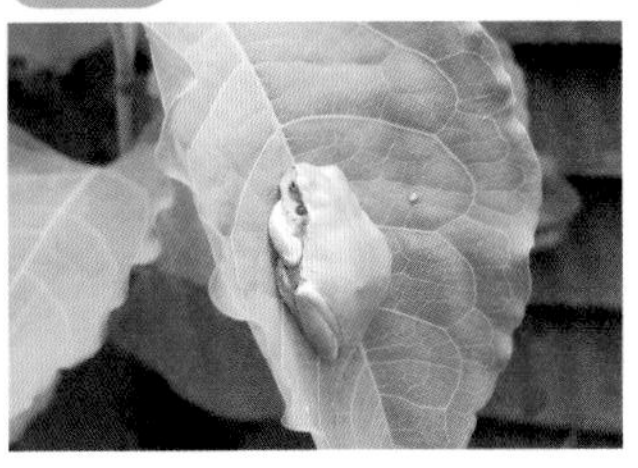
▲與變色龍相同，有著彩虹色素胞，顏色會慢慢變化。

海豚的頭腦很好嗎？

回答 海豚是很聰明的生物。

●瓶鼻海豚廣為人們所認識，讓我們來想想牠聰明的原因吧！

①腦部佔體重的比例和人類相近。
也就是說，腦部很發達。

②可區別人類和圖形。
在水族館中會捉弄新進飼育員。

③會和同伴對話。
能發出聲音傳達訊息。

④擁有感到快樂和悲傷的感情。
喜愛遊玩，會邀請別隻一起玩。

⑤會思考高效率的方法。
例如在搬東西時，不會一個個搬而是先集中於某處再一起搬。

⑥海豚保護人類免於受到鯊魚攻擊的新聞事件不少。

●與人類是不同的生物，雖不能說是單純的生物，但頭腦好是真的吧！

▲好奇心強，親人的海豚。

▲與同伴齊心協力捕魚。

延伸問題 海豚有什麼比人類更優秀的特性呢？

回答 可以使用聲音來偵測動靜。

●海豚可以在完全黑暗的海洋中捕魚。因為牠可以不用眼睛，以聲音來得知周遭的狀況。
海豚會發出響亮的聲音，如果碰到了物體，便能聽到該物體碰撞而產生的回音。且海豚可以得知那個物體的所在位置、形狀、大小、軟硬度。這被稱作「回聲定位」。

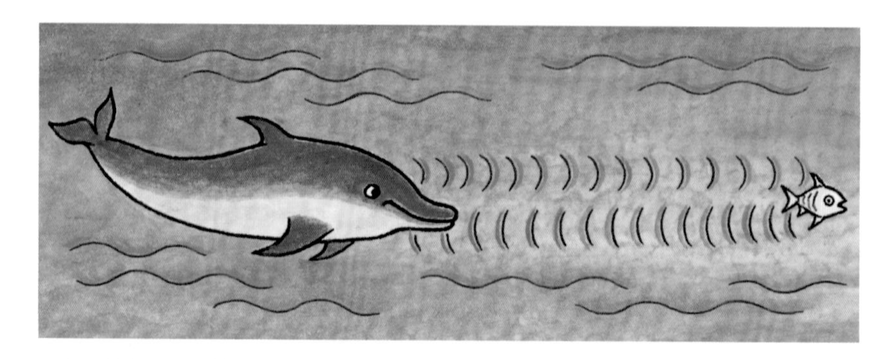
▲可以得知100公尺以外，如棒球大小的生物存在。

比起空中，在水中聲音傳導更快更遠。

烏賊和章魚為什麼會吐墨呢？

回答 為了保護自身安全。

●烏賊和章魚都擅長於躲藏，但有時也會被敵人發現。

這種時候，為了能逃命，會向敵人吐出墨汁。但是烏賊和章魚的吐墨方式，有些許的不同。

●烏賊吐墨是採取「分身」戰術。烏賊肚裡的墨汁是濃稠的，會在水中聚集成一團。吐出墨汁，讓敵人以為那是烏賊的身體，趁此空檔趕緊逃跑。

●章魚所使用的是「煙霧彈」戰術。章魚吐出的墨汁，會如煙霧般擴散且相當濃稠。這樣的墨汁可以遮蔽敵人視線，也有能妨礙嗅覺的成分，讓敵方無法追殺章魚。

▲烏賊吐墨。

▲章魚吐墨。

生物有其他什麼保護生命安全的方法呢？

海洋中的生物，會採用各種方法來免於受到敵人的侵襲。

像烏賊和章魚一樣，舉出實例來看看吧。

飛魚

▲「跳躍空中」戰術。自海面飛躍而起，逃離海面。大約可以跳400公尺。

獅子魚

▲「毒針」戰術。在魚鰭上有大大的毒針，為了警告敵人，特意展現華麗的外表。

葉海蛞蝓

▲「毒液」戰術。當受到敵人攻擊時，會從身體表面分泌出很臭的毒液。

河豚

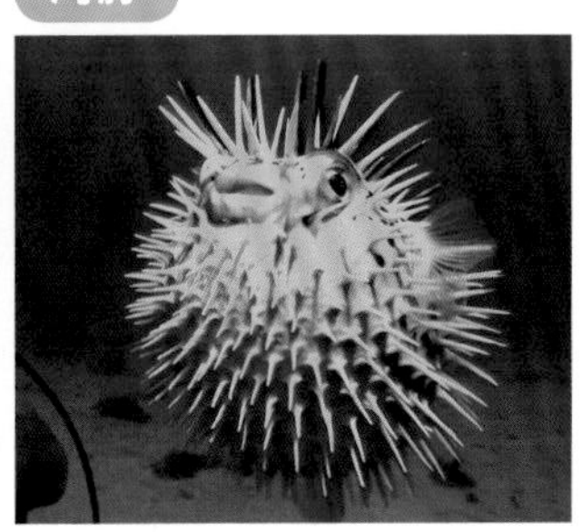

▲「全身帶刺」戰術。受到驚嚇時，河豚會吸水而膨脹，變得全身是刺。

寄居蟹會搬家是真的嗎？

回答 隨著身體的成長，會搬家到更大的貝殼裡。

●寄居蟹雖然與螃蟹、蝦子同屬甲殼類動物，但有著與其他同科動物不太一樣的特徵。寄居蟹的腹部很柔軟，為了保護腹部，牠會在海底等處找尋掉落的貝殼，然後將腹部放入貝殼中，一邊背著，一邊走路。

●寄居蟹會脫皮長大，但貝殼不會。因此，當牠感到貝殼空間狹小時，就會找尋較大的貝殼然後搬家。有時也會從其他寄居蟹那裡搶奪貝殼。

●寄居蟹的身體構造

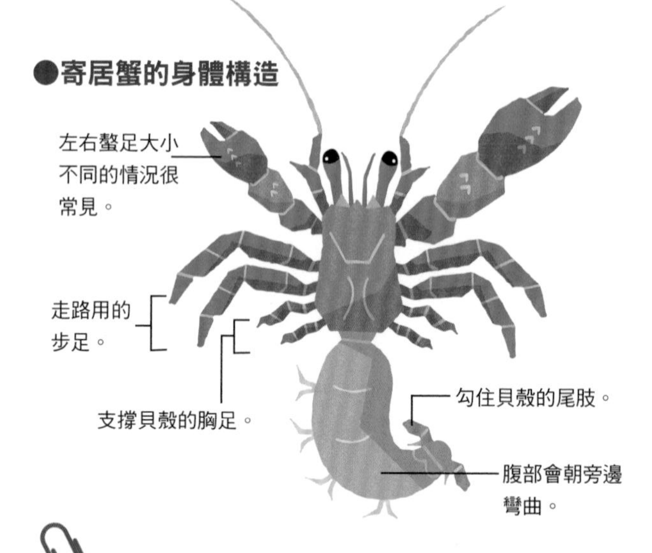

左右螯足大小不同的情況很常見。
走路用的步足。
支撐貝殼的胸足。
勾住貝殼的尾肢。
腹部會朝旁邊彎曲。

▲爭奪新貝殼的寄居蟹。

蝸牛也會搬家嗎？

蝸牛不會搬家。
因為蝸牛的殼就是牠身體的一部分，會隨著身體漸漸長大。

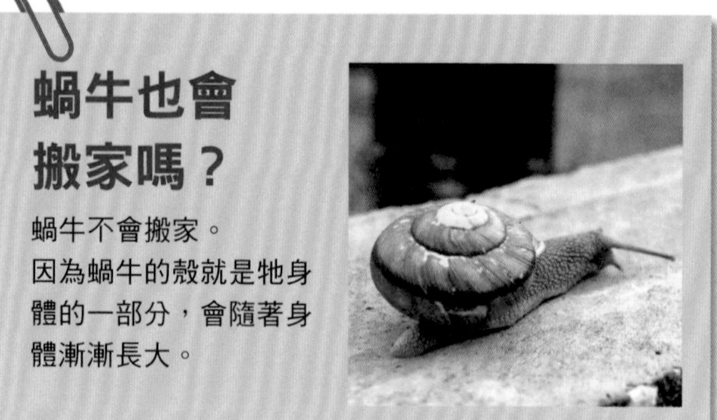

延伸問題 為什麼寄居蟹會背著海葵呢？

回答 一起行動，對彼此都有利。

●海葵與寄居蟹是互利共生的關係。

對海葵來說，依附在寄居蟹上可以移動，也擴大覓食的機會。

另一方面，對寄居蟹來說，可以藉由海葵保護自己。海葵身上有毒刺，可以保護寄居蟹免於受到天敵的攻擊。

▲背著海葵的活額寄居蟹。
搬到新的貝殼裡時，海葵也會移動到新貝殼上。

鮭魚為什麼會回到出生的河川呢？

回答 要回到出生的河川中產卵。

●鮭魚會在河川中產卵。從幼魚長成小鮭魚後，會沿著河川而下，來到海洋中，在數年之間，在海洋中自在地游來游去，等到長成成年鮭魚後，為了產卵，牠們會再度逆流而上回到河川，回到原來的故鄉。這是因為基於牠們的本能，覺得在自己出生的故鄉產卵最為安心。

●不過，鮭魚在遙遠的廣大海洋中生活，是如何回到自己誕生的故鄉呢？為什麼不會迷路呢？

鮭魚記得自己出生時河川的味道，所以會沿著那味道回到故鄉。除了河川的味道，太陽的方位、地球的磁力等似乎也是鮭魚找尋故鄉河川的線索。

●日本鮭魚的回鄉之旅

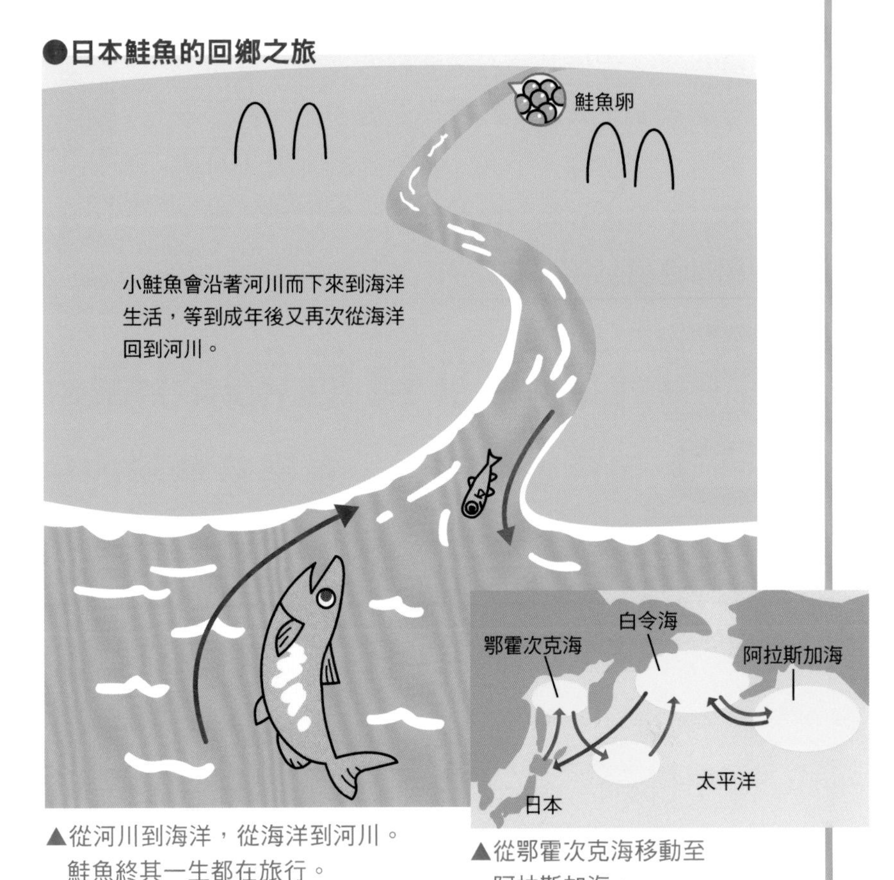
鮭魚卵
小鮭魚會沿著河川而下來到海洋生活，等到成年後又再次從海洋回到河川。
鄂霍次克海
白令海
阿拉斯加海
日本
太平洋

▲從河川到海洋，從海洋到河川。鮭魚終其一生都在旅行。

▲從鄂霍次克海移動至阿拉斯加海。

延伸問題 鼻子彎彎的鮭魚是不同的品種嗎？

回答 那是回到河川的雄性鮭魚。

●為了求偶交配而回到故鄉河川的雄性鮭魚，身體的顏色和形狀會有所改變，以受到雌性鮭魚的注目。牠的鼻尖會像老鷹一樣彎彎的，被稱為彎鼻子鮭魚。

雌性鮭魚會改變的只有身體的顏色。

在鮭魚產卵的地點，與其他雄性鮭魚打鬥贏得勝利的雄性鮭魚，才能與雌性鮭魚成為佳偶。

在海中的雄性鮭魚

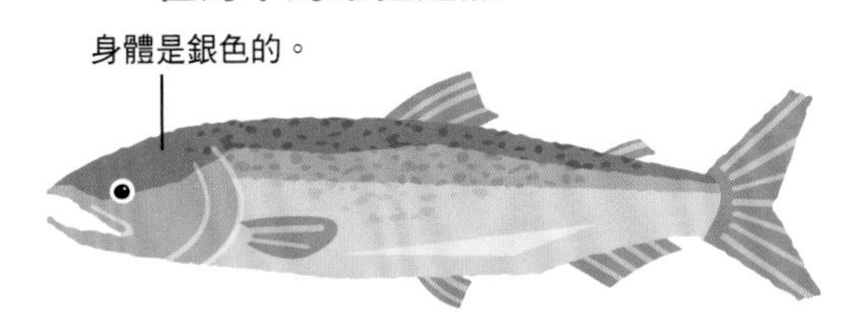
身體是銀色的。

回到出生河川的雌性鮭魚

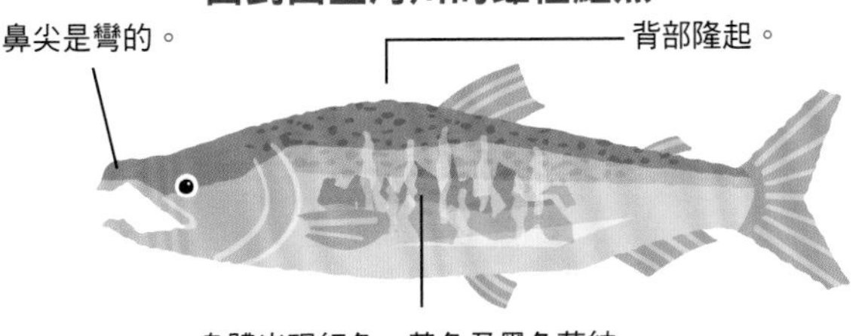
鼻尖是彎的。
背部隆起。
身體出現紅色、黃色及黑色花紋。

食人魚很可怕是真的嗎？

回答 雖然有點膽小，但是種有尖銳利齒的危險魚類。

●居住在南美洲亞馬遜河中的食人魚，人人聞之色變。牠擁有剃刀般尖銳的牙齒，會將獵物的肉刮下食用。性格有些膽小，一般不會靠近大型生物。不過，牠對血的味道十分敏感，一旦受到刺激興奮起來，會成群攻擊，相當危險。

▲食人魚。

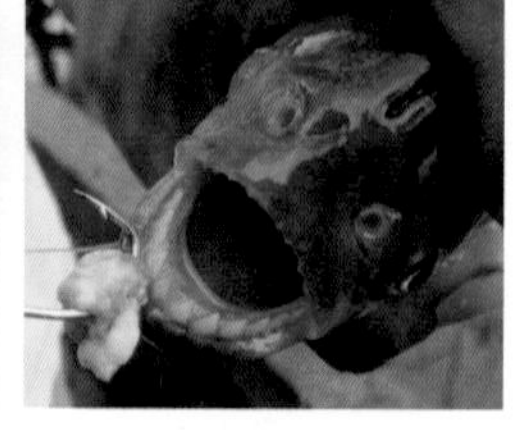
▲尖銳的牙齒成排。

延伸問題 日本也有危險的魚嗎？

回答 包括鯊魚在內，有很多危險的魚。

●有些魚會咬人，如有擁有刀般利銳牙齒的海鰻、白帶魚、河豚，以及具備像老虎鉗般，下顎力道強勁的條石鯛等。其他也有有刺和毒的危險魚種。

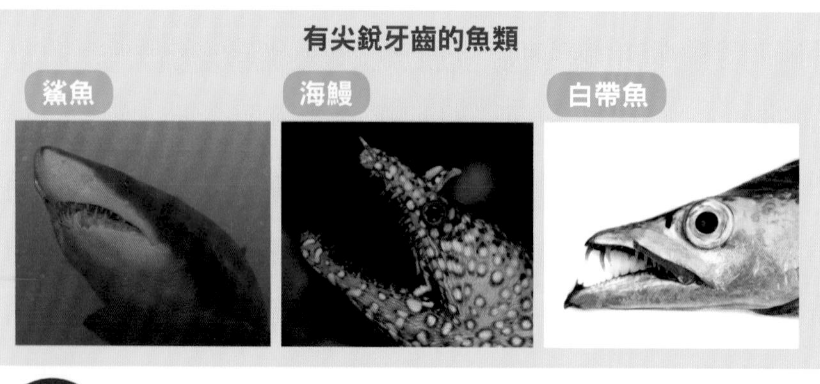

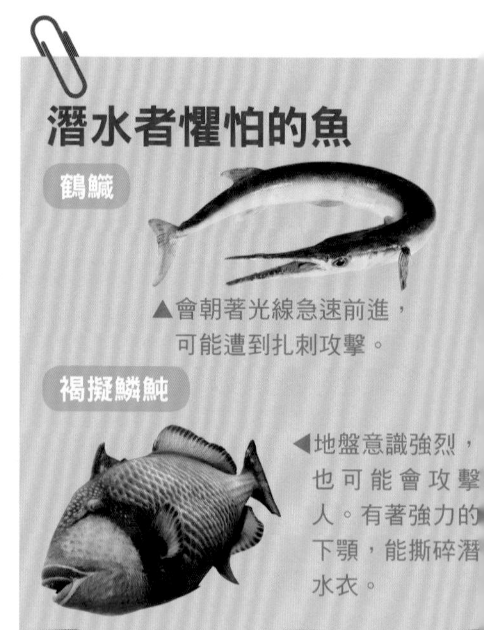
潛水者懼怕的魚

鶴鱵

▲會朝著光線急速前進，可能遭到扎刺攻擊。

褐擬鱗魨

◀地盤意識強烈，也可能會攻擊人。有著強力的下顎，能撕碎潛水衣。

各種魚都有牙齒嗎？

魚的牙齒會因主食而有所不同。不利用牙齒進食的魚，牙齒會比較少且比較小。

在買魚的時候，請實際觀察魚的嘴巴吧！

鯉魚

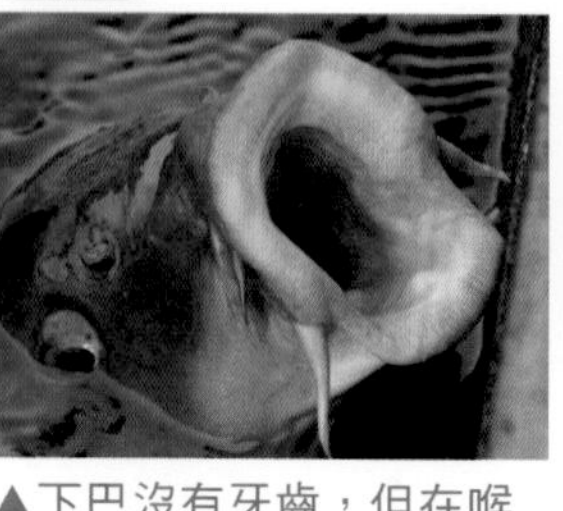
▲下巴沒有牙齒，但在喉嚨深處有像牙齒一樣的突起物。

鮟鱇魚

▲有很多大牙齒，能咬住受到燈光引誘而接近的魚。

條石鯛

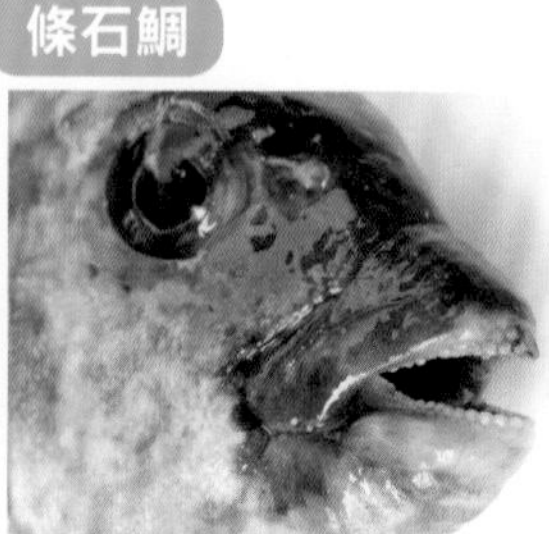
▲擁有像人類臼齒的牙齒，可以咬碎貝 。

魚會睡覺嗎？

回答 魚有很多種睡覺方式。

耳帶蝴蝶魚

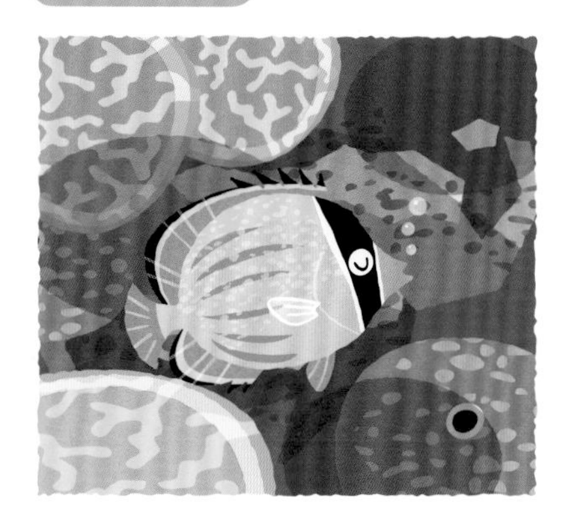

▲身體會由鮮豔的顏色變成素色，藏身於岩石和珊瑚中睡覺。

翻車魚

▲將扁平身體側躺著睡覺。有時也會在海面一邊享受日光浴，一邊睡午覺。

鮪魚

▲為了呼吸需要一邊游泳，慢慢地游著反覆進行短暫的睡眠。

冠鱗單棘魨

▲為了防止在睡覺時被海流沖走，咬住海草睡覺。

●金魚會在夜晚等安靜的時候，在水草的角落裡停佇著不動，其實就是在睡覺。
大部分的魚沒有眼瞼，眼睛無法閉上，無法輕易看出是否在睡覺，但魚還是會睡覺的。
依魚的種類而定有很多種睡覺的方式，其中也有一看就能得知在睡覺中的魚。

小丑魚

▲為了保護自己不被大魚攻擊，會藏身於海葵的觸手當中睡覺。

藍頭綠鸚哥魚

▲為了免於受到海鰻等敵人的攻擊，吐出黏膜包覆住自己，在黏膜裡休息睡覺。

花鰭副海豬魚

▲一到晚上，會躺在沙子裡睡覺。早上很早起來。

鰻魚

▲白天躲在泥土裡睡覺，晚上才起來活動。

魚也有耳朵和鼻子嗎？

回答 和人類的形狀不同，但確實有。

●魚不像人類一樣耳朵有孔。不過，牠們有內耳可以聽到聲音。此外，魚身體的側面，有著叫作側線的器官，可以感覺到水的振動。
聲音就是空氣或水振動產生的波動，說魚是聽聲音，不如說是感覺聲音比較正確。

內耳能夠聽到聲音，也有使身體維持平衡的作用。
側線是從魚鰓到尾巴，看起來像是虛線的線條，左右兩側都有，可以探知水的振動。

●魚也有鼻孔，但不是用來呼吸的，鼻子可以聞到味道。
仔細觀察魚的臉，左右各有兩個孔，前側的孔叫作前鼻孔，後側的孔稱為後鼻孔。從前鼻孔到後鼻孔，向是隧道一樣相通，水穿過隧道，魚就可以聞得到味道。

▲金魚的鼻子，
左右邊各有兩孔。

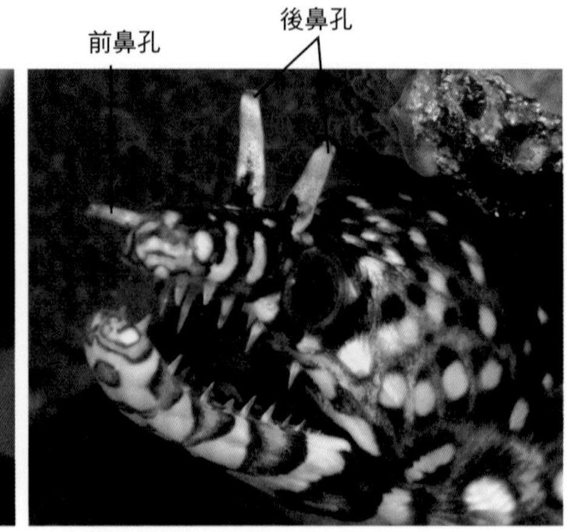

▲海鰻有著向上突出的前鼻孔
與像角一樣的後鼻孔。

延伸問題 聽覺和嗅覺最靈敏的魚是？

回答 鯊魚。

●若說到聽覺和嗅覺都很靈敏的魚，就是鯊魚了。
鯊魚通常會以聽力捕捉獵物。鯊魚可以聽到遠在數公里之外獵物的動靜，接近獵物到到數百公尺後，就能以嗅覺追蹤，逐漸逼近獵物。

鯊魚

▲對於血的味道特別敏感，即使將一滴血稀釋到一百萬倍的水中也能嗅得到。

大瀧六線魚

▲身體左右邊各有五條側線，對於物體的動靜也很敏感。

水田裡為何要灌溉滿滿的水呢？

回答 要保護水稻抵禦雜草和寒冷，更易於生長。

●稻子也有以旱田栽種的陸稻，但日本以水稻的栽種為主。
為何會以水田為主，是因為日本水資源豐富，所以發展出這樣的農業。

●水田利用水的特性，蘊含很多智慧在其中。
水稻是怕冷的植物。水田中的水能保護水稻免於夜晚受凍。水在白天受日曬變成溫水，到了晚上水仍然是溫的。此外，水田比一般田地不容易生雜草，水稻也因此能茁壯成長。

▲水田中的水，能緩和夏日的暑氣。

●水田對於稻子有許多好處

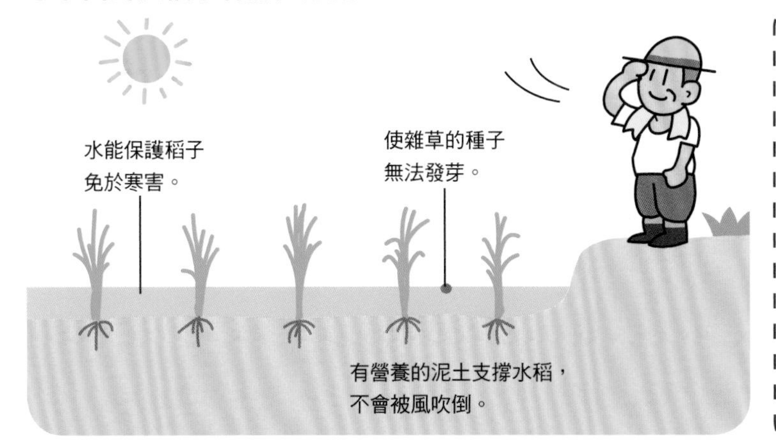

水能保護稻子

使雜草的種子

有營養的泥土支撐水稻，
不會被風吹倒。

對於農民來說，水田的優點在於：

①不需要在廣闊的田中澆水。
②減少拔除雜草的工作。
③以來自山上的水灌溉，可以減少肥料的使用。
④防止土質惡化 ，每年都可以種植稻米。

延伸問題 水田使用很多水，不會很浪費嗎？

回答 水田反而是高效率運用水資源的方式。

●水田的水是引進來自山林中的天然水。天然水來自山區富含礦物質營養，水田灌溉水後，會滲入地底下，變成乾淨的地下水。

●對環境友善的水田

蜻蜓或青蛙等生物的居住處。
穩定的水量
製造乾淨的地下水。
能積蓄大量雨
水，保護城鎮
免於水災。

蘑菇是植物嗎？

回答 並非植物而是菌類。

●蘑菇從前是被歸類在，與以孢子繁殖的蕨類和蘚苔相近的科。不過，現在被放在「菌類」這個新分類。

植物和菌類最大的分別在於是否可以自行提供養分。植物只要有光，就能自行製造養分。菌類不會自行製造養分，而是吸取其他生物的養分。

▲菇類會生長在樹木根部，或腐朽的木頭上，吸取養分。

黴菌也和蘑菇一樣屬於菌類

黴菌也是菌類植物的一種。和蘑菇一樣都有菌絲，以孢子繁殖的方式增生。蘑菇會長出菌傘散播孢子，黴菌則是菌絲尖端有孢子增生。

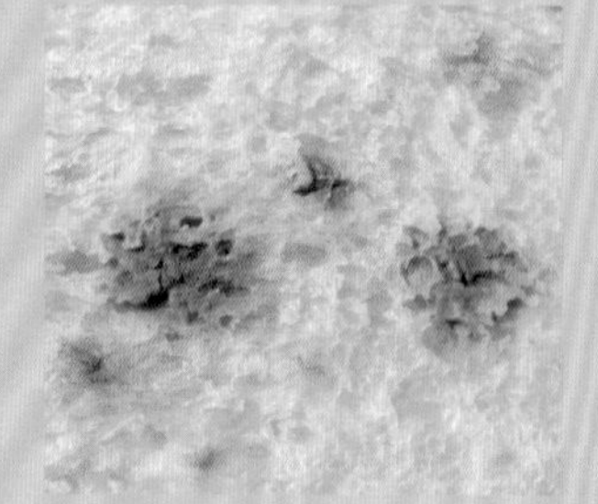

▲麵包上的青黴菌。

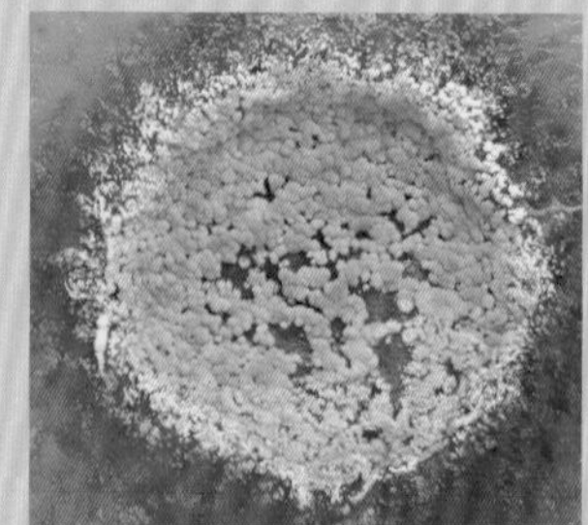

▲柑橘上的青黴菌。

▲米麴。

延伸問題 落雷的地方蘑菇會生長旺盛是真的嗎？

回答 電力有助於蘑菇的生長已被證實。

●雷電會讓蘑菇增生，這是自古在蘑菇產地相傳之說法，後來也經過實驗證實。

根據實驗，高壓電流在一瞬間通過蘑菇後，會比普通情況下生長旺盛很多。

也有的蘑菇會因電力而枯死，不過為什麼電力能促進蘑菇生長，目前仍無法得知原因。

雷電能否增加蔬菜生長量呢？目前仍在研究中。

什麼是外來種植物？

回答 從外國引進的植物，在國內成為野生植物。

●隨著風飄來的種子自然繁衍的植物，不會稱作外來種。混入進口貨櫃，在不知不覺中被帶入國內，或附著在人們的手上而帶進國內，並在野外繁衍的植物，就稱為外來種植物。

大多數的外來種植物生長能力很強，其中有些受到人們喜愛，也會威脅原生種植物的生存。

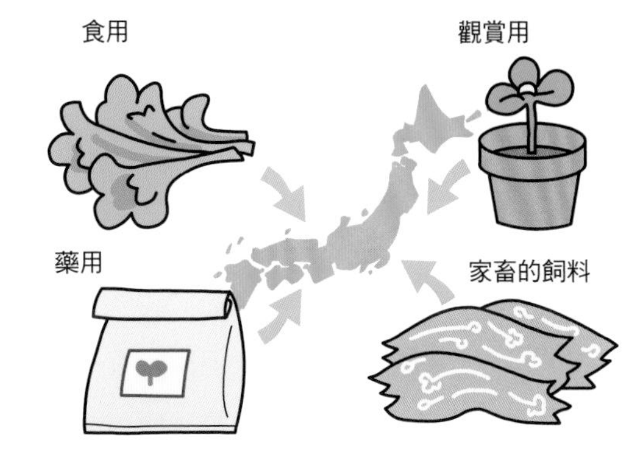

日本常見的外來種植物

豚草

▲從明治時代開始在日本散播。是秋天引起花粉症的原因之一。

紫茉莉

▲原產於南非的花。在江戶時代，以種子內白色的部分當作化妝蜜粉。

白三葉草

▲最初由於在西方會作為貨物的緩衝材料使用，日文名稱有填塞物的意思。後來引進作為家畜的飼料，成為野生種。

加拿大一枝黃花

▲明治時代末，為了園藝用而引進。生長力強，會讓周遭其他植物枯萎。

一年蓬

▲幕府末期，引進作為觀葉植物。生長力強盛，一年四季在路邊都隨處可見。

找找看日本蒲公英！

在日本野外會看到蒲公英，可分為兩大類，分成日本蒲公英和西洋蒲公英兩種。

西洋蒲公英是外來種，生命力比日本蒲公英更強更旺盛，因此現在較為常見。

春日正濃時，在路邊或原野，如果看到蒲公英，就來觀察一下是不是日本蒲公英吧！

日本蒲公英

總苞呈現閉合狀態。

西洋蒲公英

總苞呈現綻放狀態。

也有日本蒲公英和西洋蒲公英的雜交種唷。

日本蒲公英只在春天綻放，其他季節裡看到的蒲公英，都是西洋蒲公英。

樹木的果實為什麼很多是紅色的呢？

回答 因為比較顯眼，能吸引鳥類來吃。

●果實裡面有種子。如果果實沒有被摘下，成熟後就會掉落地面，種子便從掉落處發芽。

那麼，果實若是被鳥兒吃了會怎麼樣呢？進入鳥兒肚子裡的種子，不久後會隨著糞便排出落到地面。有些種子就這樣被鳥兒運送到遠方。果實中的種子不易消化，所以會殘留在鳥糞裡。

也就是說，樹木會透過鳥兒搬運自己的後代，且希望越多越好。因此為了要吸引鳥兒來吃樹果，一片蔥綠的樹葉中，果實就呈現顯眼的紅色。

●各種紅色果實

▲四照花

▲南天竹

▲合花楸

▲山茱萸

延伸問題 為什麼會有有毒果實呢？

回答 因為種子尚未準備好。

●梅子還沒成熟時稱作青海，是具有毒性的，因此鳥也不會吃。這是因為種子尚未發育完全，若現在被吃掉就糟了，所以產生了毒性。

未成熟的果實是綠色的。當變成黃色紅色時，毒性就會消失。

小鳥的眼睛看得到什麼呢？

鳥兒除了看得到人所見的顏色以外，也能看到人看不見的紫外線。這個世界在牠們眼裡看來是怎麼樣的，人類無法得知。但據了解，牠們比起人類，可以用目視方式得知更多的訊息。

紅色的果實，在小鳥眼中是否也跟人類看到的不一樣呢？

有刺的果實為什麼會沾黏呢？

回答 附著在動物身上，就能遷移到遠方。

●只要走過草叢，經常會有許多鬼針草等有刺果實沾黏在身上。為什麼植物果實要黏在其他生物上呢？
植物無法行走，為了要擴散分布範圍，有些種子會透過鳥搬運，或像蒲公英一樣隨風飄浮。
有刺的果實則能黏附於碰觸到的動物，藉此遷移到其他地方。種子本身通常也能附著於衣物及動物毛上。

▲卵形的種子上面布滿刺，刺尖上有小小的倒鈎。

▲在細長的莖上，乍看如同有很多小小的蝗蟲停駐在上面。果實上有刺。

▲球形綻開的瘦果上有數根刺，刺上有更小的刺。

以芒刺草為概念的便利用品

兩片構造、可以貼緊也可以撕開的魔鬼氈，在鞋子上很常見。魔鬼氈就是根據有刺的果實而發明的。

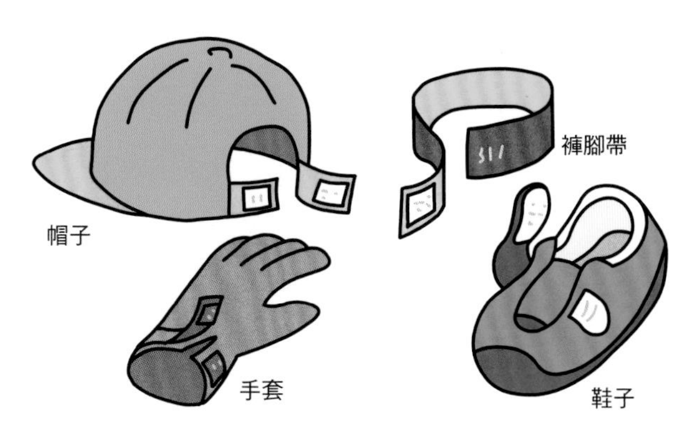

可怕的有刺果實

南非產的「魔鬼爪」果實為球狀，直徑6至7公分，上面有很多倒鈎。在日本被稱為「獅子殺手」，因為據說獅子以嘴清除身上附著的魔鬼爪時，會被刺傷舌頭，並因為疼痛而難以進食導致死亡。

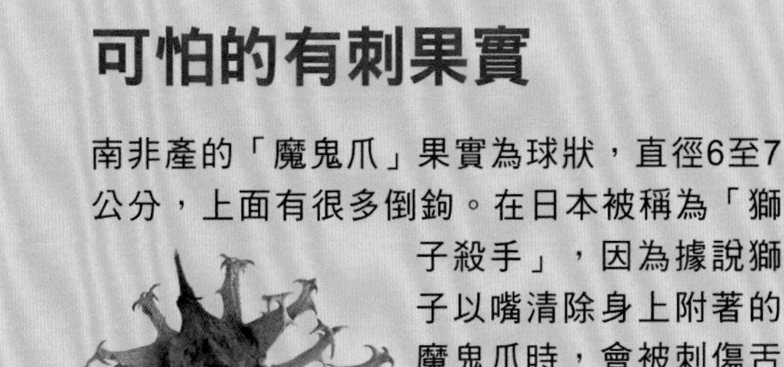
◀魔鬼爪

葉子為什麼是綠色的呢？

回答 那是植物用以產生營養的「葉綠素」的顏色。

●葉子的細胞裡含有很多葉綠體，葉綠體當中有稱為葉綠素的綠色素，就是葉子呈現綠色的原因。

葉綠素受到陽光照射，就能以水和二氧化碳產生養分，並產生氧氣。這稱為光合作用。植物行光合作用，就可以在自己的體內生成營養。

●植物的葉子在接收日光後茁壯，是因為接收很多陽光並轉化成營養素。

●植物的細胞

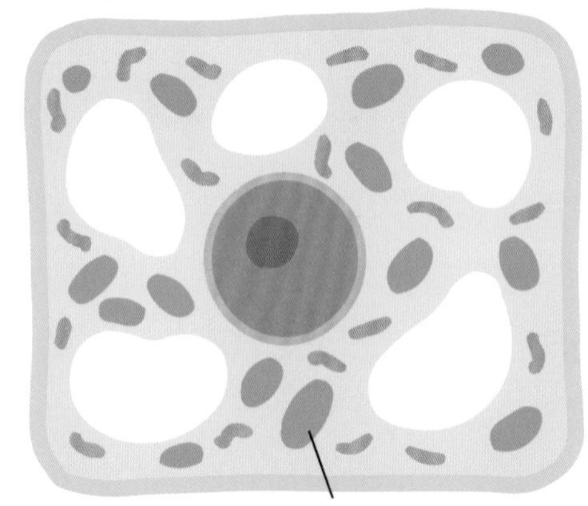

●光合作用的運作方式

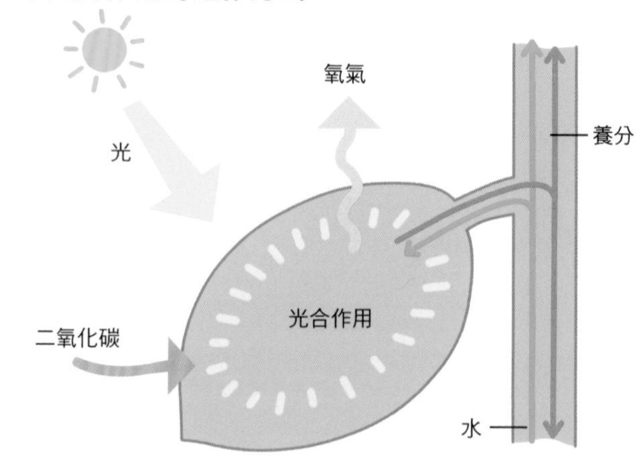

延伸問題 植物會呼吸嗎？

回答 植物會呼吸！

●植物只有在白天才會進行光合作用，同時也進行呼吸作用。呼吸作用和光合作用相反，消耗氧氣而排出二氧化碳，但呼吸作用消耗的氣體比光合作用少。

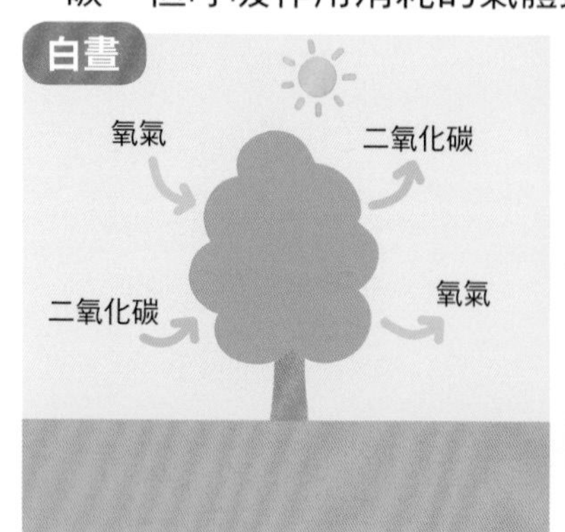

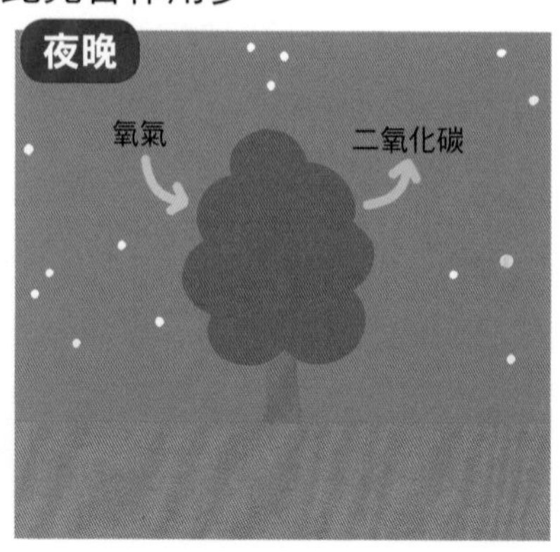

植物是「生產者」

將地球上的生物大致分類，可分為植物這類自身製造營養素的「生產者」，以及動物、菌類等食用植物等的「消費者」兩類。

延伸問題 冬天葉子掉光的樹木，是否就不行光合作用呢？

回答 不會行光合作用。

●葉子會掉光的樹木稱為「落葉樹」。冬天太陽光較弱，白天也較短，落葉樹與其進行效率不佳的光合作用，不如讓葉子落下，減少營養消耗，像冬眠一樣過冬。

落葉樹

▲一到冬天葉子會完全掉光，春天再長出新葉，夏天的光合作用非常旺盛。

常綠樹

▲冬天葉子也不會全部掉落，而是繼續生長。冬天也會進行光合作用，但光合作用量較少。

延伸問題 秋天樹葉為什麼會轉紅呢？

回答 那是任務已完成的葉子會有的顏色。

●落葉樹在天氣變得寒冷時，會將樹葉內部的營養儲存至樹幹，關閉樹葉和樹木相連處的營養輸送口。無法攝取營養的樹葉，綠色素消失，原本就有的黃色素「類胡蘿蔔素」便會顯露出來。銀杏等樹木的葉子秋天會變成黃色就是這個原因。
這樣的樹葉被日光照射時，會產生被稱為「花青素」的紅色素。櫻花樹和楓樹的秋天紅葉就是這樣產生的。

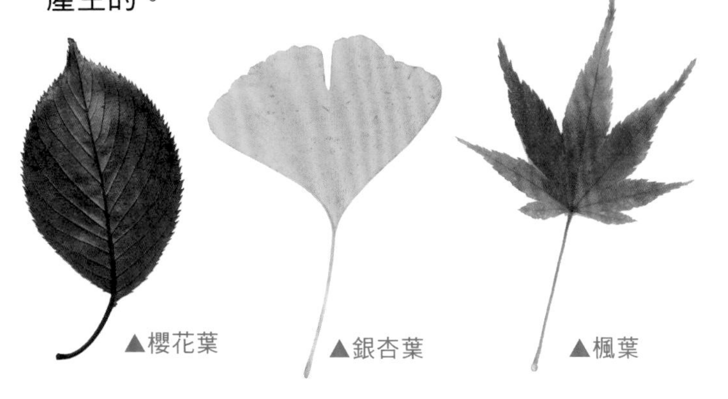

▲櫻花葉　▲銀杏葉　▲楓葉

進行光合作用的動物

華麗海天牛屬於海牛科，能夠攝取海藻裡的葉綠體，進行光合作用，製造養分。

不過光合作用產生的能量只作為輔助。

玫瑰為什麼有刺呢？

回答 可以互相掛鉤，支撐主莖。

●原種玫瑰會依附著藤蔓，延伸攀爬，四處盛開。蔓性植物的藤蔓會朝上與橫向生長。如果藤蔓能延伸得又高又廣，就可以受到充足的日光照射。莖上有刺會讓藤蔓更容易延伸，也能與其他樹木或莖交纏在一起，更能幫助玫瑰能穩固地生長於泥土當中，不會倒塌。

●此外，也有防止被其他動物啃咬的作用。當然也有可以吃有刺植物的動物，不過，還是有不少動物討厭玫瑰的刺。

還有，在玫瑰剛開始生長時，堅硬的刺能夠保護莖部。

▲吸引小蟲前來，但讓動物們避之唯恐不及的玫瑰。

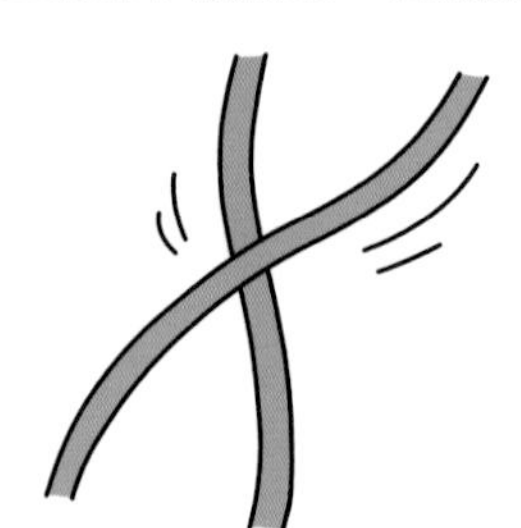

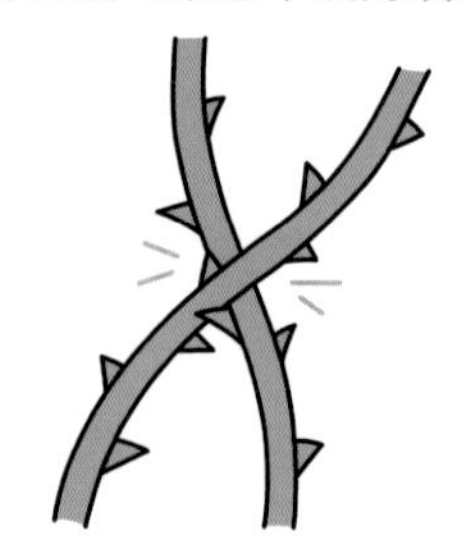

▲比起什麼都沒有的刺，有刺的莖比較容易互相纏繞。

觀察看看！ 有刺的植物

玫瑰的刺由是莖的一部分演化得堅硬突起而來。而有許多植物的刺，是由樹枝或樹葉變化而成的。

薊

▲鋸齒狀的葉緣有刺。

赤松

▲有針狀葉兩兩相生

栗

▲包覆果實的殼，外層被刺圍著。

山椒

▲葉的根部有成對的刺。

日本是玫瑰的原產地

玫瑰是由愛好玫瑰的人們研究改造出來的。現今的玫瑰追溯到源頭，有八種原種玫瑰，其中兩種為日本原產。

▲野薔薇是八種原種玫瑰之一。

仙人掌為什麼有刺呢？

回答 為了在環境嚴竣的砂漠中保護自己。

●仙人掌的莖裡面，含有很多水分。在幾乎沒有水的沙漠裡，當然有吃仙人掌的動物，仙人掌的刺就是為了防禦敵人而長出的。

●在又熱又乾燥的環境中，仙人掌存活的祕密在於極度減少水分消耗。仙人掌的光合作用白天和夜晚都會進行，這是為了在炎熱的白天，防止水分由仙人掌表面的氣孔（空氣出入孔）蒸散。

▲仙人掌的莖很肥大。光合作用是在莖部進行的。

▲氣孔閉合，防止水分蒸發。透過蘋果酸進行光合作用。

▲氣孔打開，從外面的空氣獲得二氧化碳，轉換成蘋果酸，囤積在體內。

有霧瀰漫的早晨和傍晚，仙人掌的刺能夠吸收空氣裡的水分子。

延伸問題 有讓仙人掌感到難以應付的生物嗎？

回答 有些動物會利用仙人掌。

●有些動物不怕刺，能吃刺，如蜥蜴及陸龜等動物。此外，啄木鳥科的鳥類，會在仙人掌的莖部啄洞築巢。因為有刺保護，更是安全的巢。

▲在仙人掌上築巢的啄木鳥。

▲食用仙人掌的加拉巴哥陸鬣蜥。

待宵草為什麼在夜晚開花呢？

回答 為了讓夜行性的蛾協助授粉。

●花是將雄蕊的花粉傳到雌蕊上，才能結成果實，稱為授粉。大部分的花朵都透過蝴蝶或蜜蜂傳播花粉。

大部分的花都在太陽出來的明亮白天裡綻放花朵，許多昆蟲都在白天活動，便很容易達成授粉目的。

▲夜晚時，天蛾來汲取待宵草的花蜜。

然而，也有像待宵草這樣在夜晚綻放的花兒，透過夜間活動的天蛾等汲取花蜜傳授花粉。

白天時活動的昆蟲和綻放的花朵都很多，但也有些花朵不會被昆蟲造訪。即使晚上活動的昆蟲數量較少，也有花是藉著牠們授粉而在晚上綻放，花和蟲之間存有緊密的關係。

待宵草的花粉是黏稠的，能夠確實附著在蛾的身上。

夜裡綻放的花朵

雖然因為在夜晚而不容易看見，也有其他晚上綻放的花。為了在黑暗之中也能被注意到，通常有著顯眼的大花瓣、多為白色或黃色等明亮的顏色。

王瓜

▲花瓣就像白色蕾絲一樣，軟綿綿地綻放開來。原產於日本的夜間花朵。

月見草

▲黃昏時開始綻放，當太陽出來時花就閉合起來。在野生環境中幾乎看不到。

曇花

▲一年只開一兩次，且只開一個晚上。原產自中南美熱帶雨林的花。

待宵草也常被稱作月見草，但兩者其實是不同的花種。

蓮藕為何有孔呢？

回答 能發揮輸送空氣的作用。

●我們日常生活中吃的蓮藕，是蓮花的地下莖。長在土中的地下莖會保存養分，慢慢長大。蓮藕是在水中的泥土裡生長。一般的植物，除了葉子以外，空氣也能從莖和根部進出，進行呼吸。不過蓮藕是在泥土中成長，呼吸不到空氣，因此自水上的葉子汲取空氣，透過細細的莖，運送到蓮藕來。蓮藕內部的孔洞，是輸送空氣的導管。就像是儲藏大量空氣的空氣槽，也經由此將空氣輸送至根部。

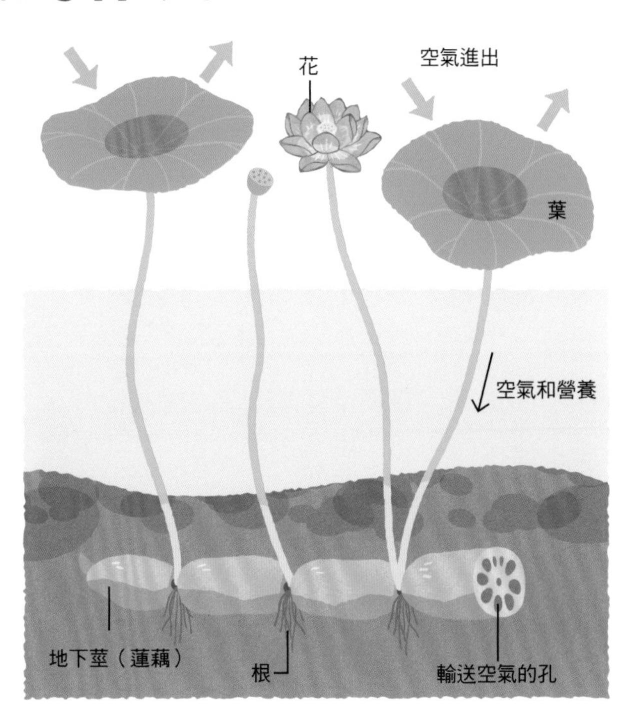

水中生長的植物

水中生長的植物稱作水生植物。雖然水中難以獲得空氣，但水分取得和溫度變化方面，比起陸上有利。

濕地型

▲菖蒲等。
生長於水池及河邊等潮濕場所。

淺水型

▲水芭蕉等。
一部分浸在水中的狀態。

葉浮水型

▲水蓮等。
在水底的泥土扎根，葉與花浮在水面。

水中型

▲水盾草等。
在水底的泥土扎根，莖葉也在水中。

漂水型

▲鳳眼藍等。
根在水中生長，植株在水面上漂浮。

天牛會剪人的頭髮嗎？

回答 天牛有能剪頭髮般強力的下顎。

●天牛的日文名稱有著「剪頭髮」的意思。

天牛的下顎形狀像鋸子一樣，有鋸齒刻紋。夾力也像鍬形蟲一樣強而有力，當手指被牠夾到時，有可能會流血。

●天牛的強力下顎，是咀嚼樹木時必要的利器。天牛的幼蟲生活在樹木中，吃著樹木而生長，在樹木中羽化為成蟲後，以下顎挖開木頭，到外面去活動。

●天牛科的昆蟲，光是有命名的，在日本就有800種。

◀天牛的下顎。

▲馬拉白星天牛

▲苧麻天牛

蝴蝶和蛾有什麼不同之處？

回答 可以用觸角的形狀來分辨。

●雖然在日本分成蝴蝶和蛾兩種，法國及德國則視為同類，可見是相當接近的生物。

●分辨蝴蝶和蛾的方法，一般是看觸角形狀和眼睛的尺寸。

蝴蝶的觸角尖端會慢慢變粗，蛾的觸角會尖端慢慢變細。有些雄性蛾的觸角呈現梳子狀，可以捕捉到雌性所散發的味道。

蝴蝶在白日活動，眼睛很大，大多的蛾在夜間活動，幾乎不依靠視覺，有靈敏的觸角。

蝴蝶

▲鳳蝶

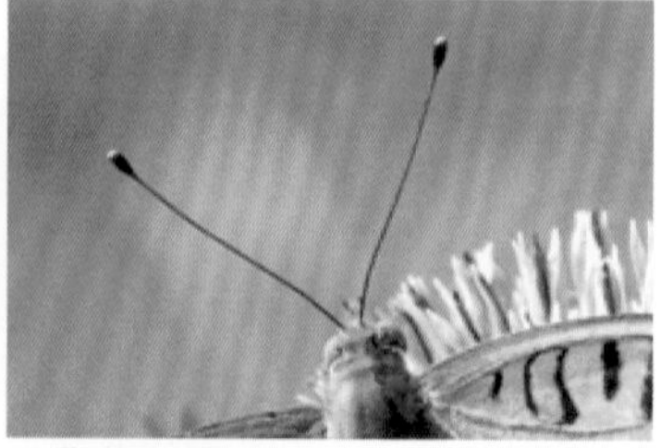

▲斐豹蛺蝶

▲淺翅鳳蛾

▲雙黑目天蠶蛾

鳥在夜晚時看不見嗎？

回答 大多數的鳥都看得見的。

在候鳥之中，夜間進行遷徙的鳥類相當地多。

●日文中形容夜盲現象為「鳥目」。人類生活常見的雞，視力不佳，當天色變暗時視力更差。人們應該是看到雞的狀態，就認為鳥類在夜晚都看不見吧！
然而，大多數的鳥類其實在晚上也能看得很清楚。

●貓頭鷹及夜鷹等是夜間活動的鳥類，即使在黑暗中視力仍相當良好。牠們的眼睛裡具有很多感光細胞，能夠吸收許多光線。

●鳥類之中，鷲及老鷹等猛禽視力特別優越。同為猛禽類的的游隼，可以辨視十公里之遠的物體。

▲夜間狩獵的貓頭鷹。

鸚鵡為何可以模仿人類說話呢？

回答 鸚鵡原本就會和同伴以聲音交流。

●鸚鵡、鸚哥和九官鳥能模仿飼主說話，是因為把飼主當作自己的同伴看待。
這些鳥類會透過聲音交流，使相處更加融洽，具備聽到對方的聲音，能準確重覆的能力。
此外由於牠們的發聲肌肉相當發達，可以發出各種聲音。除了人說話的聲音，門鈴聲及音樂也能仿傚得維妙維肖。

●如果只飼養一隻鸚鵡時，鸚鵡的同伴就只有飼主而已，因此會重覆飼主所發出的聲音，想要和飼主相處融洽。所以如果同時飼養兩隻以上，牠們就比較難學會人類說的話。

能夠記住聽過的聲音，並且模仿的聰明頭腦。
發聲用的肌肉比其他鳥類多。

紅鶴為什麼用單腳站立呢？

回答 為了不讓腳部受凍。

●紅鶴的腳很長，皮膚上也沒有長毛。而且血管很細，血液循環容易不佳。也就是牠的腳部容易受寒。在溫暖的地方，紅鶴可以用兩腳站立，在腳會感到寒冷的地方，紅鶴就只用單腳站立，並且會經常換腳，暖活雙腳。紅鶴在睡覺時，也能以單腳站立著。
在休息的時候，單腳站立就足夠了，輪流讓另一隻腳可以休息。
鷸及鶴等鳥類都同樣會以單腳站立，都是同為腳長的鳥類。

舉起的腳，
曲起藏在羽
毛之中。
這裡是腳跟，
可以往後彎。
腳尖
腳趾

▲睡覺中的紅鶴。

雞為什麼會在早晨啼叫呢？

回答 在早上開始活動之前，先宣告自己的地盤。

●雞會在一大早啼叫，簡單解釋就是牠是在進行地盤的宣示。
只有公雞會清晨啼叫。在雞群中，最強勢的公雞先開始啼叫，再依序由第二、第三強勢的公雞輪流啼叫。在展開一天之前，向周遭的人宣示地盤，可以免除不必要的打鬥。

●即使籠子外面是暗的，公雞也會在早晨啼叫，因為公雞有準確的生理時鐘。

1
2
3
▲從最強勢的公雞開始依序鳴啼。

公雞從五千年以前就被人們飼養，一開始就是為了作為鬧鐘。

牛為什麼總是在咀嚼食物呢？

回答 因為牛吃進去的草會反芻再次咀嚼。

●牛會將吃進去胃裡的草，反覆反芻到口中重新咀嚼。因此，一天中約有十小時在嚼著東西。

●牛有四個胃，各有功能。

第一個胃是瘤胃，內有微生物，也能分解草的細胞。

第二個胃是蜂巢胃，將第一個胃消化過的草再次磨細，然後反芻回到口中。

第三個胃是重瓣胃，有著過濾功能，只讓變成小塊的食物通過。第四個胃是皺胃，功能和人類的胃相同。

●牛的胃

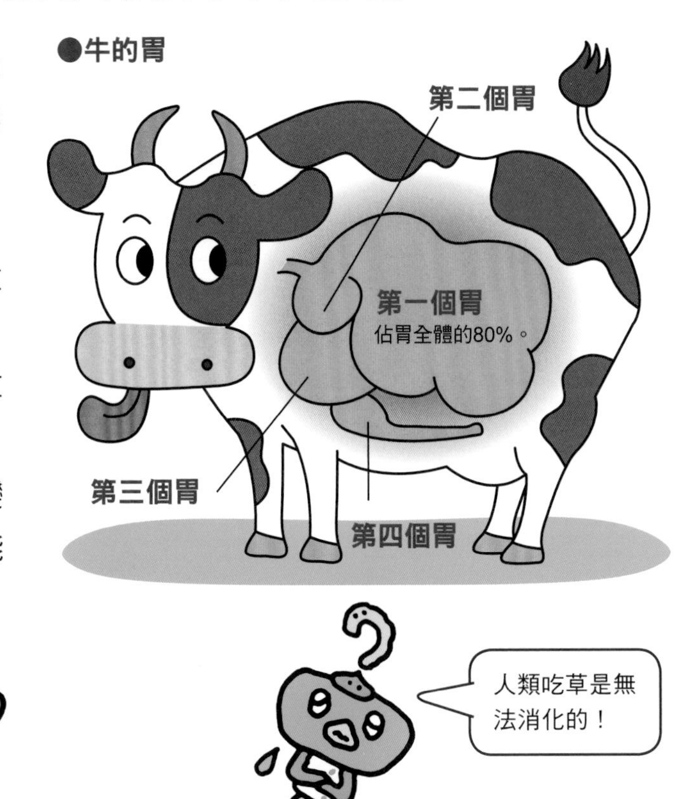

這是為了消化堅硬的草，攝取營養。

人類吃草是無法消化的！

大象為什麼經常在玩水呢？

回答 為了散熱和清潔身體。

●大象喜愛玩水的第一個理由，是為了散熱。

野生的大象分布於非洲、印度及東南亞等地。在日本，動物園裡的大象也會對炎夏的悶熱感到不舒服。

此外，大象也會為了防止皮膚乾燥、清潔身體而玩水。在玩水時，象的身體會沾上泥土，這也可以防止壁虱附著於大象的身體上。

▲用像水管一樣的鼻子吸水，灑在身體上。

▼被人類飼養的亞洲象。照顧者在河川中幫象洗澡。

駱駝的駝峰裡面裝著什麼呢？

回答 那是營養和脂肪的凝塊。

●駱駝是在極為炎熱且乾燥的沙漠中生存的動物。因此，身體的功能，也演變成為適合該環境生存的條件。

駱駝背上的駝峰，就如同緊急食糧一樣，為一個脂肪結塊。由於儲存了大量脂肪，即使駱駝一個月不吃不喝也能存活。

此外，脂肪也有遮蔽熱能的效果，背上的瘤可以幫助牠們抵禦陽光的照射。

剛出生的小駱駝沒有駝峰，隨著成長，駝峰才會慢慢長出來。

●適合在沙漠裡生存的駱駝身體構造

不容易流汗，小便量也很少，可以減少水分的流失。
能作為緊急食糧並可防止日曬。
有著長長的睫毛和可以關閉的鼻子，能夠避免沙子跑進去。
水分溶於血中囤積著。
有只有一個駝峰的單峰駱駝，和有兩個駝峰的雙峰駱駝。
腳和脖子都很長，頭的位置很高，可以遠離地面的熱源。

狸是不是真的會裝睡呢？

回答 不會裝睡。

●狸在受到敵人攻擊時，有時會嚇到而無法動。但迅速就會恢復，然後逃跑。人們以為那是狸在騙人，認為牠們是在「裝睡」。

●動物被敵人攻擊就不能動的狀態，也被稱為「假死」。有時獵物忽然不動了，敵人會停止攻擊，並放下防備心。也就是說，牠們會保留體力，以免於受傷，並提高趁機逃跑的可能性。

●有的昆蟲也會假死，如艷金龜和椿象等等。

▲日本本州、四國及九州都能見到的日本狸。長毛、眼睛周遭與腳是黑色的。

負鼠會也裝死來保護自己，請見第20頁哦！

蛇的哪裡開始算是尾巴呢？

回答 蛇從泄殖腔起往後是屬於蛇尾巴。

●雖然蛇看起來像全身就是一條尾巴，但其實能清楚地區別。
將蛇翻過來看，腹部也有鱗片。腹部的鱗片稱作腹鱗，是比較寬的鱗片，腹鱗一片片地排列到後端的「泄殖腔」為止。從泄殖腔起算，都是蛇的尾巴。泄殖腔附近和尾巴部位的鱗片形狀也有所不同。

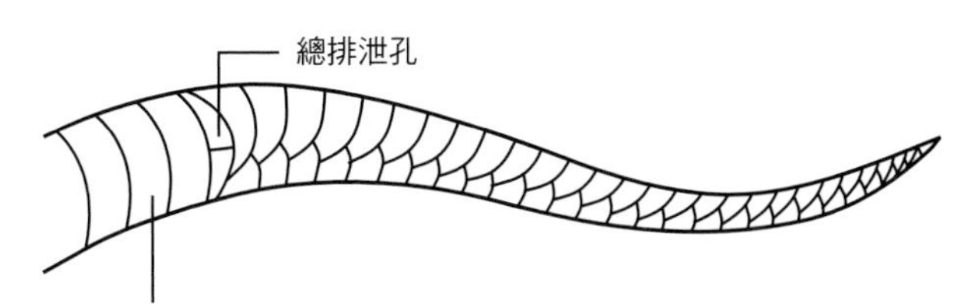

總排泄孔
腹部的鱗片較大且寬。
而尾巴的鱗片呈現細長帶狀。

美國亞利桑那州裡有能搖動尾巴聲響的響尾蛇，具有猛烈毒性。

蟒蛇有腳跟？

蛇的泄殖腔旁邊，有後腳演化留下來的痕跡。那是後腳的一根腳趾、稱為距的部位，現在的蛇已經沒有了。

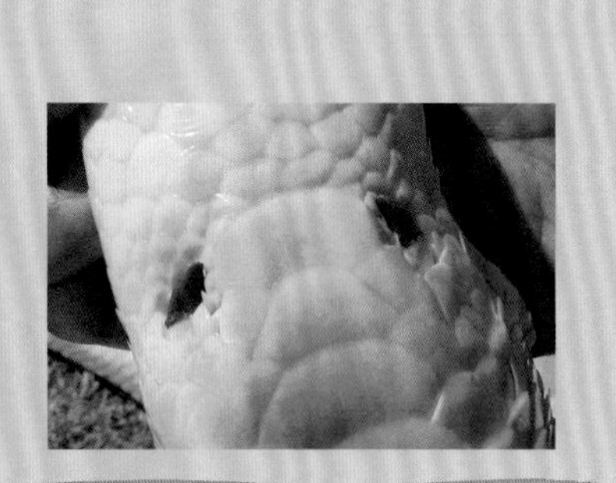

壁虎為什麼能夠貼在牆壁上呢？

回答 壁虎腳的內側有細毛，可以產生黏著力。

●壁虎的腳部內側，並非像青蛙一樣有著吸盤，或像蛞蝓一樣有黏液，而是有極小的細毛。每一公分平方大的面積，據說有10億根以上的毛。
雖然玻璃表面很光滑，但若以顯微鏡放大來看，表面其實是凹凸不平的。
壁虎的腳毛和玻璃或牆壁凹凸不平的表面，能夠緊密黏合，使腳毛和壁面之間產生引力。這個引力其實極為微弱，但有20億根毛的引力結合起來，壁虎能支撐自己體重50倍的力量。

▲只要毛觸碰的角度改變，馬上就能抽離，快速移動位置。

▲壁虎的足部放大照片。

目前有在研究壁虎腳部的黏著原理，是否能夠應用在人類生活之中。

鳳梨有種子嗎？

回答 在水果店裡賣的鳳梨沒有種子。

●鳳梨是種有點不可思議的水果。我們平日在吃的鳳梨，並不是果實，而是花托的部分。鳳梨的果實其實是外側鱗狀的部分。

這些鱗狀的果實一個個上面都有花綻放著，每個鳳梨大約有150朵。如果是一般的植物，這150個果實都各自有種子，但鳳梨沒有種子。這是因為食用鳳梨經過品種改良，變得更美味並使種子消失。

莖部
花托　人們食用的部位。
花的尾端

支撐著許多花的花托膨脹，而成為我們所吃的鳳梨。

▲鳳梨田。不是生長在樹木上，而是在草上結成果實。

落花生是在泥土中結果嗎？

回答 落花生的果實（種子）是在地底下結成。

●落花生在開花以後，變成花生豆的部分會往下生長，扎入地底。接著會漸漸膨脹，生成約兩個豆。這就是落花生的種子（花生仁）。

●我們平常在吃的花生仁，主要為種子子葉的部分。子葉就是種子發芽時，最初出現的葉子。如果種下落花生的種子，發芽後會長出兩片子葉。子葉會成為胚長大時必需的營養。

▲在土裡膨脹而成的花生莢中有花生豆。

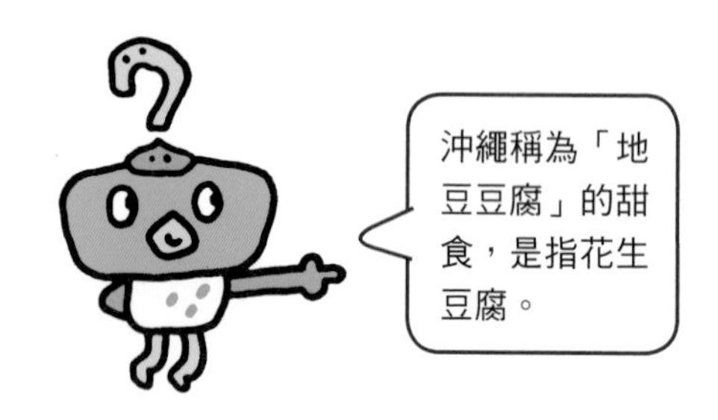

沖繩稱為「地豆豆腐」的甜食，是指花生豆腐。

▲落花生的花朵。

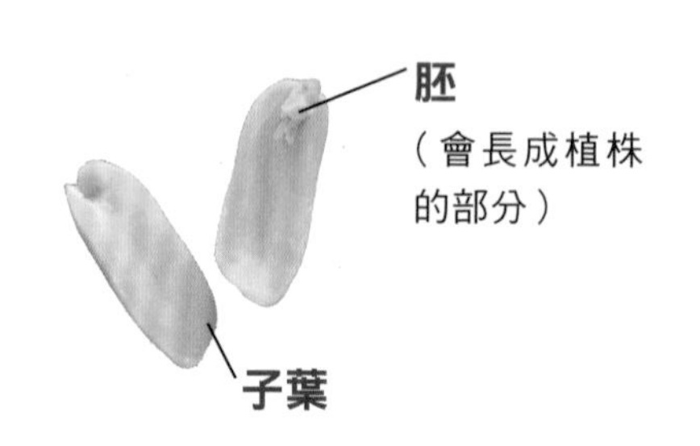

食蟲植物
是怎麼抓蟲的呢？

回答 依品種而定，有各種各樣的捕捉方式。

- 大部分的植物，是進行光合作用製造養分，並從土地上吸取養分來長大。食蟲植物也會進行光合作用，並且捕食昆蟲，攝取營養。
- 食蟲植物生長在土地養分較少的地區。因此食蟲植物會捕捉靠近的昆蟲，補充不足的養分，捕捉方式則依品種各有不同。

圓葉毛氈苔〔黏住〕

▲葉子上長滿毛，會分液黏黏的汁液。當蟲子被黏住後，葉子會彎捲，包覆住蟲子。

▲被圓葉毛氈苔捉住的昆蟲。

捕蠅草〔夾住〕

▲蟲停佇在葉子上時，葉緣上有刺的葉子會閉合起來，迅速將蟲夾住。

豬籠草〔掉落〕

◀葉子呈現壺的形狀，內側滑溜，昆蟲會掉進下方的消化液中。

黃花狸藻〔吸入〕

◀在莖部和葉子上有捕蟲囊，捕蟲囊口有觸發毛，當水蚤等小昆蟲碰觸時會立刻膨脹起來，連同水分一起吸入囊口內。

植物也有分雄性和雌性嗎？

回答 有的，可分為三大類。

- 一般而言，同一朵花中，會同時有雄蕊和雌蕊。但也有些花分成雄性和雌性，有些樹本身也會分成雄性和雌性。

有分性別的花和樹，目的是和與自己不同的植株完成授粉，以誕生更強韌的子孫。

●兩性花

▲一朵花同時有雄蕊和雌蕊，大部分的花都屬於這種類型。

●雌雄異花

▲同一株植物會綻放只有雄蕊的雄花，和只有雌蕊的雌花。如南瓜、栗子等。

●雌雄異株

▲就像大部分的動物一樣，有同一株只開雄花或雌花的植物。如銀杏、金桂。

▲黃瓜的雌花（左）與雄花（右）。黃瓜為雌雄異花。

第2章

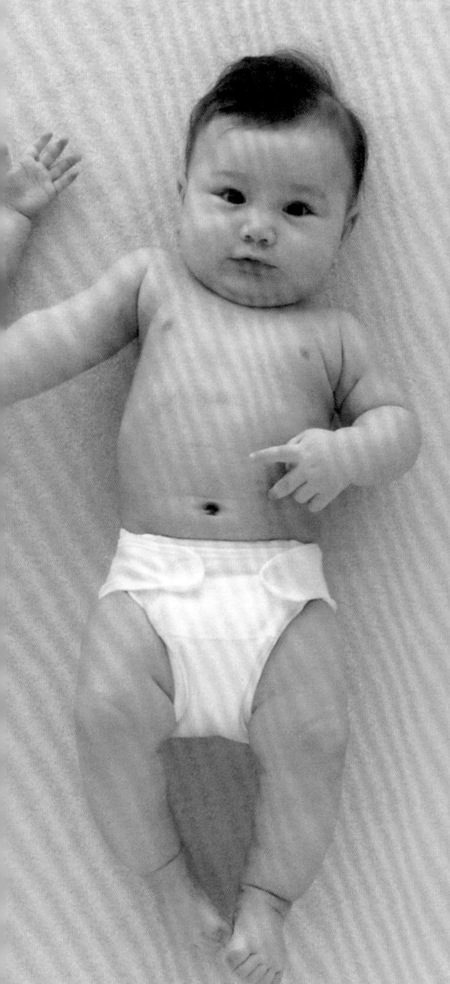

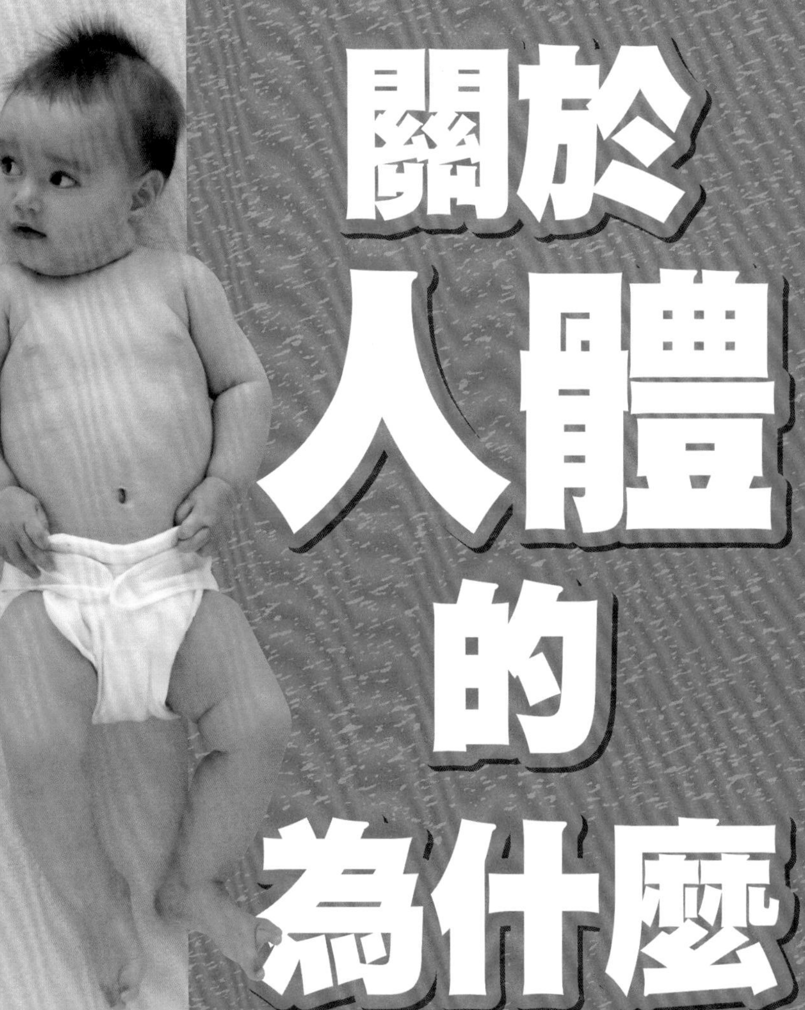

關於人體的為什麼？

為何跑步後心臟會蹦蹦跳呢？

回答 因為心臟瓣膜激烈地開合。

●在我們胸部接近中央的心臟，扮演運送血液至全身的幫浦角色。一分鐘約收縮70下，而孩童約100下，就像擰出血液一樣，將血液送往全身。

血液在進出心臟時，心臟中的瓣膜會時開時關。會感到「蹦蹦跳」就是這時候的震動。

●雖然平常瓣膜就會持續開合，但不會特別感到心臟蹦蹦跳。然而進行激烈的運動和跑步時，會感受到心臟蹦蹦跳，是因為心臟需要將大量血液輸往全身，以補足營養和氧氣。

此時，血液出入口的瓣膜，會以比平常更快的律動進行激烈開合，於是就能明顯感受到心臟蹦蹦跳。

延伸問題 心臟瓣膜的功能是什麼呢？

回答 是為了防止運送至身體內的血液逆流。

●心臟分為右心房、右心室、左心房及左心室四個腔室。瓣膜位於這四個腔室的出入口。

當血液循環全身後，首先會進入右心房，穿過右心室，傳送至肺部，將二氧化碳與氧氣交換後，就會回到左心房。接著，運送到左心室，再從這裡循環到全身。

如此一來心臟就能讓血液循環全身，血液會在心臟中流動，為了讓血液不要逆流，四個腔室的入出口都有瓣膜，時開時關。

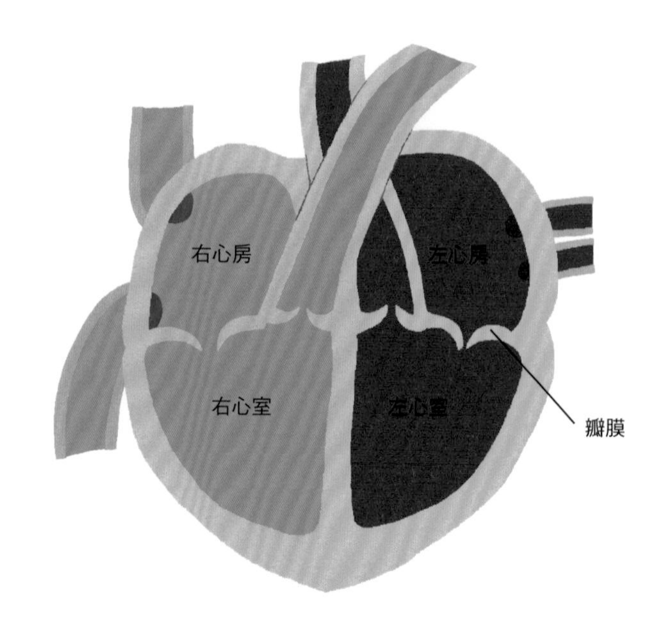

▲心臟有四個部位有瓣膜，經常進行開合，並運送血液。

實驗看看！ 測測心跳數吧！

心臟總是處於律動中，依身體狀態而定，調節血輸送的節奏。一分鐘心臟跳幾次，可以藉由測量跳數（脈搏數）來得知。來測量看看在各種狀態下的心跳數吧！

作法

①將手指放在手腕的血管上，感受血輸送時「咚咚咚」的脈搏跳動。

②計算時針的秒針從12繞一圈回到12的一分鐘內，有幾次脈搏跳動。

●坐著讀書約五分鐘後

●跑步約五分鐘以後

●走路約五分鐘後

以下各種動物，每分鐘心跳數最多的是哪一個呢？

答案 心跳數 ①成人約70次 ②大象約50次 ③雞約300次 ④倉鼠約500次。

人的眼睛和其他生物的眼睛相比，有什麼特別之處呢？

回答 可以分辨顏色和縱深是人的眼睛厲害之處！

●人的眼睛和其他生物的眼睛，都是為了適應生活環境，而演化至今，無法概而言之哪一方比較優越。

例如鵰及老鷹的視力極佳，可以發現一公里之外的老鼠等獵物，這是人類望塵莫及的事情。

另一方面，人的視力可以辨別很多種顏色，也可以看得出立體感（縱深），這是相當優秀的能力。

●人的眼睛是如何分辨顏色的呢？

太陽光和電燈泡的光是透明的，事實上有很多顏色聚集在一起。當光線照射物體時，依光線的顏色而定，可分成吸收光和反射光兩種。

映入人們眼睛的光只有反射光。這種光的顏色，會被判斷為物體的顏色。

●再者，能感受到立體感，就也能了解自己和其他物體之間的距離。

以眼睛觀察物體時，右眼和左眼的角度稍有不同，會呈現出不太一樣的圖像。在左右眼中呈現的圖像，透過視神經會傳送到大腦，於大腦中將這二個圖像重疊，就能感知與物體之間的距離。

●視覺原理

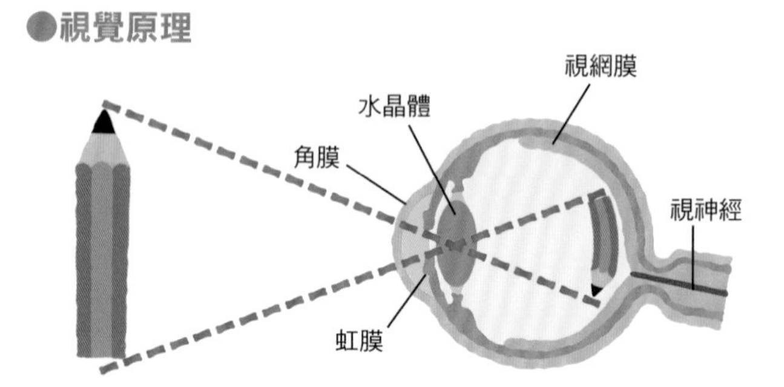

▲如圖所示，眼睛看見的物體其實是上下顛倒的，從眼睛看到的影像，會在大腦中重新判斷成正確的。

●光的色譜

▲看起來透明的光，其實是圖中很多顏色的光聚集在一起而成。

●分辨顏色

▲香蕉看起來是黃色的原因，在於香蕉主要反射出黃色的光，而映入人眼之中。

●觀察立體物體時的視覺原理

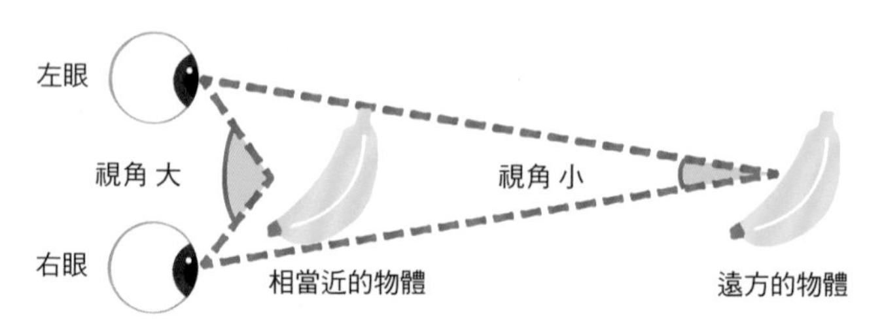

▲因為映入左右兩眼的圖像不同，大腦就能計算出物體的距離。

實驗看看！ 閉上一隻眼睛能精準地套上筆蓋嗎？

①一邊用兩眼看，一邊套上筆蓋，輕而易舉就能做到。

②這次閉上一隻眼睛試試看！咦！有點誤差。

只用單眼看時，就無法判斷與物體之間的距離。

延伸問題 其他動物看到的畫面是怎麼樣的呢？

回答 依眼睛位置和功能的不同，會有不同呈現 。

●生物的眼睛會因適應各自生活，有不同的演變進化。例如，人類的眼睛無法分辨太陽光中的紫外線，但幾乎所有的昆蟲都可以。因此，蝴蝶和蜜峰等昆蟲的眼睛，會將花朵的中心部位看成黑色的，可以輕易地找到花蜜採食。

●就眼睛可以看到的範圍（視線範圍）而言，人類和其他生物也有所不同。例如斑馬的視線範圍是350度。因為牠們的兩個眼睛各自長在臉部的正側方，可以將周遭事物一覽無遺，當獅子等肉食性動物不論從哪個方向過來，斑馬都可以立刻發現逃跑。

●昆蟲看見的花是怎樣的？

▲圖為紫外線攝影拍下的蒲公英。對蝴蝶來說，花的中心是黑色的，顯而易見。

●人類看見的花是怎樣的？

▲以可見光拍攝的花。人的眼睛可以分辨很多種不同顏色。

●人的視線範圍為何？

兩眼的重疊角度範圍約 130 度。

▲視線範圍約200度。因為兩眼都在前面，兩眼都能看到的範圍大幅重疊，可以正確衡量與物體之間的距離。

●斑馬的視線範圍為何？

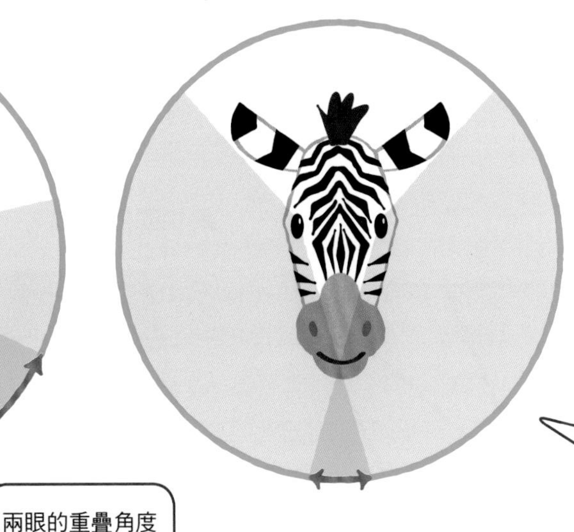

兩眼的重疊角度範圍約60度。

▲視線範圍約350度。因為雙眼分別分布於臉部的正側面，視線範圍廣大，但不容易清楚看見正前方。

視覺錯覺是什麼意思？

回答 物體與實際看起來不同。

●所謂眼睛的錯覺，就是物體因大小、形狀或顏色等，看起來與實際狀況不同。

請看右圖，比較兩個藍色圓形，被小圓包圍的藍色圓形看起來比較大，不過實際上兩個藍色圓形為相同大小。這就是視覺錯覺。

●視覺錯覺會有可能因為眼睛構造所引起，但大部分是大腦所造成的。

人們在觀察一個物體時，不只是用眼睛看，也會使用大腦。從眼睛看到的訊息，由大腦接收，加以調整，判斷所見之物是什麼。如果這個調整有錯誤發生，就會引起視覺的錯覺。

圖1的藍色圓形，大腦會與周圍的圓形相比作判斷，因此被小圓包圍的藍色圓形看起來比較大。

接下來請看圖2，橫向的直線哪個看起來比較長呢？雖然下方看起來比較長，但實際上兩條線是相同長度。因為兩端的短線的角度與方向不同，大腦會受到誤導。

●圖 1「艾賓浩斯錯覺」

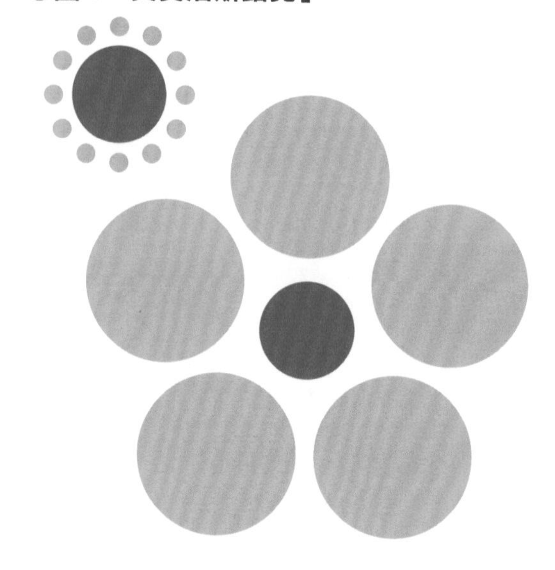

●圖 2「繆萊爾氏錯覺」

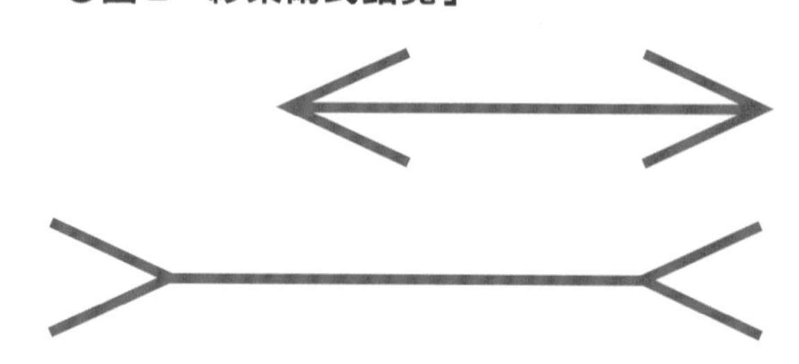

看看各式各樣的錯覺圖

其實相同但看起來不同的尺寸、形狀、顏色，看起來彎曲的直線，看見不存在的物體等等，來體驗看看各種不同的視覺錯覺吧！

●哪一條比較長？

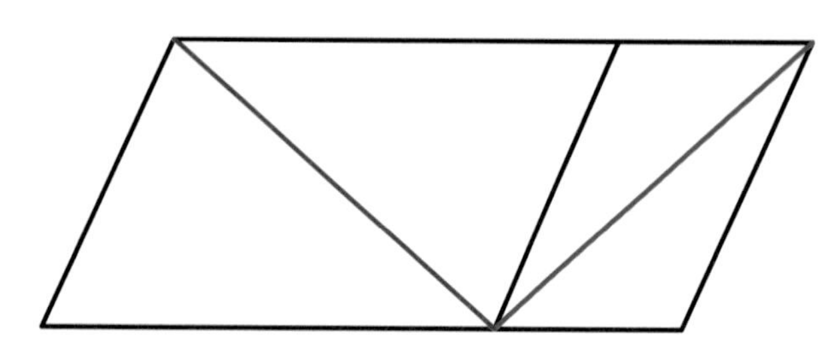

▲「桑德錯覺」
藍色和紅色線的長度相同，但紅色線看起來比較長。因為相連的平行四邊形大小不同，導致長度看起來不同。

●相同形狀嗎？

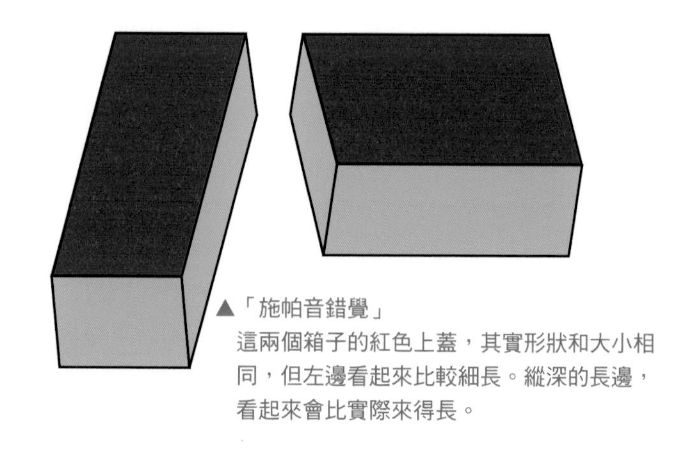

▲「施帕音錯覺」
這兩個箱子的紅色上蓋，其實形狀和大小相同，但左邊看起來比較細長。縱深的長邊，看起來會比實際來得長。

●看得到白色三角形嗎？

▲「卡尼薩三角形錯覺」
圓形與線條中斷之處，整體看起來像有白色三角形在中央。

●搖晃時看起來像在動嗎？

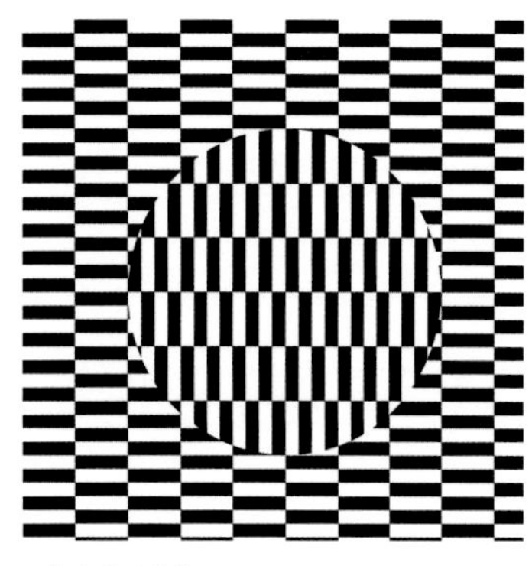

▲「大內錯覺」
將書本搖晃時，可看到中央的圓形在晃動著。

●顏色相同嗎？

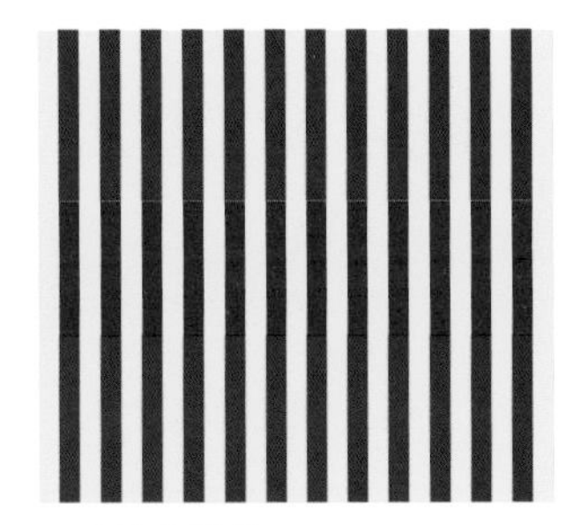

▲「蒙克錯覺」
左右兩圖的紅色帶狀部分為相同顏色，請接近觀察相間的線的顏色。

●線是直的嗎？

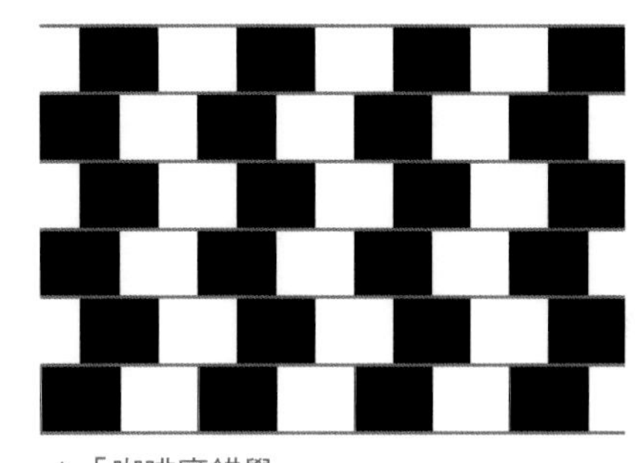

▲「咖啡廳錯覺」
將黑白磚錯開並排時，平行線會看起來像是傾斜一樣。

試試看！ 來製作不可思議的骰子，體驗眼睛的錯覺！

準備用品

厚紙板、膠水、簽字筆。

製作方法

①將厚紙板如圖所示剪裁， 並畫上骰子圖。
②將折線全部對折， 將黏貼處往內側貼，變成有三面的箱子形狀。

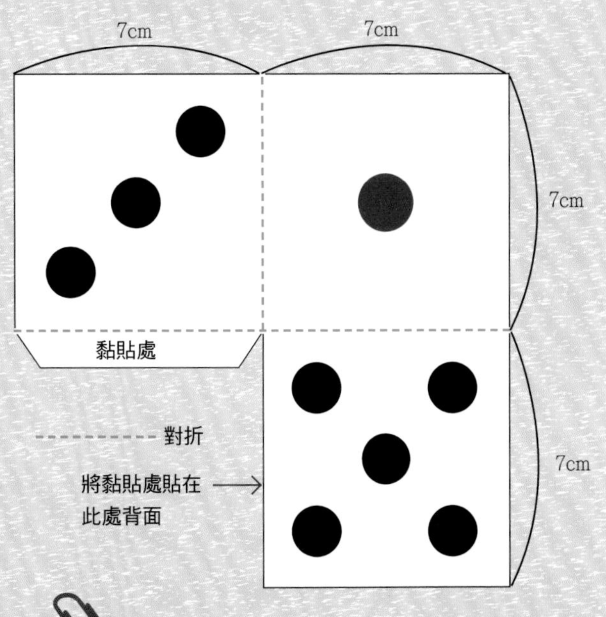

玩玩看！

將骰子擺在正前方。試著將中央看成是凸出的，然後將自己臉部左右晃動看看，就會看到骰子輕飄飄地漂著。

骰子的秘密

骰子的中央明明是凹陷下去，看起來卻像凸出箱子的原因，是腦中有著「骰子的中心應該突出才對」的想法。

耳朵的功能僅僅是聽到聲音嗎？

回答 也有讓身體平衡的功能。

- 耳朵除了能聽到聲音以外， 也扮演著平衡身體的重要角色。
- 我們耳朵深處的半規管， 能感覺到平衡的部位有三處。 半規管裡有淋巴液， 當身體活動或轉圈時， 淋巴液也會流動， 可得知身體的位置和傾斜度， 以及身體活動的方向等。
- 這些資訊從半規管通過神經， 傳送到腦部。 大腦會根據這些訊息， 保持身體平衡感。

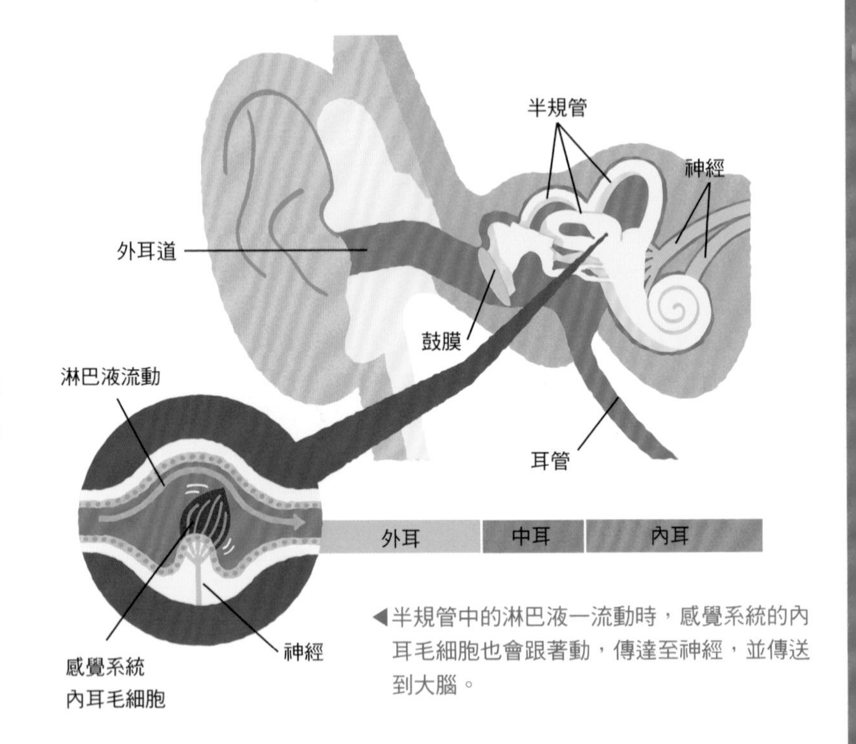

◀半規管中的淋巴液一流動時，感覺系統的內耳毛細胞也會跟著動，傳達至神經，並傳送到大腦。

延伸問題 人有聽不見的聲音嗎？

回答 人類聽不見過高或過低的聲音。

- 聲音的高度是以赫茲表示（Hz）。人們可以聽到的音域是20赫茲至2萬赫茲。
- 蝙蝠可以發出6萬赫茲左右的高音（超音波），而大象除了平日叫聲以外，也會發出10赫茲的低吼聲等，都是人類所聽不見的聲音。

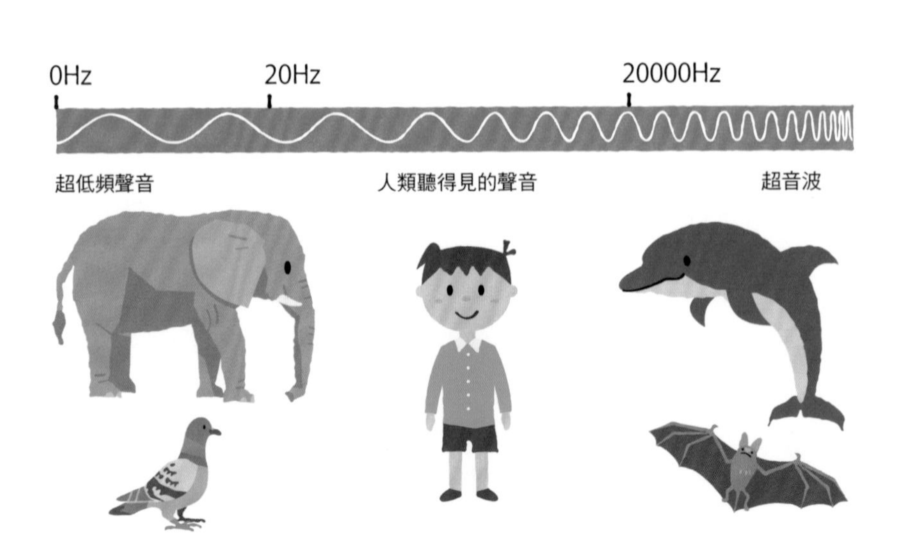

為什麼鼻塞時，吃東西就沒味道呢？

回答 品嚐味道時不只是以舌頭，鼻子也會派上用場。

●因為感冒或花粉症等原因鼻塞時，即使吃喜歡的東西也不會感到好吃。
人們是以舌頭來感覺基本的味道，如甜味、酸味、苦味、鹹味、鮮味，基本上以舌頭感覺這五種味道。
然而，會感到美味或難吃，不只是舌頭的關係。人在進食時，是使用五感來品嚐的。

●五感就是視覺、聽覺、嗅覺、味覺及觸覺五種感覺。
形狀與顏色、盛裝擺盤等「外觀」為視覺，而酥酥脆脆或咯吱咯吱地咀嚼時的「聲音」為聽覺，「氣味」為嗅覺，「味道」為味覺，「口感」、「嚼勁」等為觸覺，所謂的美味是以上五種感覺，進行綜合性的判斷。

●當鼻子塞住時，五感中的嗅覺就會遲鈍，對於氣味也較難有感覺，有可能食不知味。

之前品嚐時是否美味的「記憶」，也會對味覺有所影響哦！

對於討厭的食物，會掩著鼻子，閉著眼睛吃，這樣比較容易入口。

實驗看看！ 捏著鼻子，猜猜味道！

捏住鼻子，並將眼睛遮起來，可以得知的資訊變少，
是否還能感覺到味道？動動手作實驗吧！

準備材料

各種口味的果汁（葡萄柚、橘子、蘋果等）。

製作方式

①將眼睛遮起來，捏住鼻子，輪流喝不同果汁。

②猜猜看剛才喝的是什麼口味的果汁。

也可用以下食物作實驗哦！

咖哩和燉菜
味噌湯、玉米濃湯及清湯
各種口味的糖果

和家人與朋友來玩玩看吧！

皮膚的顏色為何會不同呢？

回答 因為黑色素的數量不同。

●黑色素較少的是白色人種，較多的是黑色人種，居中的則是黃色人種。
皮膚顏色會依黑色素的量而定，而黑色素的量，會遺傳自雙親，出生的環境也會增加或減少黑色素。
●黑色素能夠防禦來自太陽的紫外線、保護身體。
●非洲等地日照很強烈、炎熱的地區，為了抵禦會對身體有害的紫外線，需要較多黑色素，所以當地為黑色人種。
而在瑞典和芬蘭等北歐寒冷國家，日照很微弱，在這些地區，黑色素少也沒有關係，所以白色人種分布於此。
而氣候介於兩者之間的亞洲，以黃種人為主。

▲黑色素含量不同，膚色就會不一樣。

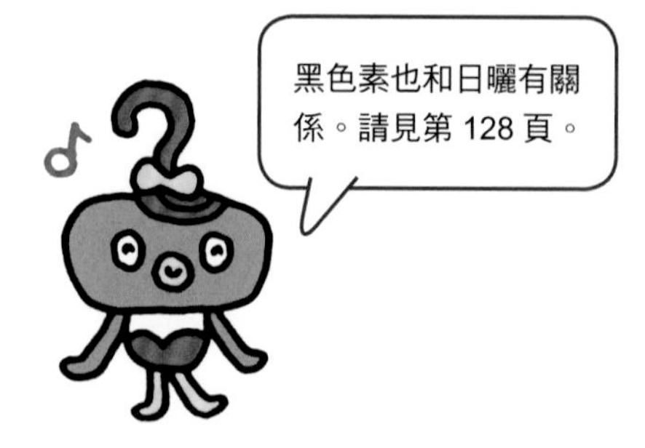

黑色素也和日曬有關係。請見第 128 頁。

延伸問題 為什麼有各種頭髮和眼睛的顏色呢？

回答 與皮膚一樣，黑色素的數量，每個人都不同。

●毛髮長於皮膚外的部分稱為毛幹。毛幹有是毛表皮（毛鱗層）、毛皮質、毛髓質三層。
頭髮的顏色是以毛皮質中的黑色素量，和毛髓質中的空氣量來決定。當有很多空氣在其中時就會透光，看起來是金色等明亮的顏色。
●大部分的日本人眼睛是黑色的，而世界上也有很多人的眼睛是亮褐色、灰色、藍綠色或藍色。
決定眼睛顏色的是，圍繞著瞳孔，被稱為虹彩的部位中所含的黑色素量。
●關於頭髮和眼睛的顏色，在日照很弱的北歐國家，大部分人的眼睛是黑色素較少的金髮和藍眼睛；而在非洲國家等日照強烈的地區，大部分的人是黑色頭髮和黑眼睛。黑色素能保護重要的頭部和眼睛免於紫外線的傷害，這是順應環境而產生的進化。

●毛幹的剖面

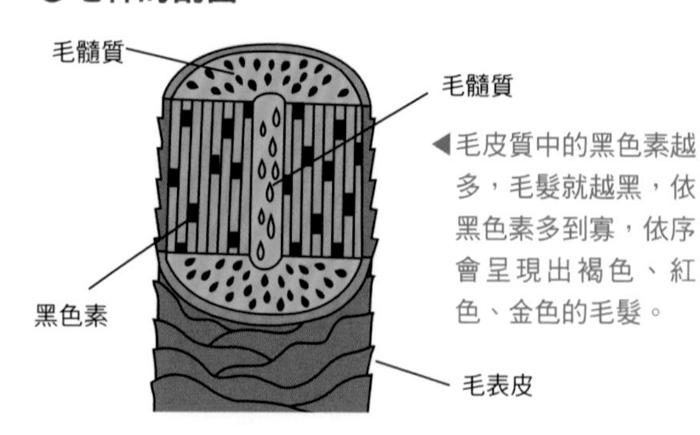

◀毛皮質中的黑色素越多，毛髮就越黑，依黑色素多到寡，依序會呈現出褐色、紅色、金色的毛髮。

●眼睛的顏色取決於虹膜

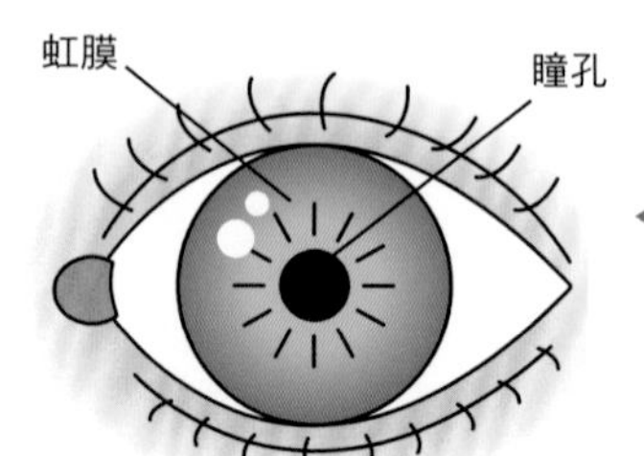

◀黑色素較多的人的眼睛會比較黑，黑色素較少則會呈現藍色或藍綠色。

為什麼悲傷會流眼淚呢？

回答 因為大腦的副交感神經刺激淚腺，分泌淚水。

●眼淚是由上眼瞼內側的「淚腺」所製造。當感到悲傷時，腦中的副交感神經會刺激淚腺，使淚水流出。
此時流出的淚水主要成分是水，而氯、鈉、蛋白質、葡萄糖、鈣、鉀等其他成分不多。

●然而，眼淚原本的功能是保護眼睛，將眼睛裡跑進的灰塵或塵埃洗掉，針對眼睛表面進行殺菌消毒，為眼睛輸送氧氣和蛋白質等營養，並在平時就會分泌，讓眼睛保持濕潤。
像這樣的淚水，與悲傷時流的淚水相比，水的含量較少，其他成分比較多。另外，生氣或不甘心時流的淚水，同樣是水分較少，其他成分較多。

●平常分泌的少許淚水，在完成保護眼睛的任務後，會如右圖所示，流到鼻子裡，使鼻子的黏膜濕潤。

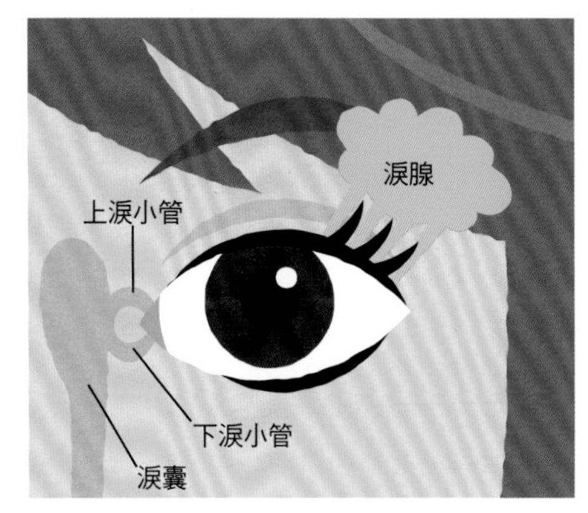

▲眼淚在洗刷眼睛表面後，會囤積在淚囊，然後流入鼻子，讓鼻子黏膜保持潮濕。

愛哭的人是因為淚腺發達嗎？

觀察看看！

哪種時候會流眼淚呢？

不只是悲傷的時候，還有什麼時候也會掉眼淚呢？

●**切洋蔥的時候**

洋蔥含有二烯丙基硫醚，會刺激眼睛而流淚。

●**感到疼痛時**

感到疼痛時，會刺激腦部，流出淚水。

●**眼睛裡有灰塵跑進去時**

當有大粒灰塵跑進眼睛時，為了將灰塵推出眼睛，會大量流淚。

處理不完的大量淚水，會變成鼻水，從鼻子流出。

打哈欠時也會流眼淚，理由請見第97頁。

嬰兒為什麼常常在哭呢？

回答 哭泣是在表達自己的心情。

●剛出生的嬰兒什麼都不懂，需要身邊的母親、父親或兄弟姊妹的照顧，也還不會說話。因此為了把感覺傳達給別人，會以哭泣的方式，引起對方注意。

●「尿布濕了，感覺很不舒服！」或是「肚子餓了，我要喝奶」或是「我想睡了，我要抱抱」等，藉由哭聲傳達自己的感受。

與嬰兒親近的人，大概能知道嬰兒的哭聲是代表什麼意思。

動物寶寶的鳴叫聲

動物寶寶是用什麼鳴叫聲來呼喚母親的呢？

動物	鳴叫聲
獅子	喵
熊貓	啊～
熊	咪呀～咪呀～
犀牛	哞～哞
狼	咕嗚～
鹿	嗶啊～
山羊	咩～
水獺	嗶～咿嗶～咿
企鵝	嗶～嗶～
蝙蝠	皮喲皮喲

▲獅子幼兒也會像貓咪一樣發出喵喵聲。

觀察看看！ 和寶寶互動一下吧！

在與嬰兒接觸之前，要先洗手喔！

生活周遭如果有零歲的嬰兒，經過他的家人同意後，與寶寶互動看看吧！

●將手指放在嬰兒手掌上

小嬰兒多半會將手輕輕地握成拳狀。將自己的食指伸進拳頭內，受到刺激反射，嬰兒會將手指緊緊握住。

●試著摸一下嬰兒的臉頰

以食指輕輕碰觸嬰兒的臉，嬰兒就會將臉朝向手指然後開始吸吮。是否在找尋媽媽的乳房呢？嬰兒會大力地吸吮著手指。

嬰兒出生後為什麼還不會站立呢？

回答 因為骨骼和肌肉尚未發育完全。

●嬰兒在媽媽的肚子時，在稱為羊水的液體中漂浮著。在羊水裡，嬰兒也會有爬行的動作，也會作出以雙腳走路的動作。

●雖說如此，出生後嬰兒不會馬上站立，甚至連四肢著地爬行都不會。
那是因為嬰兒的骨骼和肌肉尚未發育完全，地球的重力會使身體無法負荷。

●嬰兒的骨骼，肌肉和腦部等部位，都需要時間來慢慢發育，自出生後約一年左右才開始會走路。

▲出生後八個月起開始會爬行。

▲出生後一年左右開始會站立，開始會走幾步。

嬰兒的骨頭多達300根以上。有些骨頭會隨著成長連接在一起，成人後會減少至200多根。

延伸問題 動物寶寶出生後也無法立刻站起來嗎？

回答 有些動物出生後馬上就能站立。

●有些動物寶寶出生後就會站，例如馬兒、鹿和長頸鹿。
這些動物的共通點是不築巢，媽媽無法躲在巢裡生育和養育孩子。如果被肉食動物敵人盯上，寶寶必須靠自己的雙腳逃跑。
因此這些動物出生後就立刻可以站立，因為在母親的肚子裡身體已發育得相當完全。

●舉例來說，小長頸鹿在出生後二十分到三十分鐘內就可以爬起，雖然搖搖晃晃，但可以開始走路，過了兩天後則能夠跑步了。

▲人類的嬰兒，會在媽媽的肚子裡待十個月後出生，而長頸鹿的幼兒會在媽媽肚子裡待約十五個月，等到身體發育完全後才出生。

查看看各種動物寶寶的特性吧！

人為什麼能用兩隻腳走路呢？

回答 為了承受身體的重量，背骨和足骨都有所進化。

●雖然在動物園等處，偶爾有站立的動物造成話題，但以兩隻腳、挺直背部長站立，長期以「直立二足行走」的生物只有人類。

●人類在演化過程中，為配合以兩腳走路而形成現今身體的構造。

例如，站立時上半身呈現和緩的S型，如此就可以支撐大腦變大、變重的頭部。

此外，足部內側的骨頭為拱形，可以承受來自上方的力道，也能緩衝來自地面的衝擊力。

●據稱大約在四百萬年前，我們的祖先開始用兩隻腳步行。如此一來兩手也能自由活動，人類便可以製造或使用工具，大腦發育完全，於是發展出其他動物沒有的文明和文化。

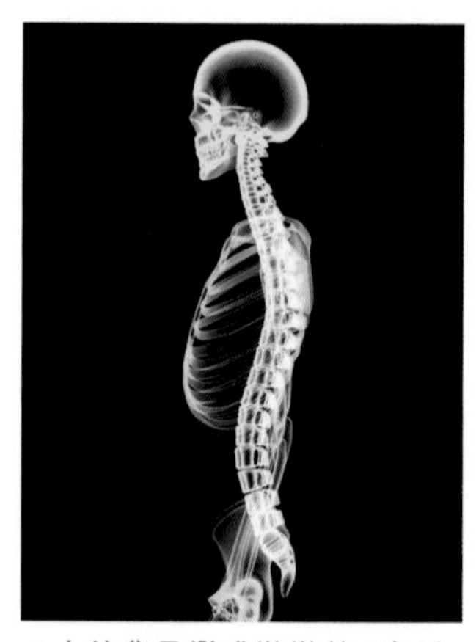

▲人的背骨彎成微微的S字形，能穩固支撐頭部的重量。

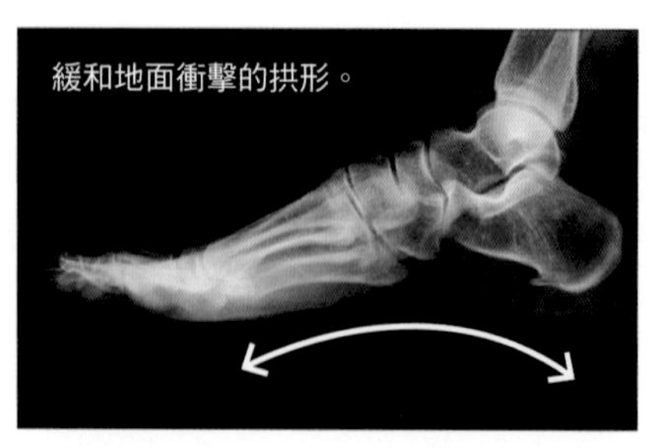

▲從腳踝算起，一隻腳掌約由26個骨頭構成，從橫剖面看起來是拱型。腳踝的骨骼粗大，能夠承受全身的重量。

成年人類的頭有五公斤左右，要支撐重重頭部的背骨很厲害呢！

挺直背部站好的姿勢，能使喉嚨深處展開，發出複雜的聲音。我們的祖先因此能發明語言。

看看腳底板吧！

赤腳在地板上行走時，腳尖和腳踝之間會有空隙存在，不會碰觸到地板的部分稱作「腳心」。

人腳的特徵就在於有腳心，和人類相像的大猩猩和黑猩猩則沒有腳心。

正是因為有著適於雙腳行走的拱形骨頭，並附著著強健的肌肉，人的腳才會生成腳心的部位。

如果運動不足，支撐腳心形成拱形的肌肉也會衰弱，而形成「扁平足」。這時長時間站立就很辛苦。

腳心

打哈欠會傳染是真的嗎？

回答 打哈欠不會傳染。

●當有人打哈欠時，周遭的人也會打哈欠，人們於是說「打哈欠會傳染」。但事實上打哈欠不是生病，不會傳染給他人。
吃過早餐用後或夜晚睡覺時間等時刻，當有人想睡覺而打哈欠時，其他人也剛好在打哈欠，同樣都在打哈欠，就像是哈欠會傳染。
不過，也有學者主張「打哈欠會傳染」，由於人對於其他人的動作及「想睡覺」的感覺產生共鳴，便會想做出相同動作。

●人們從空氣中吸進氧氣，以從事各種活動，想睡覺的時候，呼吸會變慢，體內的氧氣會容易不足。
當氧氣不夠時，指揮身體的大腦會變得遲鈍。
此時，大腦會向身體下達「大口吸氣，吸取氧氣」的命令。由於得到大腦的指令，身體為了獲取更多氧氣，就打開嘴大大地打哈欠。

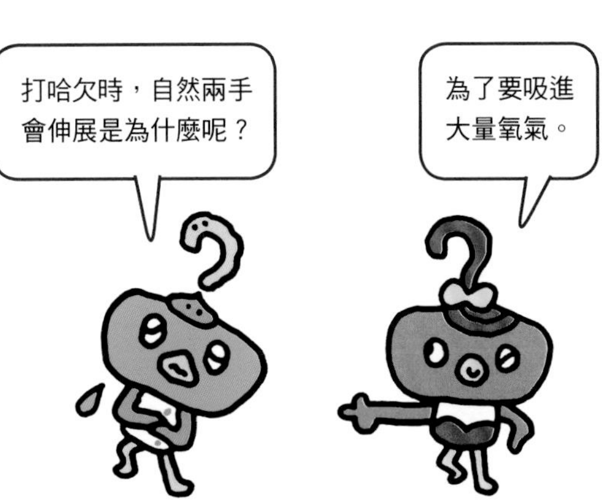

打哈欠時，自然兩手會伸展是為什麼呢？
為了要吸進大量氧氣。

延伸問題 打哈欠會眼淚是為什麼呢？

回答 因為牽動臉部肌肉，讓眼淚流出。

●眼淚是從眼睛上方的「淚腺」流出。除了悲傷時或感到疼痛時會流淚，眼淚平時也會從淚腺慢慢流出以濕潤眼睛。
眼淚會為眼睛送來氧氣和營養。可以將眼睛表面的污垢洗掉，完成任務的眼淚，會積存在眼頭深處的「淚囊」袋，累積到某個程度後，就會流到鼻子去。
打哈欠時，會大幅度牽動臉部肌肉，擠壓淚囊，使眼淚逆流到眼睛後溢出。

●打哈欠時，眼淚會流出的結構

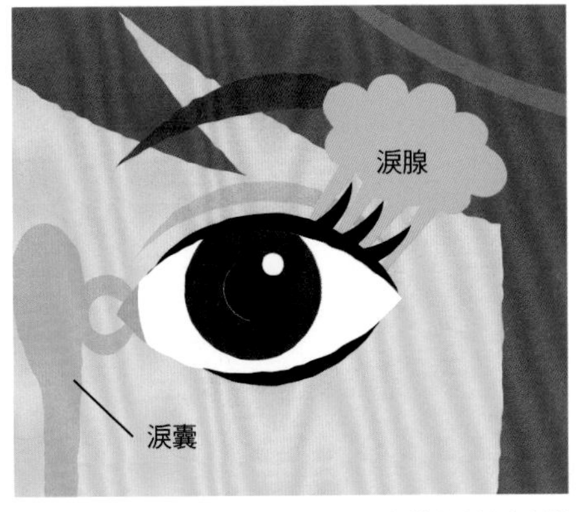

▲打哈欠時，淚囊會被推擠，讓積存的淚水溢出來。

吃辣的食物時會流汗是為什麼呢？

回答 因為胃和腸的消化變得活躍。

●辛辣料理有加入辣椒等香辣調味料，香辣調味料會刺激胃和腸，消化變得活躍。
消化一旦變得活躍，會消耗更多能量，身體也會變熱。
接著，就會從大腦傳達「出汗散熱」的命令。

●不只是吃辛辣的食物時，運動後等情形時也會流汗，汗水的作用在於冷卻發熱的身體，將體溫調整至剛好。
汗水幾乎都是水分，身體的表面汗水蒸發時，會吸收身體的熱度，讓體溫下降。

▲對於消化變得活躍、發熱的身體，大腦會命令流汗加以冷卻。

觀察看看！ 什麼時候會流汗呢？

汗水的作用，在於冷卻發熱的身體，並調節體溫。觀察看看各種流汗的情形吧！

●運動時

●氣溫高時

人的皮膚有出汗的汗腺，約 400 萬至 450 萬個。

●發燒時

●緊張時

孩子為何會長得像父母？

回答 因為遺傳自雙親的「基因」。

●雙親的身體特徵也會傳承給孩子，這稱作「遺傳」。遺傳所需的設計圖稱作「基因」，還在媽媽的肚子中時，胎兒的眼睛、耳朵、內臟、骨頭等全部都根據這個設計圖來生成。

●組成生物身體的細胞上，有遺傳自雙親的「染色體」。若將染色體放大來看，就像扭曲的梯子一樣。這是因為基因像鎖鏈般，一個個密集排列相連著，這稱作「DNA」。

●光看DNA就可以得知決定生物的種類、性別、外觀特徵及特性等重要的訊息。
DNA當中記有「身高很高」、「耳朵很大」等人體訊息，以密碼化的方式記載著。

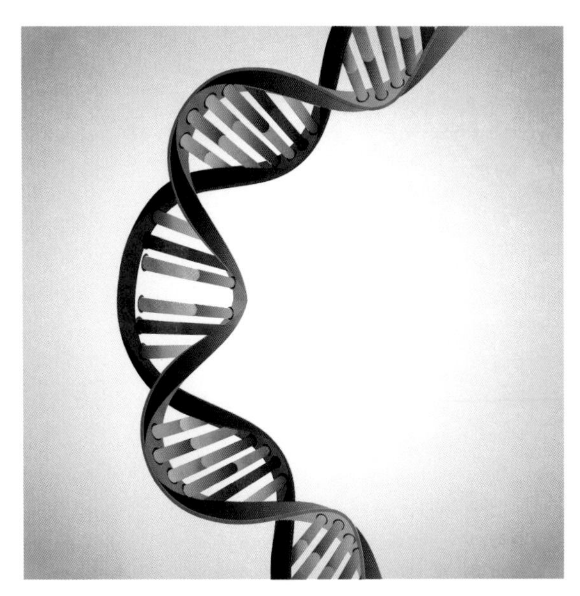

▲基因就像梯子一樣長長相連著。

只要是人類，彼此基因有99.9% 是相同的，剩餘的 0.1% 不同造就每個人的差異。

雙親也從自己的父母那裡各自得到遺傳下來的基因，因此孫子也會像爺爺或奶奶。

延伸問題 誕生的孩子是如何決定是男孩還是女孩的呢？

回答 只憑藉一組染色體的不同來決定。

●人體的細胞中，成對的染色體共有23對，而第23對染色體會決定性別。
第23號染色體有X染色體和Y染色體兩種。男性的細胞各有一個X染色體和一個Y染色體，而女性細胞為兩個X染色體。
孩子由雙親身上各取得一個染色體，這個組合決定性別是男生或是女生。

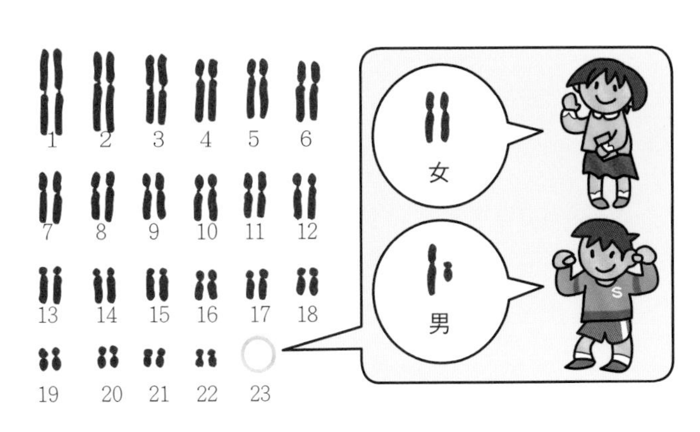

▲由第 23 對染色體來決定是男生或是女生。

為什麼人類沒有尾巴呢？

回答 因為在生活中失去必要性。

●摸摸看屁股上方的骨頭，有找到尖尖的小型骨頭嗎？這叫作尾骨，是人類尾巴演化殘留的骨骼。人類在演化成現在這樣之前，我們的祖先是有尾巴的。

●事實上，我們在媽媽肚子裡成長到一個月半為止，是有尾巴的。在肚子裡發育的過程中，出生後日常生活中沒有存在必要的尾巴就消失了。

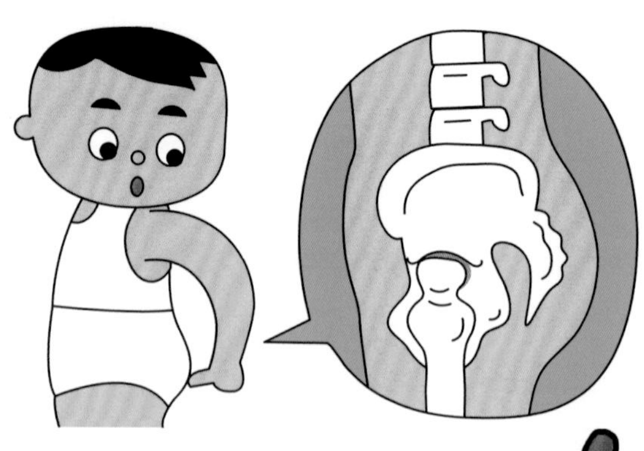

有些猿猴類如黑猩猩及紅毛猩猩，也和人類一樣沒有尾巴。

動物的尾巴發揮什麼樣的作用呢？

動物的尾巴可發揮各種各樣的作用。

蜘蛛猴

用來握住、取得平衡

尾巴能纏住樹枝，吊在樹上。在樹枝上行走時，尾巴會左右擺動取得平衡。

獵豹

取得平衡

奔跑轉彎時，尾巴會朝轉彎的相反方向倒，以取得平衡。

疣豬

警告同伴

立起尾巴，來告知同伴有危險。

狐狸

保暖

寒冷時能蓋住臉。

海豚

游泳

上下擺動尾巴游泳。

狗兒和貓咪等日常生活中常見到的動物，是如何用尾巴表達情緒的？觀察看看吧！

為什麼人有肚臍呢？

回答 離開媽媽肚子時所留下的痕跡。

●肚臍是被稱為「臍帶」的管子在脫落後留下的痕跡，臍帶的作用是連結媽媽子宮的胎盤和胎兒。
在媽媽的肚子裡時，胎兒透過臍帶吸取氧氣和營養。

●嬰兒從媽媽的肚子裡出生後，因為已不再需要臍帶，會被切斷，切下來的臍帶，可以一直保存到長大成人。

●動物中也有在媽媽肚子中長大的哺乳類動物，不同於卵生出的鳥和蟲類。

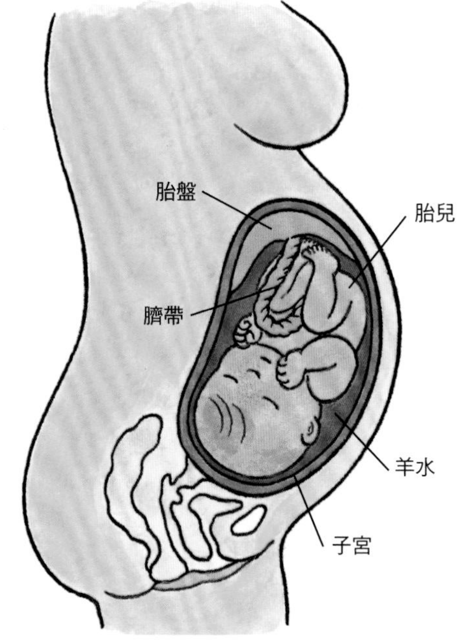

▲肚裡的胎兒透過臍帶獲取氧氣和營養。

我們都忘了怎麼在媽媽肚子裡生活的吧？

延伸問題 在媽媽的肚子中，嬰兒是怎麼度過的呢？

回答 大約花十個月左右成長。

●臍帶傳輸氧氣和營養，讓胎兒可以在母親的身體中發育成長。
人類的胎兒到出生為止，會在母親的肚子裡待十個月左右。
自六個月大起，胎兒會對明暗變化開始有感覺，也對母親的聲音會有反應。

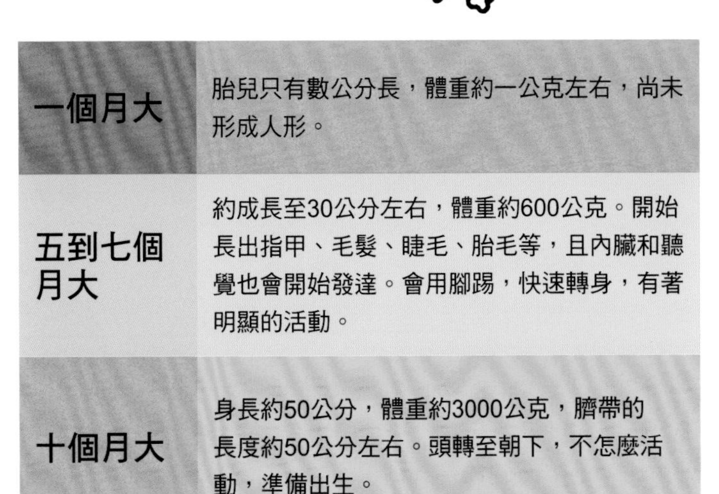

一個月大	胎兒只有數公分長，體重約一公克左右，尚未形成人形。
五到七個月大	約成長至30公分左右，體重約600公克。開始長出指甲、毛髮、睫毛、胎毛等，且內臟和聽覺也會開始發達。會用腳踢，快速轉身，有著明顯的活動。
十個月大	身長約50公分，體重約3000公克，臍帶的長度約50公分左右。頭轉至朝下，不怎麼活動，準備出生。

為什麼會感冒呢？

回答 侵襲身體的病毒漸漸增加，開始攻擊身體。

●呼吸時，有可能吸進會入侵身體的病毒。我們的身體有抵抗力，體能狀態不錯時，能將少數入侵體內的病毒消滅。
不過，當身體感到疲累時，抵抗力會變弱，入侵的病毒會漸漸增加，開始攻擊人體。這樣的狀態，我們就稱為「感冒了」。

●當感冒時，會有咳嗽、打噴嚏、流鼻水、發燒等症狀。這是為了要驅趕入侵人體的病毒，身體為了要消滅病毒，用盡全力與病毒奮戰。

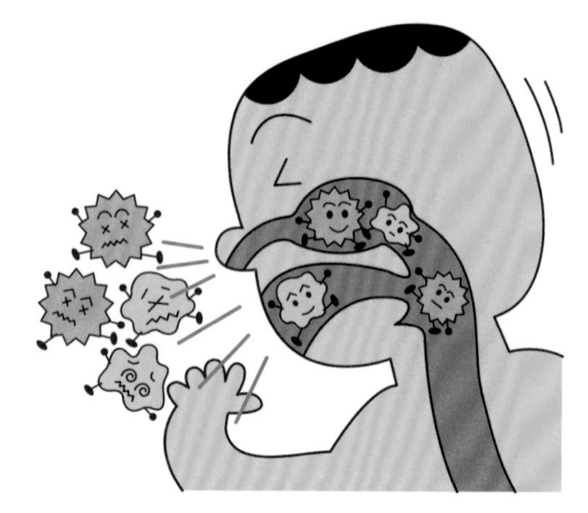
▲咳嗽和打噴嚏是因為身體受到鼻子和喉嚨中的病毒刺激，想要驅離病毒。

●感冒的各種症狀

發燒
當身體受到病毒入侵時，體溫會上升。白血球會與病毒作戰。

鼻水
附著於鼻子之中的病毒會被沖出來。

打噴嚏及咳嗽
趕走鼻子和喉嚨上附著的病毒，驅除至體外。

喉嚨痛和痰
當病毒蔓延到喉嚨和支氣管時，會引起發炎，並分泌很多黏液。

延伸問題 動物為何不會感冒呢？

回答 動物也會感冒哦！

●動物也會感冒，特別是黑猩猩、獅子、紅猩猩、大猩猩等，感冒的症狀與人類很相近。

●黑猩猩

▲和人類一樣，會流鼻水，呼吸不順。

●鳥兒

▲平衡變差，搖搖晃晃，也不想吃東西。

●狗兒

▲不想吃東西，發燒，流鼻水。

●貓咪

▲有眼屎和眼淚，會打噴嚏。

為什麼要打預防針呢？

回答 為了擊敗會造成疾病的病毒和細菌。

●我們血液中的白血球細胞能吞噬侵入人體的病毒和細菌，以及對人體有害的物質。而對抗這些的物質叫作「抗體」。
抗體會記得曾得過一次的病症，日後再被相同病毒入侵時，就能輕易消滅防止再次生病，這就是免疫。

●疫苗能將造成生病的病毒和細菌的威力減弱。注射後，不會出現生病症狀，就能產生對這種疾病的抗體。
打預防針（預防接種）能預先免疫流行性感冒及麻疹等，一旦罹患上會很嚴重的疾病，達到預防的效果，即使感染了，症狀也不會過重。

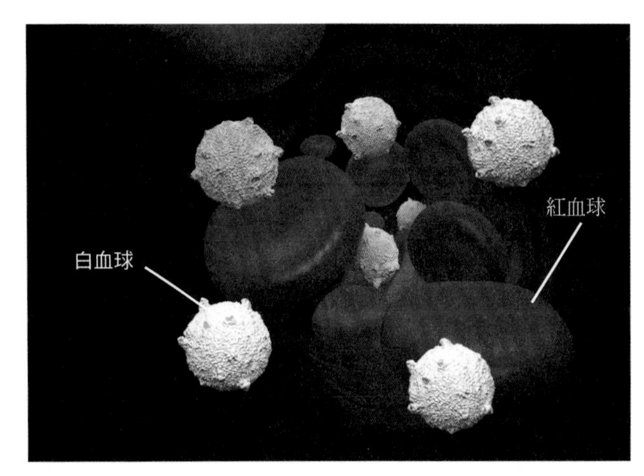

▲在血管中流動的白血球和紅血球。

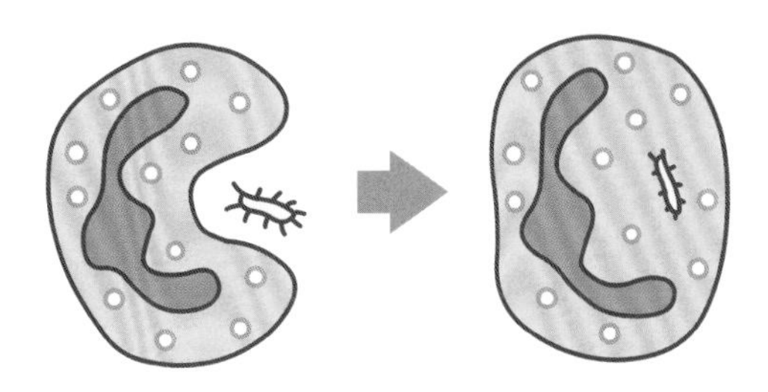

▲白血球為了吞噬細菌，會改變形狀，將細菌包覆起來。

延伸問題 預防針有哪些種類呢？

回答 有分成一生一回及每年接種等各種各樣。

●孩童接種的代表性疫苗有BCG（預防肺結核）、小兒麻痺（預防小兒麻痹）、三合一（預防白喉、破傷風、百日咳）、麻疹、風疹、流行性腮腺炎、水痘、日本腦炎等等。

●流行性感冒病毒不斷有新型出現，先前注射的抗體對新型流感病毒無效，因此必須每年接受預防接種。

得過一次麻疹後就不會再得，是因為體內已生成麻疹的抗體。

雖然打針會痛，但托預防接種的福，不會罹患嚴重的病。

血型為什麼有四種呢？

回答 以血液中蛋白質的種類區分。

●血液中有很多蛋白質，依種類而定可分為幾種血型。具代表性的有ABO血型類型，也就是A型、B型、O型及AB型。
這四種類型如右表所示，由A與B與O三個基因的組合來決定。

●血型由遺傳自雙親的基因決定。雙親為A型（AO）與B型（BO）時，如右圖所示，由於雙親都有O的基因，有可能會生出O型的孩子。

●血型和基因的組合

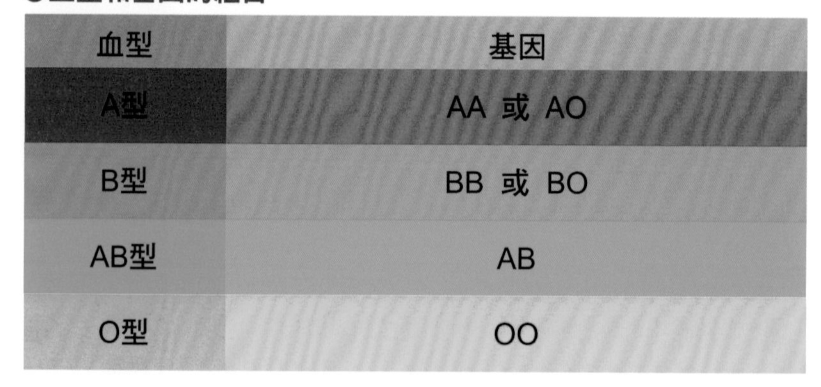

血型	基因
A型	AA 或 AO
B型	BB 或 BO
AB型	AB
O型	OO

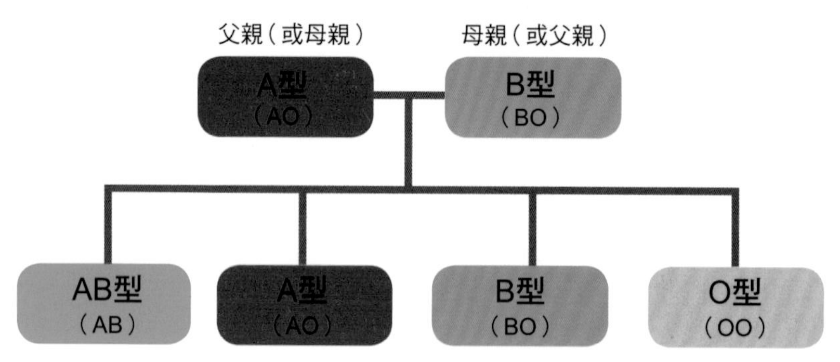

▲ 以A型的父親（或母親）與B型的母親（或父親）為例，依遺傳的基因的組合，出生的小孩四種血型都有可能。

延伸問題 為什麼要檢查血液類型呢？

回答 因為血型不合就無法進行輸血。

●由於受傷或手術失去大量血液，造成生命的危險時，需要其他人的血液注入體內加以補充，這就叫作「輸血」。
輸血時，若輸入不同血型的血液會凝固，必須輸入相同血型才行。
因此，有必要先了解自己是什麼血型。此外，對有需要的人進行輸血時，應按各個患者的血型進行輸血。

●日本人的 ABO 血型比例

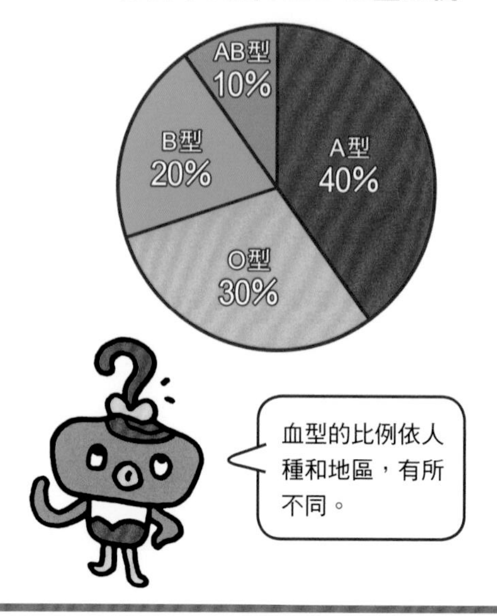

流血時，為什會自然止血呢？

回答 血小板發揮作用，堵住傷口。

●血中含有非常小的血小板，每滴血有大約25萬個。受傷而流血時，血小板會集合血漿和紅血球的力量，將血凝固，堵住傷口，使血液無法流向體外。

●當血凝結時，會形成結痂。結痂是止住傷口的褐色皮。當傷口治癒時，結痂會自然脫落。

●此外，比血小板還大的白血球，會在血管中改變自身的形狀移動。當身體受傷時，白血球會吞噬在傷口附近聚集的病毒和細菌，避免身體產生感染。白血球吞噬的病毒和細菌，會運送到肝臟消滅掉。
白血球沒有顏色，在每一滴血中，約有五千到一萬個白血球。

血管
讓血流動的管。
血小板
形成結痂，讓血
無法再流出。
紅血球
將氧氣運送至身體，
並回收二氧化碳。
白血球
吞噬病毒和細菌，
預防感染。

延伸問題 血液為什麼是紅色的呢？

回答 因為富含被稱為血紅蛋白的紅色物質。

●血液一半以上由被稱為血漿的液體構成，其餘為紅血球、白血球、血小板等小小的細胞。

●紅血球為兩面的正中央有凹陷的圓盤型，一滴血中約有五百萬的紅血球。而紅血球中含有血紅素，讓血呈現紅色。

●血紅素將來自肺部的氧氣帶入紅血球中，是具備重要機能的細胞。

為什麼頭部會長頭髮呢？

回答 因為要防禦外來的刺激，保護頭髮免於受到傷害。

●我們的頭部裡面有大腦，負責向身體下達各種命令，是相當重要的部位。

當頭部受到撞擊時，頭髮扮演緩衝墊的角色，可以減緩撞擊力道。而且，在炎熱時可以防熱，寒冷時可以保暖。

頭部就算出汗，頭髮也能吸收水分，快速蒸發，睫毛也可防止汗滴入眼睛。

此外，在身體中的毒素也能鎖在頭髮中，排到體外去。

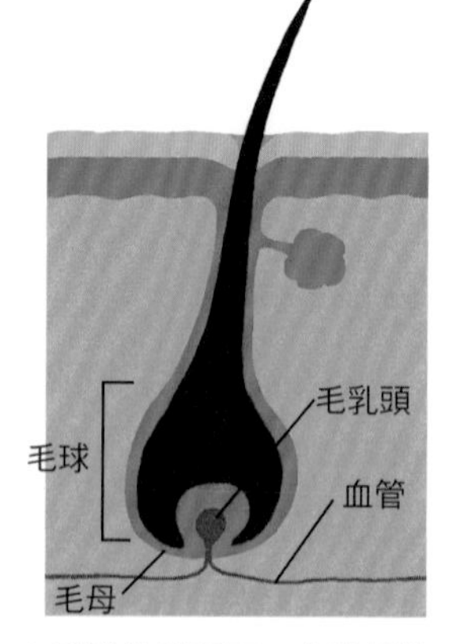

▲毛髮的橫剖面，由髮根的毛球製造頭髮，不斷生長。

除了頭髮以外，在皮膚上，除手掌、腳底、嘴唇等處以外，幾乎全身都有毛髮。

延伸問題 為什麼頭髮會變長呢？

回答 髮根的毛球會製造新的頭髮，舊的往外推擠。

●頭髮是皮膚的角質變形而產生的。毛髮在皮膚上生長的部位稱作髮根，髮根隆起的部位叫作毛球。毛球會製造新的頭髮，依序往上推擠，因此，頭髮就越來越長。

●頭髮一天約會變長0.2至0.5mm。生長的速度在氣溫較高的夏天會加速，在寒冷的冬天會變慢。

●有一根毛髮掉落時，而其他毛髮都還在生長，由於各自成長周期不同，不會一次全部掉光。日本人的頭髮量平均約為10萬根。每天大概會掉50至100根，接下來再生新髮。

●頭髮的橫剖面，從生長期到脫髮期。

生長期

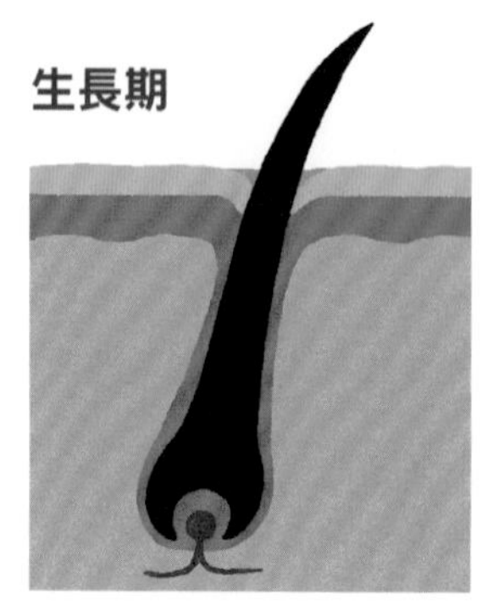

毛母細胞一個個分裂，持續成長（2至6年）。

衰退期

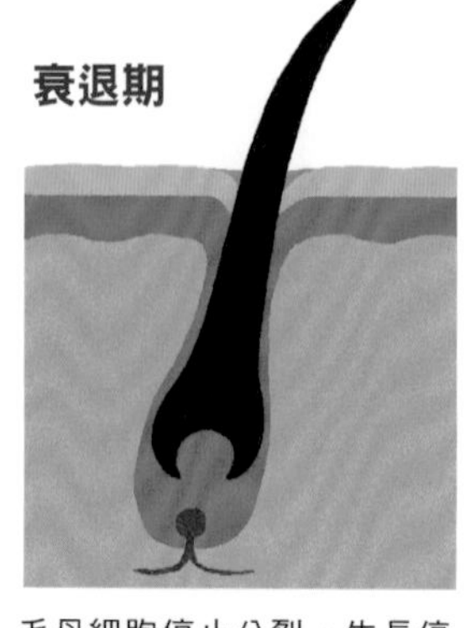

毛母細胞停止分裂，生長停止。（2至3週）。

休止期

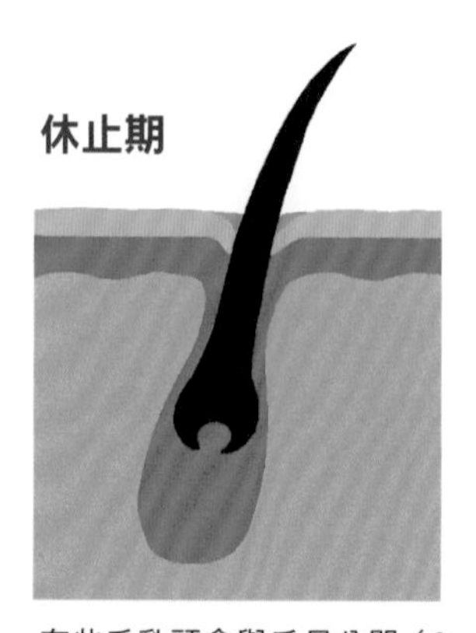

有些毛乳頭會與毛母分開（3至4個月）。

脫髮期

毛髮脫落。約在4到6個月以後，新毛髮會從皮膚表面長出。

為什麼會打嗝呢？

回答 因為橫隔膜發生痙攣，使空氣比平常時更快吸入。

●我們進行呼吸時，有一個相當重要的器官，就是肺下方的橫隔膜。所謂橫隔膜就是區隔胸部和腹部的肌肉。

一旦深呼吸，胸部就會膨脹。此時體內的肺也會膨脹。以肺吸氣時，橫隔膜會收縮往下拉，使肺部能夠膨脹。吐氣時，橫隔膜會放鬆往上升，使肺部收縮。

在吸氣吐氣之間，橫隔膜會忽上忽下，肺部則反覆膨脹與收縮。

●平日進行規律運作的橫隔膜，有時會因為某些原因引起痙攣。當發生痙攣的瞬間如果正在吸氣，空氣會比平日更快速吸入，喉嚨的聲帶會閉合起來，試圖停止空氣的流入，此時會發出「嗝」的打嗝音。

當喉嚨有食物噎住，或吃太熱太冰的食物會引起刺激，造成打嗝。

動手作作看！ 打嗝時，要怎麼停止呢？

有很多停止打嗝的方法，打嗝時，請試試看吧！

●捏著鼻子，喝下冰水

▲暫停呼吸，專心在喝水上，使橫隔膜的痙攣緩和下來。

●深呼吸

▲當吸入空氣的速度變慢時，橫隔膜的痙攣也會緩和下來。

●被嚇一跳

▲被嚇到時，呼吸會停止一瞬間，此時橫隔膜的痙攣也會停止。

效果會依人而異。

為什麼會有蛀牙呢？

回答 食物的殘渣上有蛀牙菌，逐漸溶解牙齒。

●蛀牙菌會慢慢溶解牙齒，形成蛀牙。蛀牙菌會在有食物殘渣時，分解其中的糖分，讓菜渣變成酸性物質。牙齒外側的珐瑯質是由鈣等成分形成，非常地堅硬，但是遇酸可能會溶解。

●珐瑯質內側有象牙質這個較柔軟的組織。蛀牙如果越來越嚴重，牙齒外側的珐瑯質會溶解，使象牙質露出，並進一步溶解，牙齒會蛀得看不出原型。

●吃進含砂糖的食物後，如果就這樣殘留在口中，容易蛀牙。在吃點心和用餐之後，最好刷牙漱口，將口中的食物的殘渣去除。

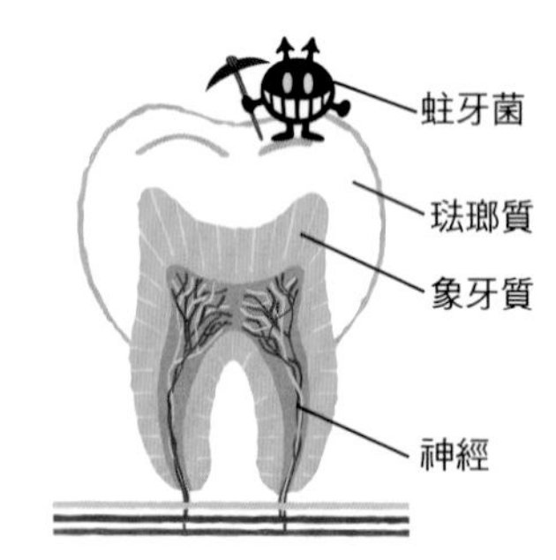

▲食物的殘渣堆積於牙齒。

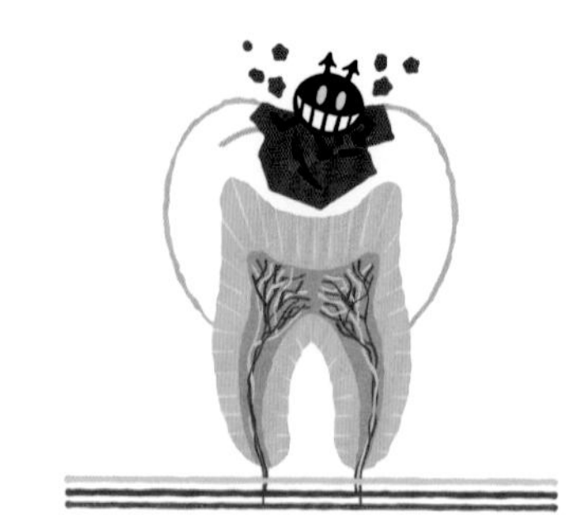
▲蛀牙菌將食物殘渣分解，變成酸性物質，溶解珐瑯質。

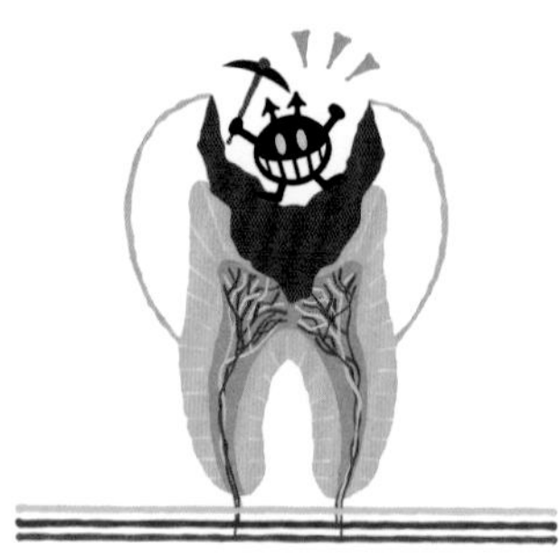
▲牙齒溶解至象牙質層，蛀牙若更加嚴重，會刺激神經，光是碰到水就感到疼痛。

延伸問題 為什麼會換牙呢？

回答 為了取得平衡，牙齒會配合下顎發育的尺寸。

●人類的嬰兒從出生起到六至八個月為止，會長出上排和下排門牙，也叫作乳牙。乳牙各在上下排約各有十顆，全部共二十顆，大約到三歲會長完。已經長好的乳牙就不會再長大。

●不過，到了五、六歲時，下顎會開始發育，原本的乳牙就顯得太小，無法維持平衡。因此乳牙會脫落，長出恆齒，恆齒的數量則因人而定。

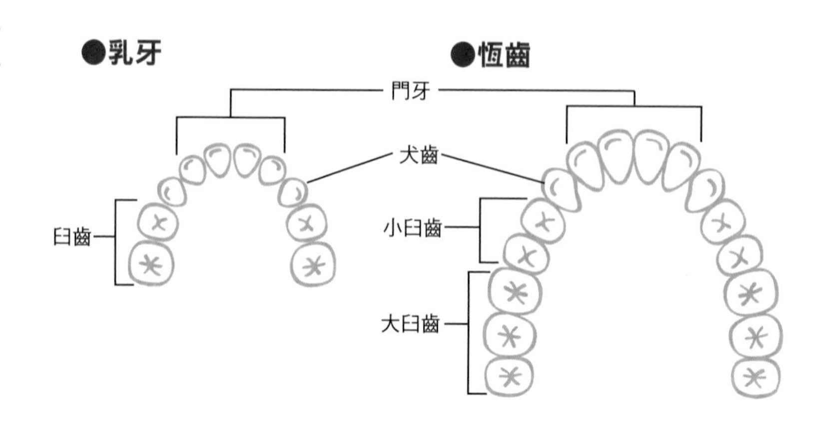

指甲根部的白色部分是什麼呢？

回答 那是新長出來的指甲。

●指甲的白色根部處，是新生成的指甲，叫作「甲弧影」。由於形狀相似，又被俗稱為月牙。
皮膚包覆著的部分也有指甲，隱藏在皮膚下的指甲又稱為「甲母基」。
新指甲會從甲母基形成，朝著指尖，將舊指甲往外推，每天慢慢生長，一個月大約多長3公釐，所以三個月到半年後指尖的指甲就會全部換新。

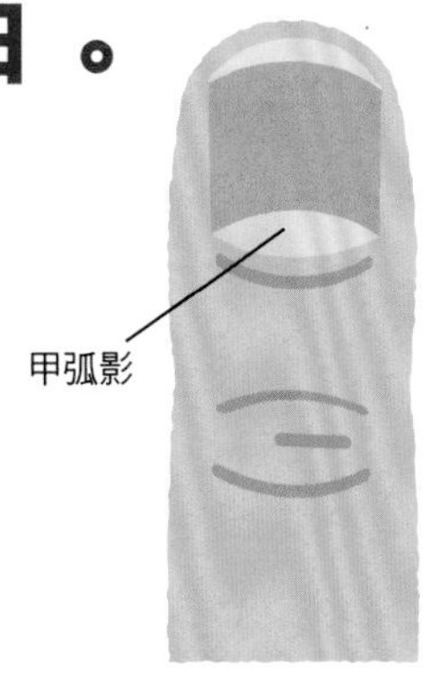

▲「甲弧影」為新生成的指甲。

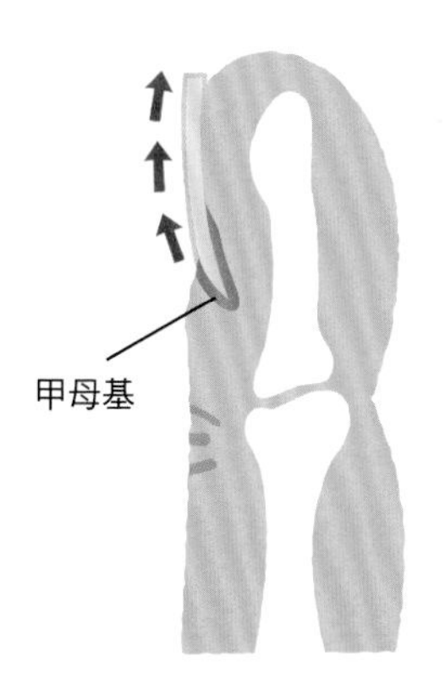

▲可以生成新指甲的部位稱為「甲母基」。指甲會從根部朝著指尖長出。

指甲也會不斷長出新的呢！

堅硬的指甲具備保護柔軟指尖的作用。

延伸問題 為什麼剪指甲時不會痛呢？

回答 因為指甲沒有神經和血管。

●指甲和毛髮相同，都是由皮膚表面的角質層變化而來的，原本是皮膚的一部分。

●皮膚的角質層上，沒有血管和神經。相同地，指甲上也沒有血管和神經。
因此，就算剪指甲也不會流血，更不會感到疼痛。

馬的蹄是由指甲（爪子）演化而成

馬的蹄是由爪子演化而來的。

有堅硬的蹄保護腳尖的馬，就像人類跑步時一樣，平日是在腳跟抬起的狀態下站立。

是為了面對肉食動物攻擊時，可以迅速逃跑才進化成如此形狀的吧！

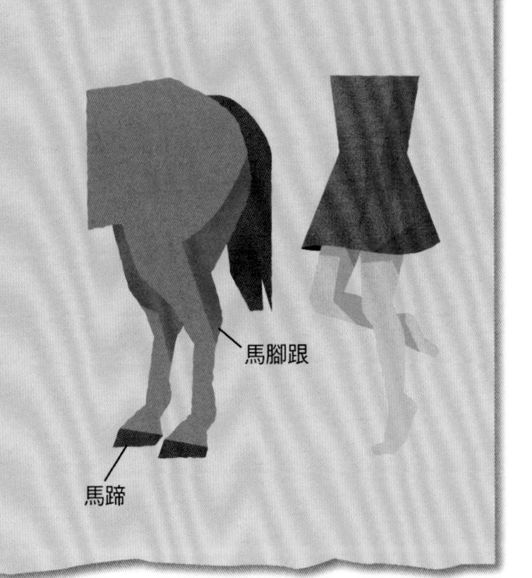

為什麼看到酸的食物就會流口水呢？

回答 因為想起以前的經驗，大腦就自然產生反應。

- 唾液除了來自分布於左右耳的耳下腺、顎下腺、舌下腺共六條大唾液腺之外，在舌頭及兩頰的內側也有許多小的唾液腺分布。
- 當看到檸檬或酸梅等酸味的食物，或即使只有在腦海中想像，口中也會有唾液分泌。
  這是因為我們有很多次進食酸味食物的經驗，對於酸的東西，大腦會快速下達命令「很酸哦！請分泌唾液！」。
- 像這樣反覆經歷相同經驗後，大腦就會自然反應，這稱為「條件反射」。

▲當看到酸酸的食物，大腦會命令「分泌唾液！」

當沒有食欲時，吃酸的東西會分泌唾液，自然就有食欲。

延伸問題 唾液有什麼樣的功能呢？

回答 幫助食物消化，清潔口腔內部。

- 唾液具備幫助食物消化的作用。如果沒有唾液，無法使送入口中的食物變得柔軟，也無法好好吞嚥。
  再者，唾液也有醍味作用，讓食物變得好吃，並具備降低食物添加物所含致癌物質毒性的功能。
- 而且，唾液也有預防蛀牙菌及病毒等，清潔口腔內部的功能。好好咀嚼食物，分泌大量唾液，也有預防蛀牙和感冒等作用。
- 此外，唾液也能使口腔保持濕潤，不會乾燥。一旦口乾舌燥，也無法好好說話。

一個人每天分泌的唾液竟有1至1.5公升。也就是說，足足有一瓶1公升保特瓶的容量！

轉圈圈時，為什麼會頭昏眼花呢？

回答 半規管傳達的訊息，讓大腦感到混亂。

還在轉圈圈！

- 當身體在轉圈圈時，耳朵深處的半規管，會有淋巴液流動，傳送訊息至腦部中。人的大腦以此訊息作為依據，維持身體的平衡。
- 結束轉圈圈後，身體停頓下來，但半規管中的淋巴液不會立刻停頓下來，而是持續流動。
  停止轉圈後，半規管仍會傳達「身體還在轉動」的訊息，頭腦感到混亂，無法維持平衡，而感到頭暈目眩。

半規管的結構請詳見第 90 頁。

延伸問題 芭蕾舞者為何不會頭昏眼花呢？

回答 轉圈時儘量不讓視線跟著轉動。

- 芭蕾舞演員及花式溜冰選手轉圈時，不會轉動視線，以免頭昏而搖搖晃晃，這背後是有訣竅的。
- 轉圈時頭會跟著上下左右轉動，半規管裡的淋巴液一混亂，馬上就會感到頭暈，因此重點在於儘可能讓淋巴液的搖晃程度減少。
  為了作到這點，轉圈時將視線專注於一個點上，讓頭部的位置固定。
  以慢動作看電視上芭蕾舞者的影像，她們會儘量集中注視個一點，頭部不會和身體同時轉圈，很明顯地，頭部會稍晚才開始轉，再迅速回到原本位置。

人一天會呼吸多少次呢？

回答 約兩萬八千八百次。

●以小學生而言，一般一天會呼吸兩萬八千八百次左右。

進行呼吸時，是從鼻子及口部將吸入的空氣，通過支氣管，傳送到胸腔的左右肺。

●肺部會自空氣吸入氧氣，送到血管，運送至全身細胞。並接收體內不需要的二氧化碳，排至體外。

●肺沒有肌肉，無法像心臟一樣自行擴張與收縮。因此肺是藉由周遭的肌肉，也就是橫隔膜及肋間肌的伸縮，讓肺部擴張和收縮，以進行呼吸。

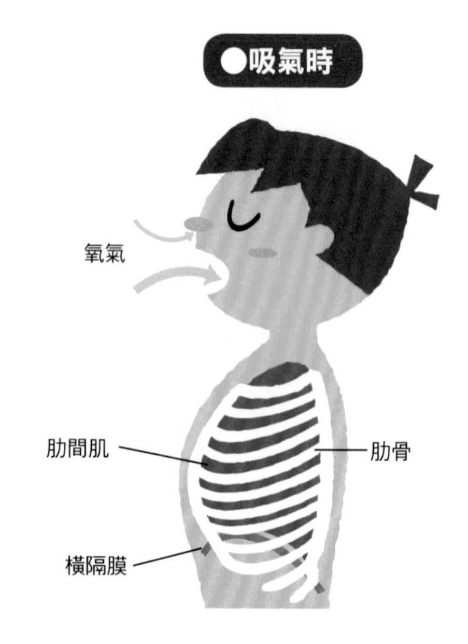

▲肋間肌會收縮，橫隔膜會下降，讓肺部膨脹，吸入氧氣。

延伸問題 為什麼一定要呼吸呢？

回答 不呼吸會死翹翹哦！

●人體中有製造能量的構造，但作為材料的氧氣，自身無法製造。

因此藉由不斷呼吸，將空氣中的氧氣吸入體內，形成身體的動能。

●運動時有時會上氣不接下氣，氣喘如牛吧！這是因為大量使用身體的動能，必須增加呼吸的次數，將全部的氧氣傳送至全身細胞。

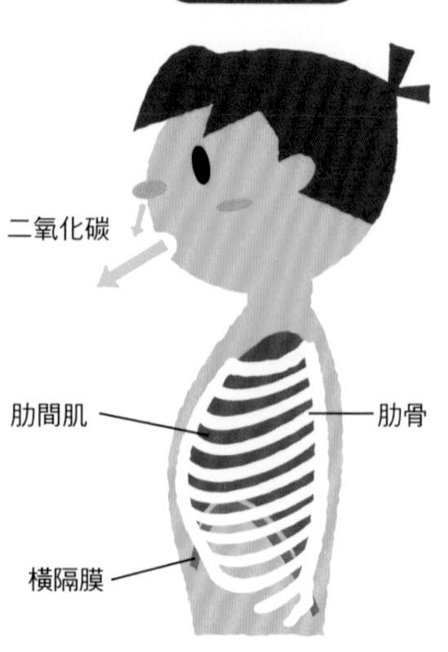

▲肋間肌會放鬆，橫隔膜會上升，讓肺收縮，排出二氧化碳。

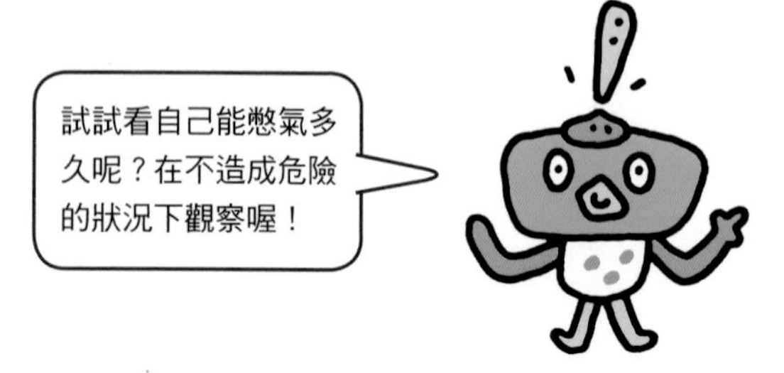

試試看自己能憋氣多久呢？在不造成危險的狀況下觀察喔！

自己搔癢也不覺得癢是為什麼呢？

回答 大腦知道會在哪裡被騷癢，以及會怎麼被騷癢。

●被其他人搔癢時，會被如何搔癢，大腦是無法預測的。自行替自己搔癢，大腦會預先得知，因此不會覺得癢。

●人們容易被搔癢的部位，是被稱為動脈的血管所分布的地方。
如耳朵附近、脖子、胳肢窩、手背、大腿根部、膝蓋內側、腳背及腳掌等。

●以上這些部位，血液循環良好，一旦受傷會大量出血，為了避免危險，對輕微的刺激反應也很敏銳。

●容易被搔癢的部位

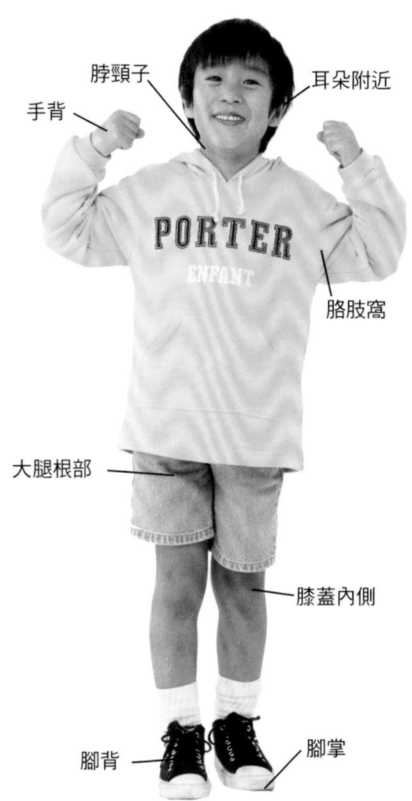

實驗看看！ 與家人和朋友搔癢看看！

作法

①首先搔自己的癢，記住那感覺。

②接下來，試著互相搔癢。

●自己搔癢和被別人搔癢有什麼差別呢？

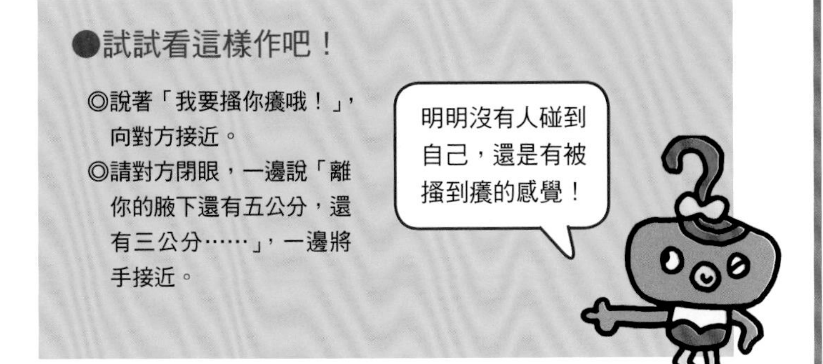

●試試看這樣作吧！
◎說著「我要搔你癢哦！」，向對方接近。
◎請對方閉眼，一邊說「離你的腋下還有五公分，還有三公分……」，一邊將手接近。
明明沒有人碰到自己，還是有被搔到癢的感覺！

為什麼要洗澡呢？

回答 為了將附著於身體的髒污，以及身體產生的老廢物質去除。

●身體的污垢、頭部的頭皮屑，是老廢皮膚碎屑，與身體的汗水、油脂、空氣中的灰塵等結合所產生的。

我們的皮膚一直都在產生新細胞，為了將不需要的東西排出體外，應該保持清潔。

●泡澡、清洗頭部、臉部及身體，對於皮膚的再生來說是相當重要的。

如果幾天沒有洗澡，皮膚表面會有污垢阻塞，妨礙新毛髮和皮膚的新生，細菌容易滋生，也容易生病。

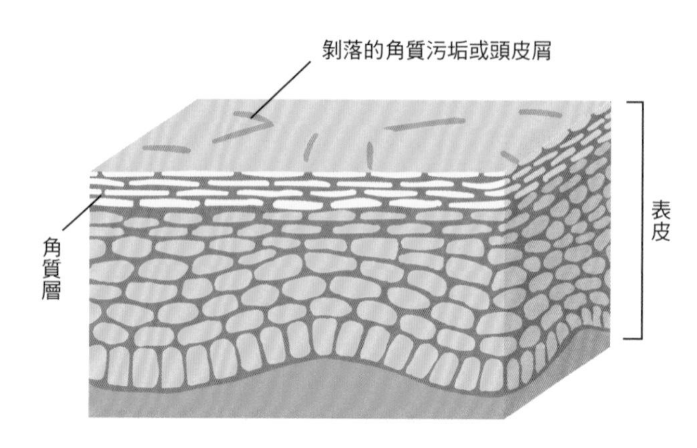

▲皮膚的細胞一直都在更新中，老廢角質會被擠出，變成污垢或頭皮屑後掉落。

調查身體產生的老廢物質吧！

除了污垢和頭皮屑，還會從身體排除很多老廢物質，到底有哪些呢？

小便	去除血液中不需要的物質。小便的95%是水分。
大便	食物殘留的渣滓、水分，老舊的腸壁細胞，大腸中的細菌殘骸。
耳垢	進入耳朵的灰塵及耳中皮膚的老舊細胞混合而成。
鼻水	鼻子的分泌物，能將花粉、病毒等排出。
鼻屎	鼻水和灰塵混合在一起，在鼻中產生塊狀。
痰	將與呼吸一起吸入身體的塵埃、病毒及細菌去除。

將身體不需要的廢物除去，也把對身體不利的物質排出。

右撇子或左撇子是天生的嗎？

回答 基本上是天生的，但也有隨環境而產生變化的情況。

●以超音波影像觀察在母親肚子裡的嬰兒，由吮手指的手，就能判斷嬰兒是右撇子或是左撇子。
出生後的環境也可能改變慣用手，似乎大部分的孩童，最晚能在四至五歲前改變慣用手。

●使用右手時，是由左腦控制手的動作，使用左手時，則由右腦控制。
右撇子的人幾乎都以左腦掌管語言，而進行直覺判斷時使用右腦，以這樣的方式使用左右腦。
左撇子的人之中大約有二成由右腦掌管語言。
右撇子和左撇子的人，使用大腦的方式不同。

●從正上方觀察的大腦

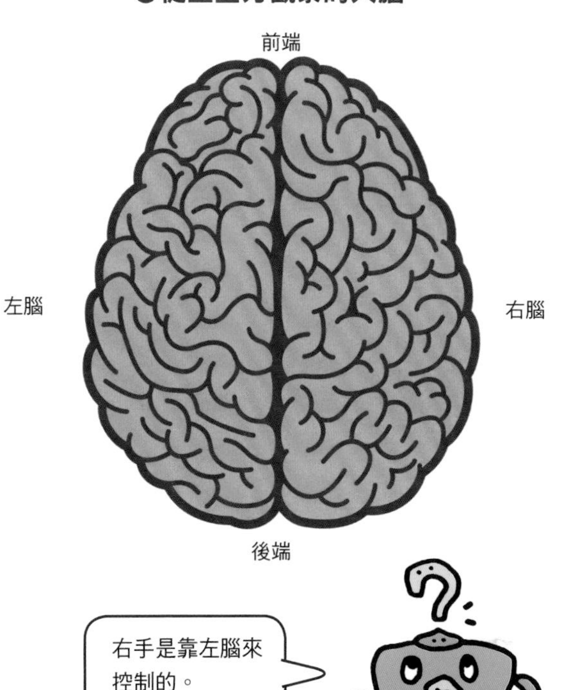

右手是靠左腦來控制的。

動手作作看！ 慣用手其實是？左右撇子判定測驗

右撇子和左撇子有可能會在出生後，受環境而改變。回答以下問題，來判斷一下你原本是右撇子還是左撇子吧！

測驗方法

使用右手的情況請打○，使用左手的情況請打×，使用兩手請打△。

①使用橡皮擦	（　）
②點蠟燭	（　）
③使用剪刀	（　）
④釘圖釘	（　）
⑤使用刀子	（　）
⑥以螺絲起子鎖螺絲	（　）
⑦以鎯頭敲釘子	（　）
⑧塗護唇膏	（　）
⑨刷牙	（　）
⑩丟球	（　）
打○的總共有	（　）個

結果

打○的有8個以上就是右撇子，3到7個是兩手兼用，而×有4個以上就稱為左撇子。

人如果沒有水就不能活下去嗎？

回答 人每天需要3公升的水。

●成人的身體約有60%，孩童的身體約有70%由水分構成。如果無法攝取水分，身體中的水平衡就會失調，無法存活下去。

●成人每天需要透過食物和飲料，攝取3公升的水。一天則至少需要1.5公升的水，才能存活。

計算看看身體中的含水量吧！

（若為兒童）

（自身體重）×7÷10 ＝身體含水量

範例

假設體重為 30 公斤：

30×7÷10=21kg

身體含水量重達約 21 公斤

體重的三分之二都是水分。順帶一提，水母的身體竟然有95%都是水分，幾乎完全由水組成呢！

覺得口渴，就是身體發出水分攝取不足的警告。

延伸問題 體液有什麼功能呢？

回答 有助於構成身體的細胞活動。

●身體中的水分稱為「體液」。體液中有身體所需的營養等物質，流通全身上下。血管中的血也是一種體液。

我們的身體大約有60兆個細胞，細胞和細胞之間透過體液得以交換物質。細胞攝取體液中營養素，並將廢物排除體外。

細胞之所以能生存，就是因為有體液存在。

●細胞的構成

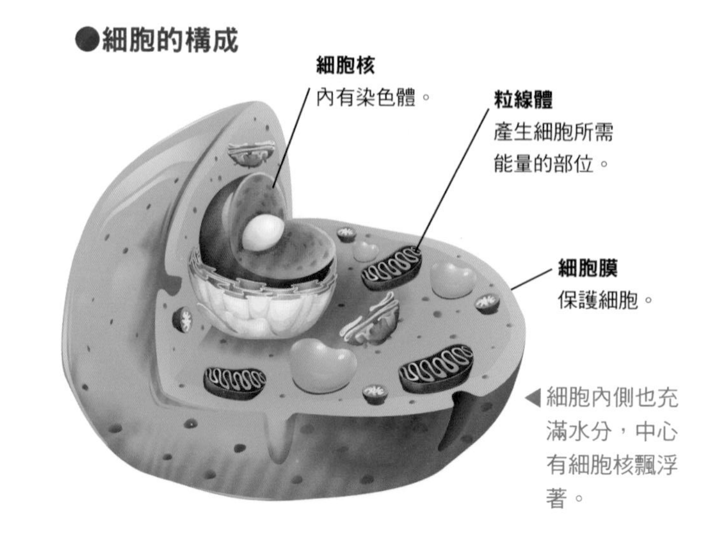

◀細胞內側也充滿水分，中心有細胞核飄浮著。

為什麼不吃東西就不能存活呢？

回答 人類從吃下去的食物取得營養才能活動。

●我們的身體是從所攝取的食物，取得需要的營養。身體將營養轉換成能源，便能運作。
即使身體不動或睡覺時，心臟、肺等內臟還是不停地在運作，需要消耗能量。
因此，不進食是無法生存下去的。

●我們為了生存下去所需的營養素約有45到50種。
其中，最重要的可分成五大類，又稱為五大營養素。
構成身體組織的重要營養素可分成「蛋白質」，和使身體運作的「醣類（碳水化合物）以及「脂質」等。

●五大營養素

營養素	主要作用	含量多的食品
醣類（碳水化合物）	產生體溫和力量。	米飯、麵包、麵條、根莖類和砂糖等。
脂質	身體運作能量來源。	奶油、乳瑪琳、油、美奶滋，肥肉等。
蛋白質	製造血液、肌肉等。	肉、魚、蛋、大豆製品（納豆、豆腐等）。
維他命	調節身體機能，有助於維持健康。	蔬菜、水果、肝臟等。
礦物質	構成牙齒和骨骼等部位，有助於成長，並能調節身體機能。	海藻類、牛乳、乳製品（優格、起司等）、小魚、貝殼等。

？小測驗

這些食物可以攝取到什麼營養素呢？

以下的食物，可以攝取到比較多上表五大營養素當中的哪一種營養素呢？

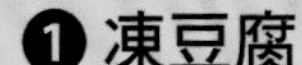

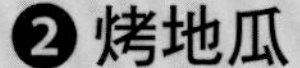
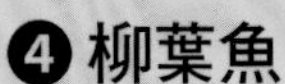
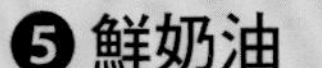

❶ 凍豆腐　❷ 烤地瓜　❸ 紫蘇　❹ 柳葉魚　❺ 鮮奶油

為什麼會放屁呢？

回答 與食物一起吞嚥下去的空氣，與腸道中產生的氣體，排出體外就是放屁。

●與食物一起吞嚥下去的空氣，以及食物被送到腸道再次進行消化時，所產生的氣體，排出體外就是放屁。
與食物一起吞嚥下去的空氣，也可能會以打嗝的方式從嘴排出，但也有可能繼續在體內流動，而未從嘴巴排出的氣體，幾乎都會送往腸道。
送往腸道的空氣與腸內產生的氣體混雜一起，會從屁股排出，稱作放屁。放屁會臭是因為蛋白質分解時會產生有味道的氮氣。

●若過度忍耐不放屁，有可能會因為氣體積存，使腹部腫脹疼痛。或者會被大腸壁吸收，進入血管，循環全身，造成身體的不良影響。
為了儘量不要放屁，進食時不要吸入多餘的空氣即可。當口中有食物時不說話，吃飯不要過快，請細嚼慢嚥地進食吧！

▲從嘴巴排出就是打嗝，從屁股排出就是放屁。

放屁時，想想看自己吃了什麼吧！

觀察看看！ 吃的東西會影響放屁嗎？

屁的味道和吃的食物有關。

●吃過量的肉類等蛋白質

▲會放臭屁。

●吃番薯及牛蒡等高纖維食物

▲放屁的次數會增加，但不怎麼臭。

每個人的指紋都不同嗎？

回答 這世上沒有兩枚完全相同的指紋。

●手指尖端的指紋紋路，大致可分為旋渦型、水流型（蹄型），及弓型三種。
然而，雖看起來很像，人人的指紋都不同，世界上沒有兩個指紋完全相同的人，所以指紋能運用於搜查犯罪。
約50％的日本人指紋為旋渦型，約40％為水流型，剩下的10％為弓型。

●指紋是皮膚表面出汗口的隆起形狀，在握東西或以手指壓住物品時，有止滑作用。

●不是只有人類有指紋，黑猩猩及紅毛猩猩等猿猴類，以及老鼠和無尾熊等動物也有指紋。

●旋渦型

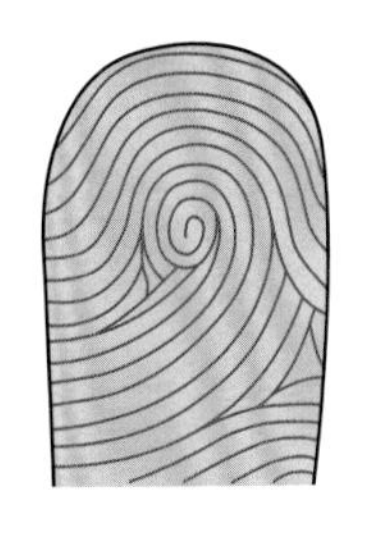

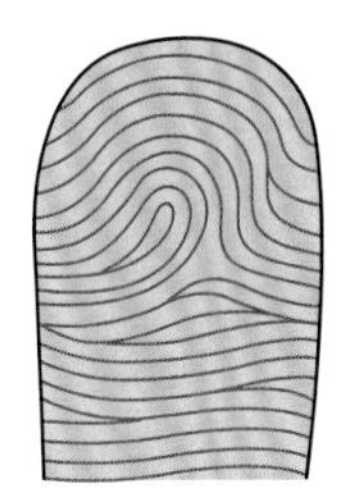

●弓型

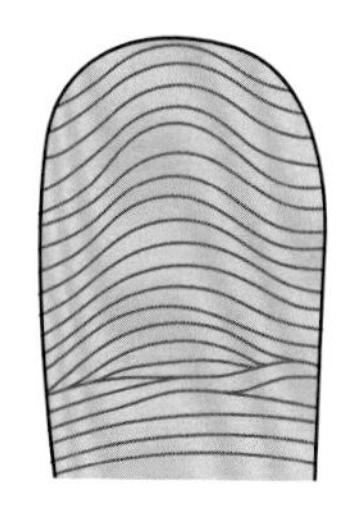

指紋從孩童時代開始，隨著成長只是放大，即使長大成人後紋路也不會改變。

動手作作看！ 觀察自己的指紋吧！

用家裡就有的東西來觀察指紋的形狀！

準備用品

朱色印泥（油墨）、白紙、放大鏡。

製作方法

①用手指沾朱色印泥，在白紙上蓋印。
②以放大鏡觀察各個手指指紋的種類和形狀。
③除了手指，也觀察看看腳趾的指紋吧！

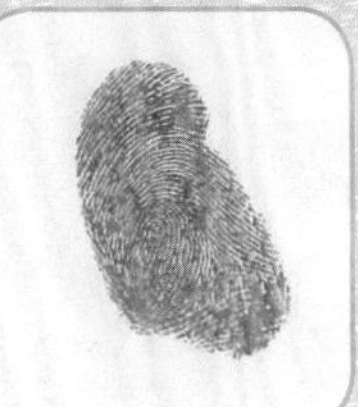

◀大姆指的指紋。其他各種的指紋也試印看看！

為什麼一定要吃蔬菜呢？

回答 因為要攝取身體所需的營養。

●人類為了要生存下去，必須攝取各種營養。
特別是身體成長期中，除了吃喜歡的食物，從各種食物中獲取所含的營養以取得平衡，是相當重要的。

●蔬菜富含調節身體健康的各種維他命。
除了營養以外，也含有身體必要的水分，並富含食物纖維，可以幫助清潔腸道，使身體不要的廢物以糞便方式排出。

●蔬菜中含有綠黃色蔬菜和淡色蔬菜。不同的蔬菜，富含的維他命種類和含量也不同，每天進食各種蔬菜，對身體有重要的益處。

●黃綠色蔬菜（深色蔬菜）

▲花椰菜、青椒、南瓜、菠菜、番茄等。

●淡色蔬菜（淺色蔬菜）

▲白菜、白蘿蔔、洋蔥、白色花椰菜、豆芽菜等。

一次用餐中建議的蔬菜量，以生菜而言約兩手滿滿一大份。

蔬菜攝取不足時，容易會感到焦躁，皮膚也會乾燥。

五大營養素在第117頁有介紹哦！

延伸問題 維他命是什麼呢？

回答 生存所需的重要五大營養素其中之一。

●蔬菜當中含量最多的維他命，是於生存特別重要的五大營養素之一。有著使眼睛及鼻子等黏膜保持濕潤，提升免疫力，使身體不容易生病等等各種功能，是維持健康不可或缺的食物。

●維他命的種類

種類	主要作用	含量多的食品
維他命A	使皮膚及黏膜強健	番茄、紅蘿蔔、南瓜
維他命B_1	將碳水化合物轉換為能量	碗豆、花椰菜、蘆筍等
維他命B_2	保持皮膚和頭髮健康	豬肝、鰻魚、蛋等
維他命C	使血管及骨頭變得強壯	檸檬、草莓、白菜等
維他命D	製造骨頭和牙齒	鮭魚、木耳、小沙丁魚等

為什麼人需要睡眠呢？

回答 為了讓腦部和身體休息。

●在清醒狀態時，我們的大腦和身體會很忙碌地運作著。一到夜晚就會想睡覺，是為了讓白日活動的大腦和身體休息，整理白天的記憶，讓身體細胞新陳代謝，消除疲勞。

●掌管睡眠的是大腦中心下方延伸的下視丘和腦幹。下視丘有被稱為視交叉上核的部位，當環境變黑時，會分泌誘導睡眠的物質，產生睡意。

此外，腦幹的覺醒中樞，則是有讓腦部清醒的作用。

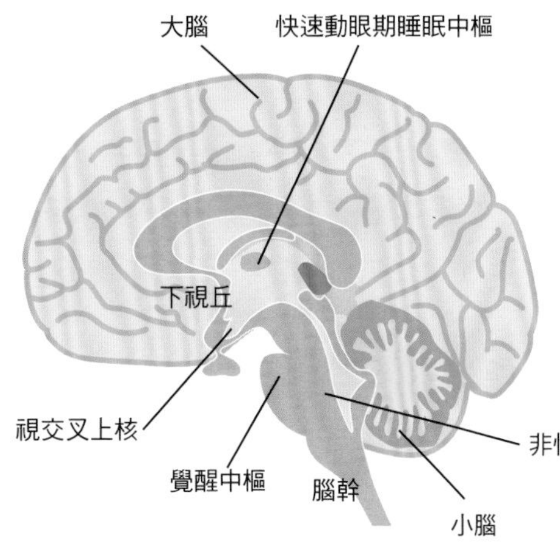

兒童在長大成人的時期當中，睡眠是相當重要的。請參考第122頁哦！

延伸問題 動物是怎麼睡覺的呢？

回答 動物的睡眠方式與人類不同。

●人們在夜間可以進行深層睡眠，但野生動物可無法如此安心入眠，因為在牠們睡覺時，有可能受到敵人的攻擊。再者，除部分肉食動物外，為了攝取十足的營養，野生動物會花許多時間進食，沒有悠閒睡眠的時間。

●因此，生物們有很多種睡眠方式。例如長頸鹿、紅鶴，會分別分成大腦右側和左側進行睡眠。當大腦一側休息時，另一側大腦還是清醒狀態，注意周遭的危險。

▲斑馬是可以站著睡的。

可以觀察看看狗兒、貓咪、倉鼠、小鳥等寵物們的睡眠方式。

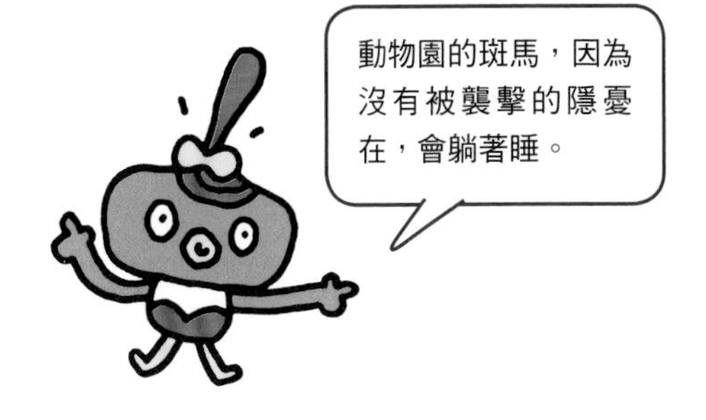

動物園的斑馬，因為沒有被襲擊的隱憂在，會躺著睡。

人為什麼會作夢呢？

回答 因為在淺眠狀態下，大腦仍會運作。

●我們大腦中的下視丘和腦幹，有非快速動眼期睡眠中樞和快速動眼期睡眠中樞兩部分，可以調整睡眠。

所謂非快速動眼期睡眠，是指大腦正處於休息狀態，進行深層睡眠中。而快速動眼期睡眠是指淺眠狀態，大腦處於活躍運作狀態下。睡覺時會將白天在醒著的狀態新吸取的知識進行整理，並記憶起來。

●作夢主要是在快速動眼期睡眠中發生的。夢是來自大腦中記憶的影像，有可能是作夢者在意的事、電視上看到的事，或以前曾到過的地方等，受到各種可能的影響。

●快速動眼期睡眠與非快速動眼期睡眠

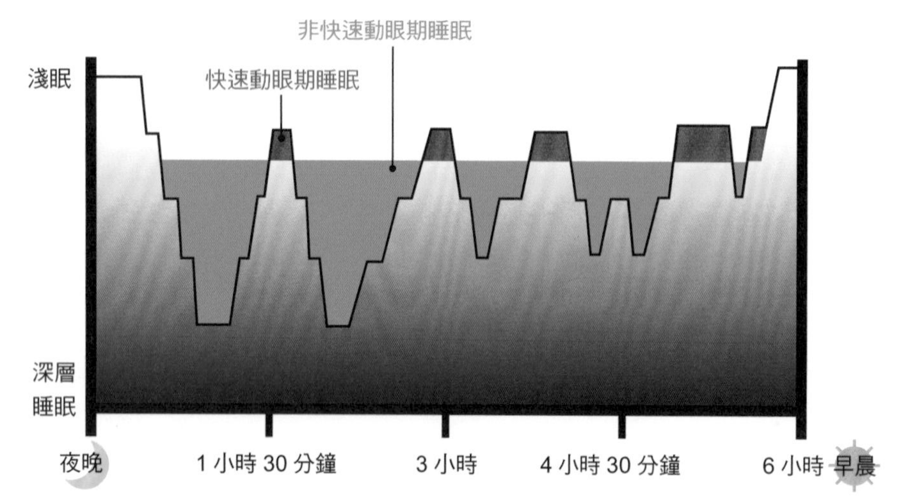

▲睡覺的時候，快速動眼期睡眠與非快速動眼期睡眠，會反覆交替運作。

如果睡了六小時，應該會作四至五次夢，但只有睡醒前的夢會記得。

延伸問題 動物也會作夢嗎？

回答 大腦發達的動物會作夢。

●狗兒和貓咪等大腦發達的動物，已被證實會作夢。

據研究顯示，狗兒和貓咪一邊睡一邊發出叫聲，或前腳激動地亂揮，就表示在作夢，是對於夢中的情境作出的反應。

在作什麼樣的夢呢？

肚子裡有細菌嗎？

回答 大腸中的細菌多達一千種以上。

●我們的腸道會將胃消化後的食物，進行第二次消化，首先由小腸吸收營養，接著大腸接收小腸送過來的黏稠殘渣，吸收水分後製造成糞便。

●大腸主要的功能在於吸收食物殘渣的水分，不過這並非大腸為一的功能。大腸中有比小腸更多的細菌，藉由細菌的協助，進行養分的吸收。

●優酪乳中的乳酸菌及雙叉乳酸桿菌，能夠調整大腸保持在健康狀態。

在腸道中的細菌種類有一千種以上，數量則有五百兆至一千兆。

因為有細菌，才能從吃下去的食物攝取養分。

◀乳酸菌在納豆、醃漬物及味噌湯中都可見到。

動手作作看！ 來製作優酪乳吧！

使用自超市買來的純優酪乳（活菌型），來製作優酪乳，試吃看看吧！

在瓶中的乳酸菌增加，變成優酪乳。

準備用品

優酪乳三大匙、牛乳一公升、橡皮圈、玻璃瓶等容器、廚房用紙巾。

製作方法

①在乾淨的玻璃瓶中倒入優酪乳後，再倒入牛奶後，均勻混合。

②為了避免灰塵跑入，以廚房紙巾蓋住，並用橡皮圈綁緊瓶口。

③在家中通風良好，且沒有日光直射的地方靜置一天（24 小時）左右。

食用方式

表面凝結成優酪乳狀後就大功告成，可以加入蜂蜜或果醬一起吃。

※ 使用玻璃瓶製作時，請先把瓶子清潔乾淨再作實驗吧！

為什麼會尿床呢？

回答 因為身體無法再囤積尿液了。

●很多人都有尿床的經驗吧！為什麼會沒有感覺就尿床了呢？
小便在腎臟中產生後，會囤積在膀胱中。當膀胱裡囤積了半滿的尿液後，大腦就會傳遞出「想上廁所」的訊息。
膀胱會隨著成長變大，孩童的膀胱還小，無法屯積太多尿液，很快就會滿出來。

●再者，晚上睡覺時身體會分泌賀爾蒙，減少尿液的產生，如果賀爾蒙無法發揮作用時，夜晚時尿液會大量增加。
與膀胱的大小也有關，加上調節尿量產生的功能失衡時，就會尿床。長大成人後，膀胱也會長大，同時身體已能順利調節小便，就不會再尿床。

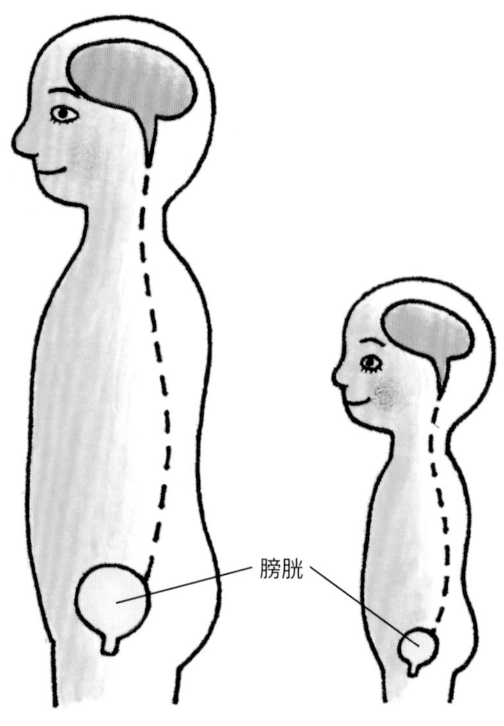

▲成人與孩童的膀胱。

為什麼男女的聲音不同呢？

回答 發出聲音的聲帶長度不同。

●聲音的高低會依人而定，但普遍而言，男性的聲音較低，而女性的聲音較高。
人的聲音是振動喉嚨深處的聲帶發出的。聲帶由二片膜形成，像吉他的弦一樣，越長就低音，越短越高音。
男性的聲帶比女性還要長，因此聲音會比較低。

●孩童時期男生和女生的聲帶長度相同，到了青春期，轉變成大人，男生的聲帶會發育變長。
另一方面，女生的聲帶也會發育，但長度變化比較小。

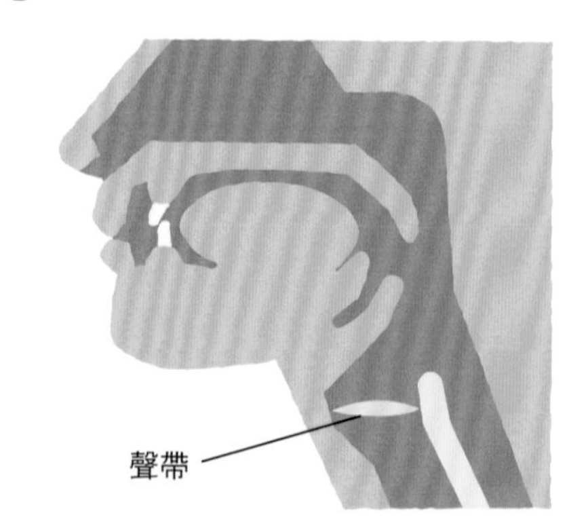

▲吸氣時聲帶會打開。

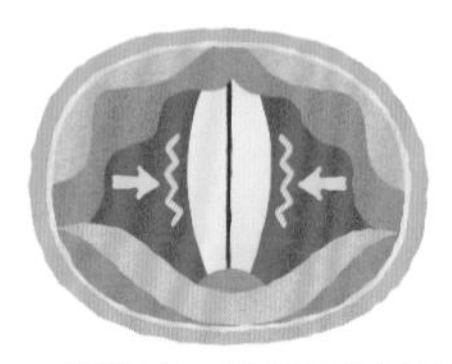

▲出聲時，聲帶需關閉。

年紀漸長後，會禿頭或長白髮是為什麼呢？

回答 因為生成頭髮或頭髮黑色素的細胞漸漸無法發揮作用。

●毛髮每天都會掉落許多，但皮膚中被稱為毛球的部位會不斷地製造新髮。毛球也會製造黑色素，讓新長的毛髮呈現黑色。

年紀漸長後，毛球製造的毛髮和黑色素會減少，新生的毛髮也會變少。因此會造成禿頭或白髮。

●至於一個人會不會禿頭或有白髮，是因人而異的。只要上了年紀大家都會有白髮，也可能會有禿頭。

雖然有人說白髮會越拔越多，但其實拔白髮並不會影響白髮增加或減少生成。只是如果亂拔，會傷到髮根，最好不要這樣做哦！

毛髮生長結構請見第106頁，而毛髮的黑色素髮色結構請見第92頁。

撞到頭後為什麼會腫起來？

回答 皮膚表面下的血管破裂、出血的緣故。

●當頭或下顎受到強力衝擊時，會腫起來。腫起來是因為皮膚底下的血管破裂，血瘀積在裡面。

頭部的皮膚底下有堅硬的骨頭，如果撞到，被外力和硬骨夾在中間的血管會破裂流血。血液無法往骨頭流動，便會將皮膚往上頂，形成腫包。

臀部及腹部等柔軟的部位，即使皮膚下的血管破裂流血，也會往內部流動，不會出現腫包。

●雖然腫了起來，破裂的血管也會自然修復，而瘀血會被吸收，一陣子後就會消失。如果長出腫包，請立刻以濕毛巾冰敷，能夠舒緩腫脹與疼痛。

皮膚下就是骨頭的脛部，撞到後也會形成腫包喔！

為何會有雞皮疙瘩呢？

回答 肌肉收縮，毛孔隆起所形成的。

●到寒冷的地方時，手臂或腳部的皮膚就會出現一粒一粒的東西，看起來像雞皮一樣，因此被稱為雞皮疙瘩。
仔細觀察雞皮疙瘩，呈現粒狀，汗毛豎起，根部也隆起。
寒冷時，汗毛根部的肌肉「立毛肌」就會收縮。如此一來，平時橫倒的汗毛會豎直，周遭的皮膚也會一併隆起。

●雞皮疙瘩有什麼作用呢？如果是全身都覆蓋毛皮的動物，當毛豎起來時，毛與毛能保有許多空氣，達到禦寒效果。不過人類因為汗毛較為稀疏，無法禦寒。
雞皮疙瘩不只會發生在寒冷時，害怕或感到毛骨悚然時也會有雞皮疙瘩出現，立毛肌無法以意志力控制，而是在緊張或感到壓力時，受到交感神經的指揮運作。

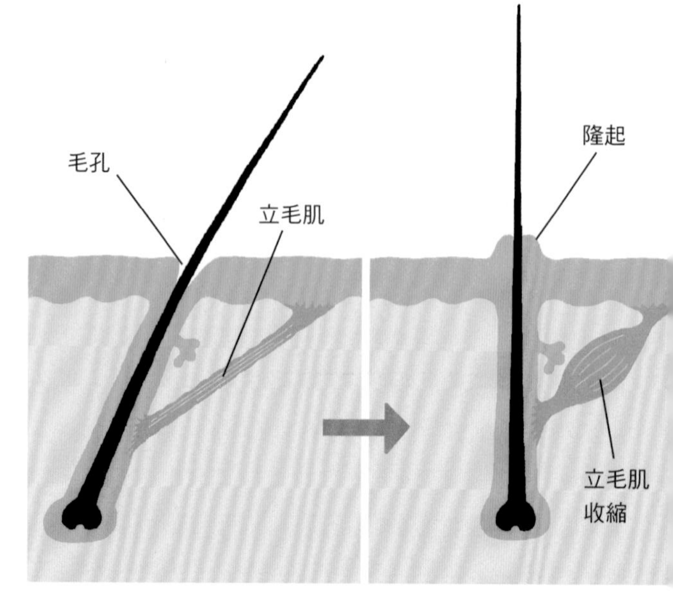

▲一般的皮膚（左圖）與起雞皮疙瘩時的皮膚（右圖）。

人類的雞皮疙瘩是
從猿人時代遺留下
來的。

為什麼會有痣出現？

回答 因黑色素聚集而呈現黑色。

●痣是影響膚色的黑色素結成一塊而成。
黑色素能抵禦太陽光中含有的紫外線，以免皮膚帶來不良影響。而黑色素因為某些原因而集中時就會形成痣。

●痣的數量因人而異。剛出生的嬰兒幾乎沒有，隨著成長會逐漸增多。痣數量也會因遺傳而有所不同，但目前機制仍不清楚。

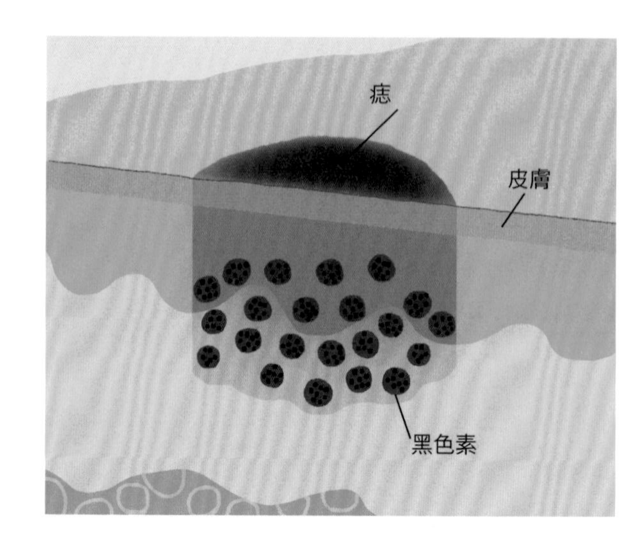

為什麼會眨眼呢？

回答 為了去除眼睛上的灰塵，讓眼淚濕潤整個眼睛。

眨眼睛主要有兩個作用。

●第一個是將附著於眼睛上面的灰塵移除。空氣中存在很多眼睛看不見的細微灰塵，常會附著於眼睛上，藉由眨眼睛這個動作，能將灰塵去除。

第二個作用是防止眼睛乾澀。眼睛的表面，有極薄的淚膜保護著眼睛。當眼睛感到乾澀時，會感到不舒服，也會導致疾病。

●我們一分鐘平均會眨20次的眼睛。換算下來一天會眨28800次左右。

雖然不必特別注意就會自動眨眼睛，但專注於看書或看電腦螢幕時，眨眼次數會減少，眼睛表面的淚水也會乾掉，使眼睛感到乾澀，也會造成視線。

眼睛感到乾澀難以轉動，是一種被稱作乾眼症的疾病。當集中精神看書和看電腦時，請記得時而讓眼睛休息一下。

大喊出聲能幫助出力是真的嗎？

回答 可能可以發揮超乎自己想像的力氣。

●常聽人說腎上腺素飆升時發揮極大力氣，人在千鈞一髮之際，似乎能做出很多平常做不到的事情。如火災發生時，平常絕對搬不動的櫃子，也能搬起來。人們在面臨危險之際，有可能出現平日無法想像的力氣，這是真的嗎？

●舉重選手在舉起啞鈴的瞬間，會大聲喊叫。透過大喊，能夠發揮出比自己原本想像更大的力氣。

人類所擁有的力氣，平時能夠發揮約70%，據研究認為是因為頭腦有煞車機制在。若是發揮百分之百的力氣，會讓肌肉和骨頭感到疼痛。有研究指出，要解除身體的煞車系統的方法就是大喊出聲。

當一邊喊著「嘿咻！」時，感覺就能抬起重物呢！

中暑是怎麼發生的呢？

回答 因天氣熱使健康狀態變差所導致。

●人們的身體會產生熱能。天氣熱時，身體會出汗降低溫度，以調節體溫。
然而，如果這樣的調節機制不能發揮作用時，熱能會累積在身體裡，使體溫過高。同時如果流汗過多，身體中的水分及鹽分會不足。如此一來，會造成暈眩、頭痛及痙攣等各種症狀，嚴重時可能會導致死亡。

●在天氣炎熱時，如果從事戶外運動，為了避免中暑，必須注意身體狀況。應不時補充水分及鹽分，適當地休息，不要勉強自己。不只是室外，室內也有中暑的危險。可以使用冷氣機等方法，避免室內溫度過於悶熱。

●防止中暑的方式

為什麼曬太陽皮膚會變黑呢？

回答 當身體被太陽光照射到時，黑色素就會增加。

●太陽光是由各種顏色的光混合，看起來像是透明的光，其中包括眼睛看不到的紫外線。一旦接收太多紫外線，會對人體產生不良影響。
然而我們的身體有黑色素，能夠吸收紫外線。黑色素一旦受到太陽光照射就會增加，日光變弱，黑色素也會漸漸減少。受到日曬時，身體會變黑，就是因為黑色素增加。

●曬太陽不只會變黑，嚴重時也會水腫或脫皮。
曬傷就和燙傷一樣，以濕毛巾等物品降溫吧！此外，長時間受到太陽光的照射時，記得要塗抹防曬乳、戴帽子，以免被曬傷。

●每月紫外線量

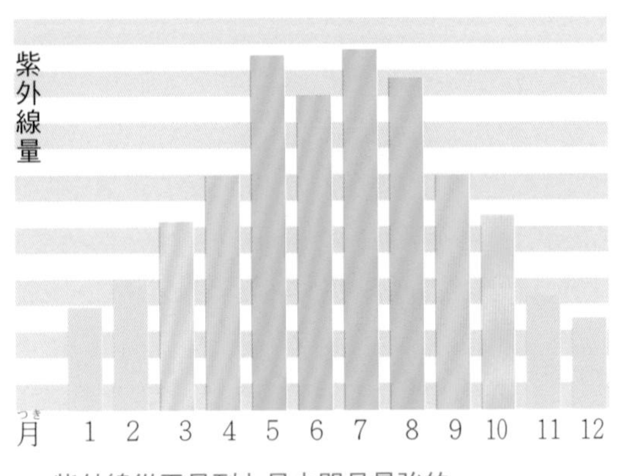

▲紫外線從五月到九月之間是最強的。

黑色素的介紹請詳見第 92 頁。

為什麼肚子會咕嚕咕嚕作響呢？

回答 那是胃和腸道中空氣和食物在消化蠕動的聲音。

●肚子餓時會咕嚕咕嚕作響，事實上這個聲響是肚子中消化食物的器官——胃和小腸發出的聲音。成人的小腸約有5至7公尺，經過胃消化後的食物，通過小腸，送至大腸，此時會發出咕嚕咕嚕的聲音。

食物消化完畢後，剩下的殘渣和空氣摻雜在一起。如此一來，小腸在蠕動時，就會發出咕嚕咕嚕的聲音。

肚子會發出聲音，是因為之前吃的食物已被消化，剛好也是肚子空下來的時候，所以感覺就像是在提示肚子餓了的暗號。

用餐後馬上跑步，為什麼會肚子痛呢？

回答 因為血液不足導致腸道痙攣。

●用餐後立刻跑步或走路時，側腹會感到絞痛。

用餐時，胃和腸道會共同努力進行消化。此時需要很多血液，會集中在胃和腸道部位。如此一來，流向身體的其他部位的血液會減少。吃東西後，頭腦會發昏想睡覺，也是因為流向腦部的血液會減少。

●在跑步時，肌肉需要大量血液。當血液往肌肉的部分流去時，腸道中的血液就會不足，容易發生痙攣現象，因此肚子也會感到疼痛。

用餐後請勿立刻跑步，慢慢地吃吧！

洗澡時手指為什麼會變得皺皺的呢？

回答 因為皮膚吸水後腫脹。

●皮膚的最外側稱為「角質層」，含水量高。手的角質層和身體的其他部位相比，特別地厚，約有0.5至1mm厚。
長期浸泡在水中，角質層會吸收水分並膨脹，面積增加。而角質層下方的皮膚卻會保持原有狀態，因此膨脹的角質層會形成皺紋。

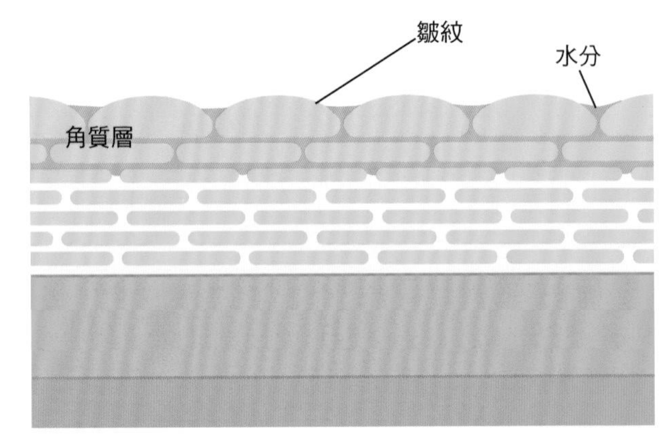

▲皮膚的橫剖面

花粉症是什麼呢？

回答 植物的花粉所引起的過敏。

●人的身體原本就有在細菌和病毒等不好的東西入侵時，發現並驅離的機制。不過身體也可能會將無害的東西誤認為有害，並作出反應，這就是「過敏」。
花粉症就是對於植物花粉過敏，而引起的各種症狀。空氣中的花粉進入鼻子和眼睛裡，容易打噴嚏和流鼻水，眼睛感到癢，容易流淚。

●目前，日本約每四個人就有一個人患有花粉症。引起花粉症的大多是柳衫的花粉，早發的情況下約在二月後開始，持續兩個月左右。尤其在雨後放晴的白天最容易引發花粉症。
除了柳衫以外，還有扁柏、鴨茅、豚草等，在日本會形成過敏原因的植物約有六十種左右。

●引起花粉症的主要植物

▲赤楊（春）

▲柳衫（春）

▲鴨茅（夏）

▲多年生黑麥草（春～夏）

▲豚草（夏～秋）

▲艾蒿（夏～秋）

正座（跪坐）時，為何腳會麻呢？

回答 因為身體的重量讓血液循環變差。

●現代日本人的日常生活中，比較常坐椅子，需要正座的場合減少。不過在正式的場面中，仍會需要正座。
只要稍微跪坐，腳就會馬上麻掉，也會站不太起來。

●腳麻是因為腿部承受身體重量，導致血管血液循環不良、神經麻痺，
雖然只要動一動腳部，就能讓血液循環變佳，但此時神經會變得過於敏感，腳就會感到刺刺麻麻。

●為了在正座時腳不容易麻痺，盡量不要讓體重施加在同一個地方上，稍微移動身體重心，左右腳的大姆指相疊，並不時上下調整位置。

腳麻時，只要交錯腳大拇指與食指方向就可以改善。

吃刨冰時，為什麼會突然覺得頭痛？

回答 那是因為冰冷的刺激被大腦誤認為疼痛。

●吃刨冰的時候，有時太陽穴及腦後勺忽然感到一陣刺痛吧！這種頭痛感正式名稱叫作「冰淇淋頭痛」，會引起冰淇淋頭痛的原因有兩個。
第一個是口腔感到冰冷時，為了讓防止腦部體溫下降，血液會加速循環，於是將血管擴張，接著頭腦中的血管會如同發炎般感到疼痛。
第二個是由於太過冰冷，將喉嚨的感覺傳遞至腦部的神經，把「冰冷」誤認為「疼痛」而傳達給腦部。
冰淇淋頭痛不會持續太久，不必過於擔心，吃冰時慢慢地吃，就不會感到疼痛了。

▲冰淇淋頭痛，不只是刨冰，吃冰淇淋及冰冷的飲料也會引起。

第3章

關於日常生活的為什麼？

為什麼脫毛衣時會啪啪作響？

回答 因為內衣跟毛衣蓄積的靜電釋放出來。

●一般而言，物體表面含有等量的正負電荷。但物體經過互相摩擦後，其中一方的負電荷會轉移到另一方，而分別變成負電荷較多的物體，與正電荷較多的物體。這就是「靜電」的原理。透過相互摩擦的動作，一定會有其中一方的正電荷或負電荷比較多。

●穿上毛衣後，毛衣和身體（或是穿在裡面的衣服）會互相摩擦，形成有一方負電荷較多，而另一方正電荷較多的狀態。

一旦脫下毛衣，正負電荷會分開。為了使正負電荷等量，負電荷便會開始移動，所以才會啪啪作響，並感覺到電流。

以墊板摩擦頭髮後兩者會黏在一起，摸門把也會啪啪作響。

動手作作看！ 利用氣球使衛生紙翩翩起舞

利用靜電原理，與衛生紙跳舞嬉戲。

準備用品

長型氣球、衛生紙、圍巾或乾布、透明膠帶。

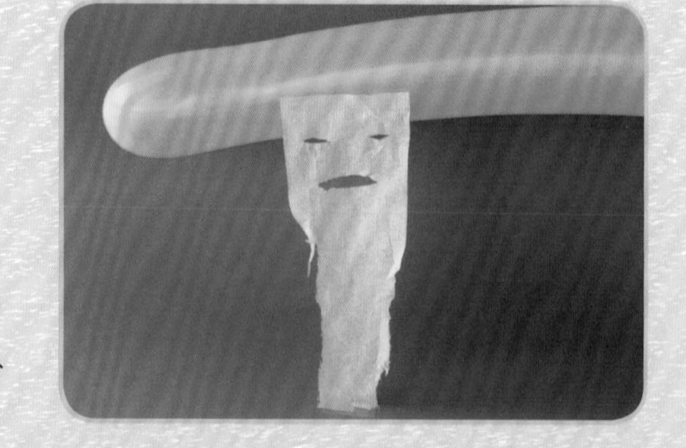

作法

將衛生紙撕成自己喜歡的形狀後，將衛生紙下端以透明膠帶黏貼固定在桌面上。

玩法

以圍巾或乾布等物品充分摩擦吹好的氣球，然後把氣球湊近衛生紙。

摩擦氣球後，就會產生靜電

摩擦氣球後，氣球上就會蓄積負電荷。這時將衛生紙湊近氣球，衛生紙的正電荷，便會受到氣球上的負電荷吸引並黏在一起。

實驗看看！ 以電流杯感受靜電

製作能蓄積靜電的電流杯，調查靜電的原理吧！

準備用品

個免洗塑膠杯、鋁箔紙、剪刀、奇異筆、透明膠帶、長型氣球、圍巾或乾布。

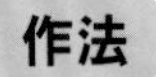

作法

①將 1 個塑膠杯剪開，沿著側面以剪刀直線剪開後，將杯底剪下，與杯身分開。

②把剪開來的杯身放在鋁箔紙上，以奇異筆沿著形狀描線後剪下，以相同作法剪出 2 片鋁箔紙。

③將另外 2 個塑膠杯以②的鋁箔紙包裹起來，並以透明膠帶黏貼固定。

④將鋁箔紙裁成 15cm×15cm 的大小，折成 1cm 寬的長條狀，製作天線。

⑤將 2 個杯子疊在一起，如圖彎曲天線後，夾在兩個相疊的紙杯之間。

玩法

①以圍巾或乾布等物品充分摩擦氣球，產生靜電，將氣球湊近天線。重複幾次本步驟，使天線蓄積靜電。

②關上房間的燈，打開剪刀，將其中一端刀刃湊近天線，另一端湊近杯子側面，就可以看見電流瞬間流竄的畫面。

③再次為杯子蓄積靜電。拿起杯子，手指快速摸一下天線，便能感受到啪啪作響的電流。即使跟數個人牽手也能感受得到。

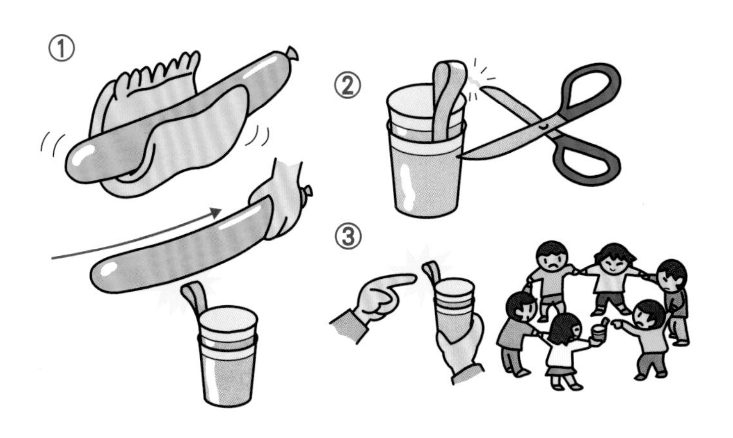

電流杯的秘密

金屬和水容易導電。金屬製的鋁箔紙蓄積靜電後，與剪刀的金屬刀刃，或充滿大量水分的人體接觸時，都會導致鋁箔紙急遽放電，就能感受到啪啪作響的靜電。

乾電池裡面有裝電嗎？

回答 不是乾電池裡有裝電，而是乾電池內可以製造電。

●乾電池的原理是，在兩種不同的金屬內部灌入液體，觸發電子移動產生電流。乾電池內部分為正負兩極。連接正負極後，負極的金屬鋅會產生化學反應，將電子釋放至電解液內。釋放出來的電子會從負極傳導至導線，發揮電流的作用，再回到正極。在化學反應持續的期間，電流也會持續傳導。

●乾電池又分成碳鋅電池和鹼性電池。鹼性電池的電力比碳鋅電池強，使用壽命也較長。

●碳鋅電池的構造

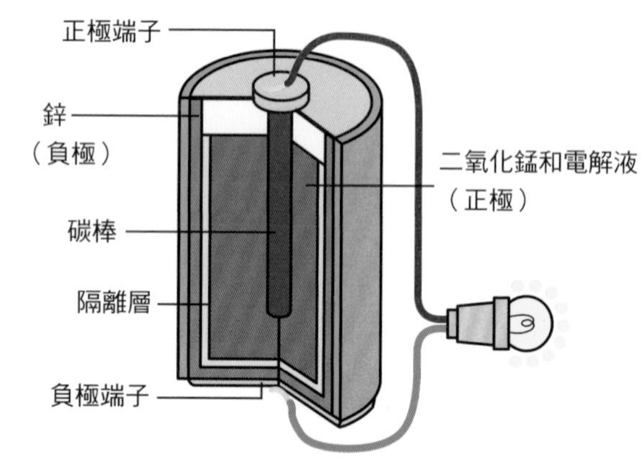

▲電子離開負極，通過電線形成電流。之後電子會回到正極。

延伸問題 電池共有多少種類？

回答 根據用途分成好幾種。

●電池大致分成兩種：只能用一次的「一次電池」和可以重複充電使用的「充電電池」。常見的一次電池有碳鋅電池和鹼性電池等乾電池，還有形狀平坦的鈕扣電池。充電電池則有充電式乾電池與手機、遊戲機、汽車電池等等。根據使用的金屬又分成「鹼性電池」、「鉛酸充電電池」、「鋰離子電池」和「鎳鎘電池」。

●乾電池依大小順序分成「一號」、「二號」、「三號」、「四號」、「五號」。數字越大，電池越小。

▲鈕扣電池

▲各式各樣的乾電池

◀數位相機等電器使用的鋰離子電池

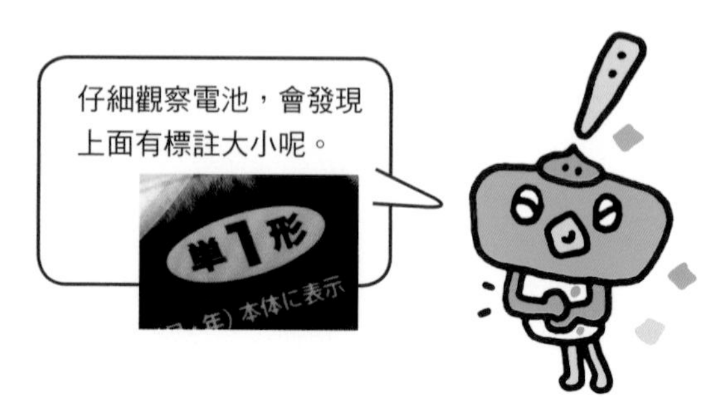

仔細觀察電池，會發現上面有標註大小呢。
単1形

實驗看看！ 以木炭製作電池

理解乾電池的構造，自己也能動手製作。
試著以烤肉用的木炭，動手製作電池吧！

準備用品

木炭（備長炭）（長度約20cm）、LED小燈泡、燈座、導線、雙頭鱷魚夾導線、廚房紙巾、鋁箔紙、水、鹽。

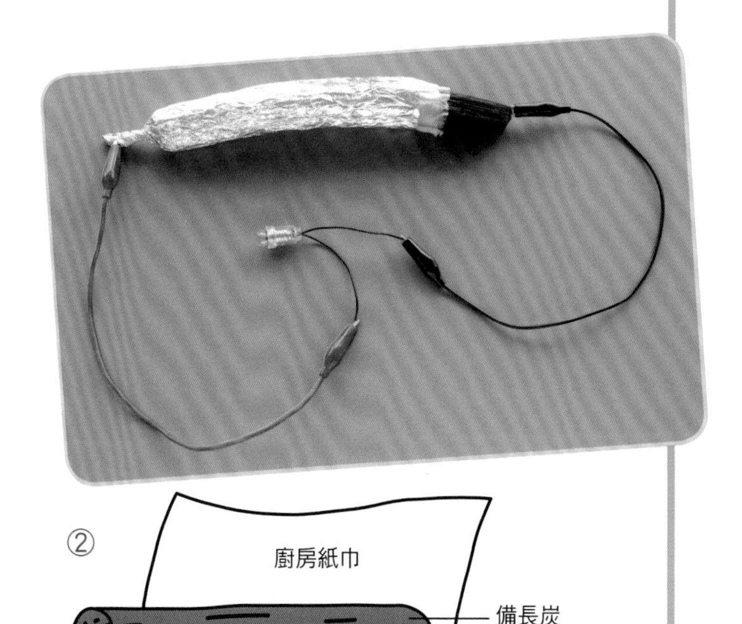

作法

①調製較濃的食鹽水（以底部有鹽巴殘留為標準）。
②如圖以廚房紙巾包裹備長炭。備長炭其中一端要露出來。
③替廚房紙巾淋上食鹽水，稍微擰乾。
④如圖纏繞鋁箔紙，扭轉鋁箔紙末端。這時的鋁箔紙不會與木炭直接碰觸。捏緊鋁箔紙與木炭貼合，增加接觸。

玩法

①將小燈泡放入燈座內，如圖接上導線。

②用雙頭鱷魚夾導線分別夾住木炭電池的兩端，串接燈泡後，燈泡就會變亮。

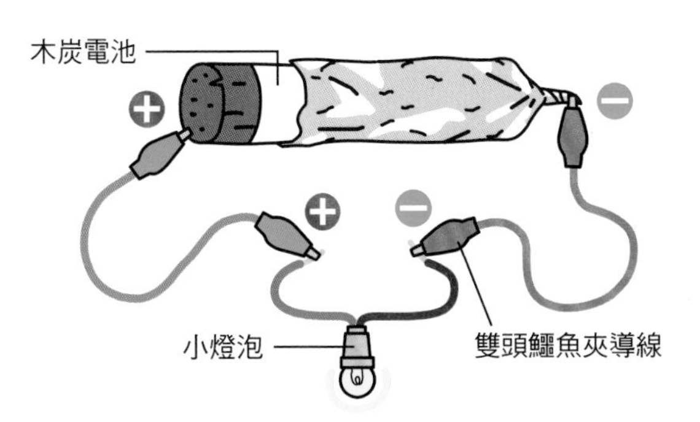

如果不易導電，可以握住鋁箔紙加強密合。廚房紙巾破裂、太乾都會導致實驗不順利，要特別注意喲。

木炭能製作電池的原理

以導線連接木炭電池後，鋁箔紙（負極）會驅使溶在鹽水中的電子移動，電子透過電線形成電流回到木炭，木炭內含的氧會接收電子。實驗結束後，拿起鋁箔紙對著光線看，便能看見鋁箔紙溶於鹽水後在表面產生的細孔

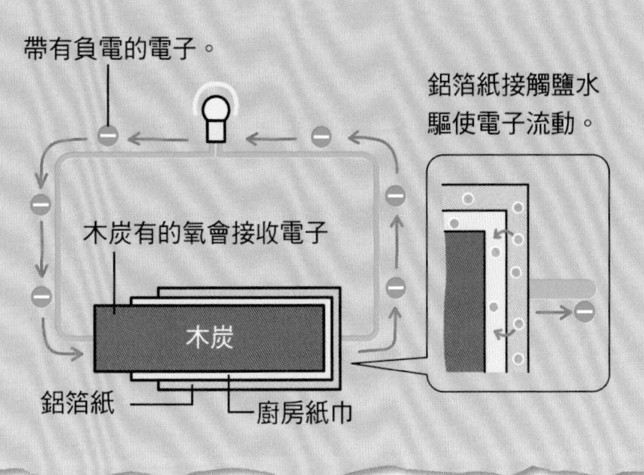

電是如何產生的？

回答 在線圈之間纏繞磁鐵，就會產生電。

●所謂電，就是在線圈（以電線一圈圈纏繞而成）之間轉動磁鐵的產物。例如腳踏車燈的燈座，不需要插座或電池卻能發亮，是因為藉由腳踏車輪胎轉動的力量運轉馬達，進而產生電來點亮燈。

●無論是腳踏車燈或玩具的馬達，還是提供我們日常用電的發電廠，基本上都以相同原理產生電。為了運轉發電廠內的巨大發電機，也會使用水力，以及燃燒燃料的熱能。

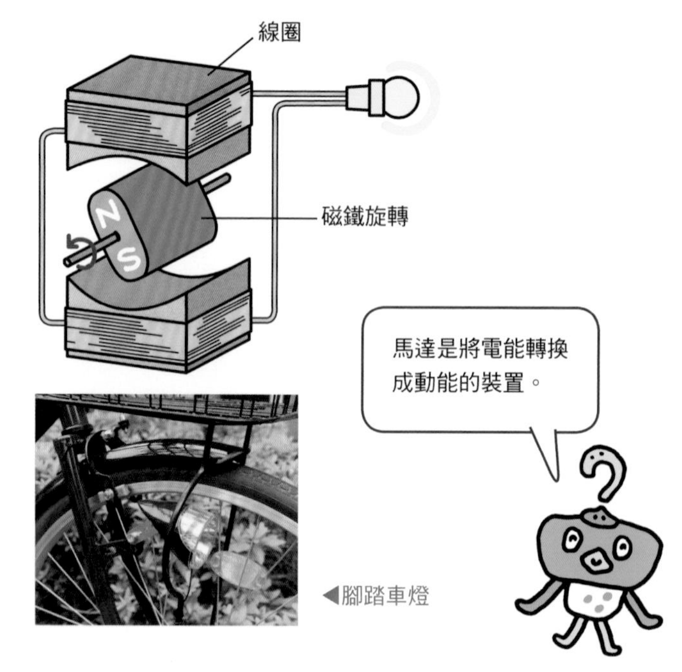

◀腳踏車燈

延伸問題 何謂可再生能源？

回答 可以重複使用的新發電方法。

●我們平常使用的電，都是產自發電廠。主要是水力發電、燃燒石油和煤的火力發電，以及使用鈾的核能發電，以上用到的多半是地球上的有限資源，總有一天會枯竭。

●相對而言，可再生能源是用之不竭的新發電方法。像是風力發電、使用陽光的太陽能發電、焚燒垃圾產生熱能的廢棄物發電、木屑和家畜排泄物的生物質能發電、使用海浪力量的海浪發電等，經多方嘗試利用的發電方法。

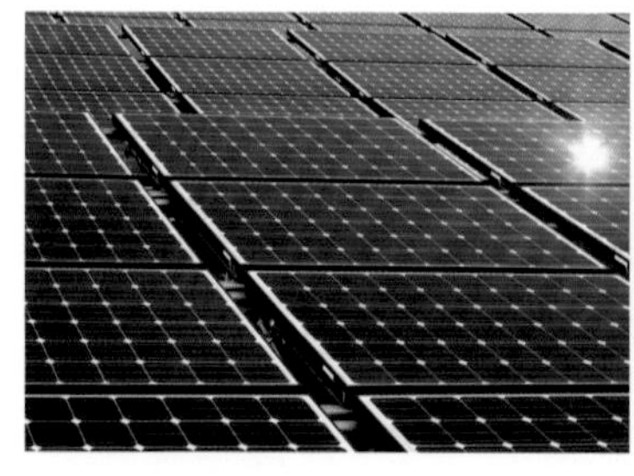

▲太陽能發電板。

▶風力發電機。

新的發電方法正逐漸實用化。

LED 和螢光燈有什麼不同？

回答 LED 消耗的電力低於螢光燈。

●LED又稱作發光二極管，是以半導體這種特殊材料製作而成，透過每片約5mm大的LED晶片發光來進行照明。由於電會直接化為光，具有使用壽命長、更加對環境友善的特點。

●螢光燈是在玻璃燈管內產生紫外線，讓紫外線接觸燈管內側的螢光漆，產生肉眼看得見的光。相較於使用壽命只有6000小時的螢光燈，LED約可使用4萬小時。

●除了以上兩種，燈泡的種類還有白熾燈。白熾燈是將熱能轉換成光能，所以相當耗電，燈泡的使用壽命約只有1000小時。

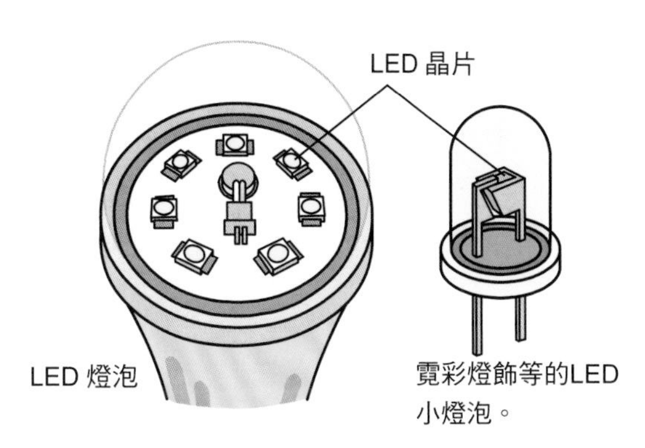

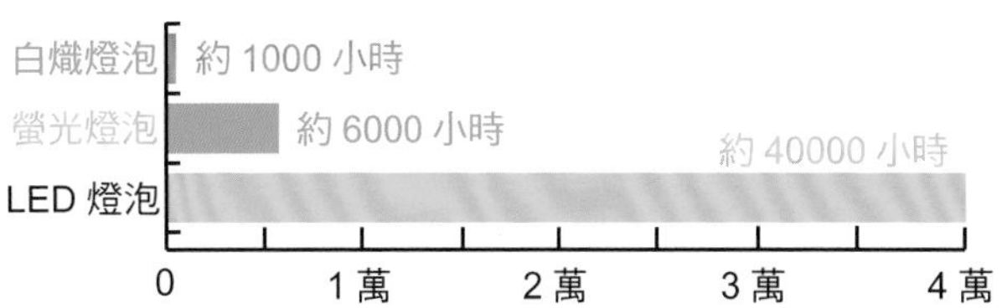

▲LED燈泡、螢光燈泡、白熾燈泡的使用壽命。
（引用自日本「照明之日」委員會發行的 2015 年版《住家照明省電 BOOK》）

找出生活周遭的 LED 吧！

由於LED使用壽命長，又對環境友善，所以被廣泛應用。
試著找出LED被應用於哪些方面吧！

●紅綠燈

LED 的光線是筆直前進，因此從遠處就能輕易看見。

●電子告示牌

電車和高速公路、棒球場和足球場等處的告示牌，也都是使用 LED 燈泡。

●霓彩燈飾

LED 不會釋放熱和紫外線，所以不易傷害到樹木。

其他還有汽車的煞車燈、手機、液晶電視、電車和飛機的照明設備也都是LED呢。

近年也越來越常見到LED燈泡了。除此之外，生活周遭還有許多使用到LED的地方，試著找出來吧！

微波爐為什麼可以加熱物品？

回答 原理是以電磁波加熱食物內的水分。

●以微波爐微波食物時，被稱為微波的電磁波會震盪食物內的水分，相互碰撞摩擦生熱，也就是利用摩擦產生的熱能來溫熱食物。

●由於微波爐的原理是震盪加熱水分子，因此沒有水分的物品便無法加熱。

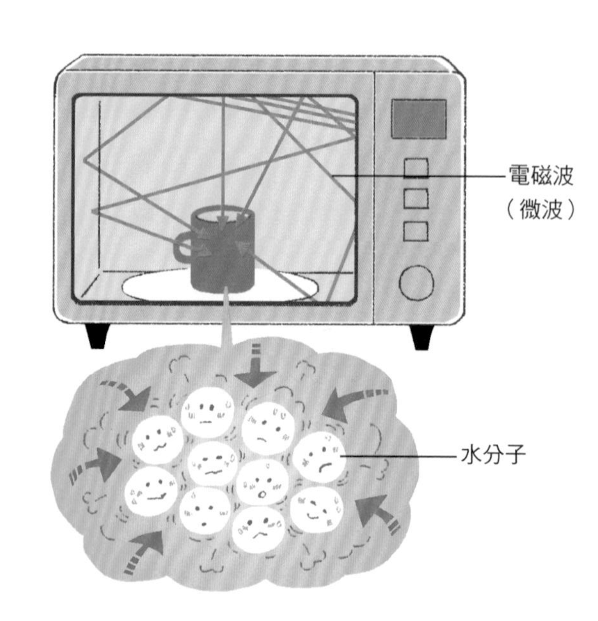

關於摩擦生熱的原理，詳見第 143 頁！

實驗看看！ 用微波爐加熱各式各樣的物品吧！

微波爐真的無法加熱沒有水分的東西嗎？以實驗來驗證吧！

準備用品

陶杯、水、冰塊 1 至 2 顆。

實驗方法

①在其中一個陶杯內倒水，以微波爐加熱2分鐘。2分鐘後，試著摸摸看杯子，溫度是如何呢？

②從冷凍庫取出冰塊，立刻放入另一個陶杯內，用微波爐加熱1分鐘。1分鐘後觀察冰塊的狀況。冰塊有溶化嗎？

物品微波後沒有變熱是有原因的！

玻璃和陶器等因為本身不含水分，所以無法加熱，容器裝的水被加熱後，容器才會變熱。因此毫無水分的容器，即使放入微波爐微波也不會變熱。

儘管冰塊是由水分形成，但凝結成塊的水分子呈現動彈不得的狀態，因此就算被微波也不會融化。但冰塊只要稍微溶化成水，就能利用微波爐加熱溶化。

因為金屬會彈開電磁波，將鋁箔紙放入微波爐內會產生火花，非常危險，所以絕對不能拿來實驗！

※使用容器時，一定要確認標示，能否微波。

瓦斯是從哪邊運到家裡的呢？

回答　從地底下抽取到地面上，再透過液貨船和瓦斯管線運送過來。

●瓦斯深埋在地下幾千公尺處。瓦斯是種位於地下深處，歷經數億年到數千萬年產生的氣體燃料。瓦斯又稱為天然氣，因此埋藏著天然瓦斯的場所又被稱為「天然氣田」。
從天然氣田抽取上來的天然瓦斯，為方便運輸，會透過「液化工廠」將之液態化，再使用LNG船（液化天然氣載運船）運往瓦斯工廠。存放在瓦斯工廠LNG儲槽的瓦斯，會利用氣化器再度變為氣體，並被集中在巨大的球形瓦斯槽內，最後透過瓦斯管線輸送到我們的家。

瓦斯液態化時，會被冷卻到零下162℃。

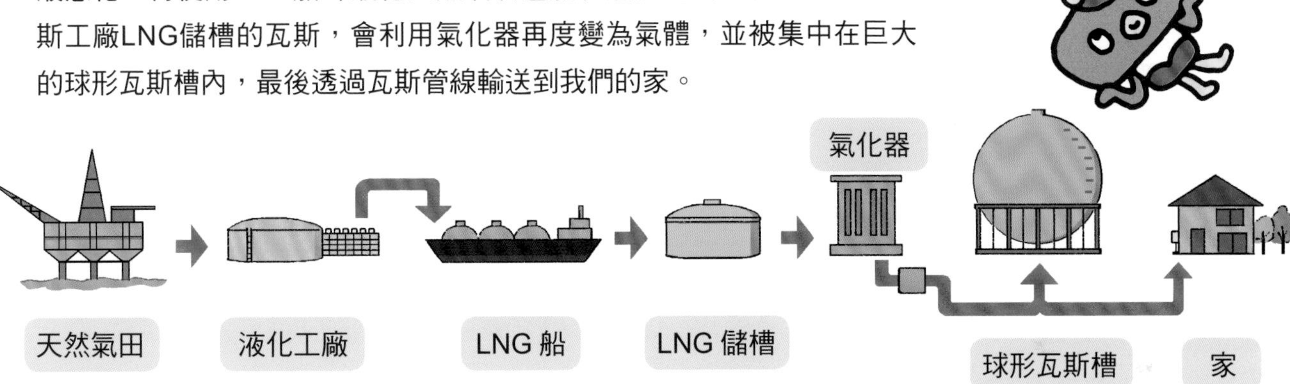

延伸問題　日本可以採集到天然瓦斯嗎？

回答　幾乎採集不到，要仰賴進口。

●埋藏天然瓦斯的場所被稱為「天然氣田」。在天然氣田的地面放入幫浦，以開採天然氣。不僅陸地有天然氣田，海底也有。

●雖然在日本新潟縣、千葉縣、北海道等地區都有天然氣田，但能開採的量很稀少。因此日本人使用的瓦斯幾乎都是仰賴進口。進口國依進口量的多寡排名，依序是澳洲、加拿大、馬來西亞、俄羅斯、印尼。

▲天然氣生產國排行榜（2011年）　（日本總務省統計局）＊以石油換算

1 澳洲 20.8%
2 加拿大18.2%
3 馬來西亞16.9%
4 俄羅斯 9.5%
5 印尼 6.5%

▲液態天然氣進口國排行榜（2014年）　（日本國勢圖會 2015/16）

從地下採集的瓦斯數量有限，照目前繼續使用下去，再過54年就會全數用盡。

以鐵打造的船為何不會沉沒？

回答 因為浮力將船向上托起。

●將物體放入水中後，會產生與物體所排開的水重量相等的向上作用力，稱為「浮力」。

●雖然鐵塊會沉到水底，不過即使是相同重量的鐵，只要呈現內部有空間的碗狀，排開的水量就會多於船本身的重量，而能浮在水面上。鐵的內部空間（體積）越大，浮力也就越大。船內有許多可承載人和貨物的空間，因此浮力也會變大，就算是以沉重的鐵來造船，也不會沉下去。

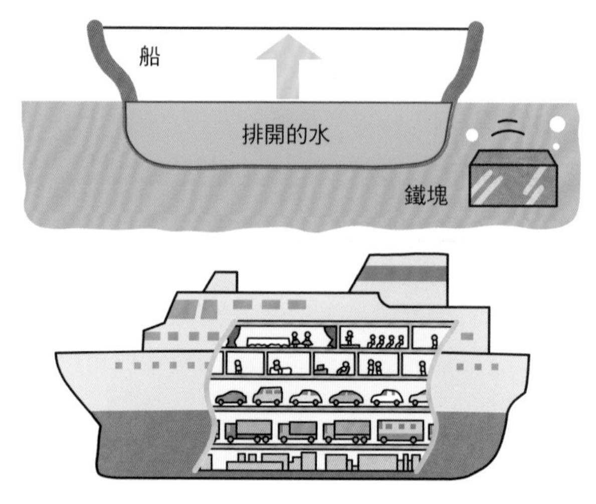

▲船內有許多空間

實驗看看！ 物體在鹽水和淡水內所受的浮力會改變嗎？

為何去海邊游泳比在泳池更容易浮起來？動手實驗找出原因吧。

準備用品

淡水1公升、鹽10g、深容器（水桶、臉盆、大碗等）、想實驗浮力的物品。

實驗方法

①先在容器中倒入淡水，放入想實驗的物品，記錄浮沉的情況。

②接著在容器中倒入鹽，放入與剛才相同的物品，將情況記錄下來並比較。

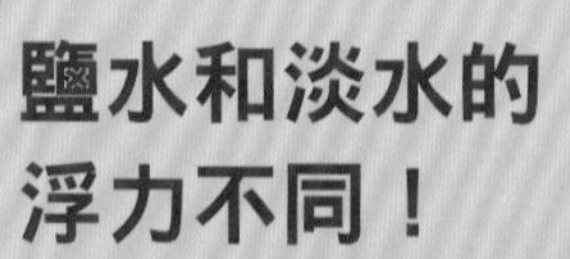

改變鹽水的濃度，是否會產生不同結果呢？

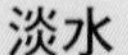

淡水

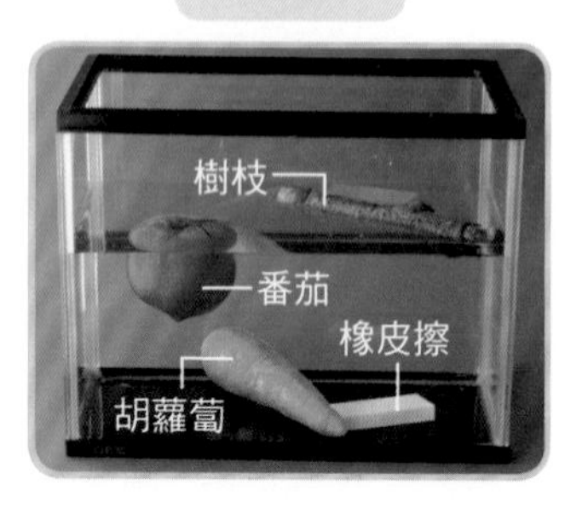

鹽水

鹽水和淡水的浮力不同！

是否有些物體在淡水內會沉下去，在鹽水內卻會浮起來呢？如果測量相同體積的鹽水和淡水的重量，會發現由於有加入鹽，鹽水的重量較重。因此同樣物體在鹽水所中排開的水重量也會比淡水重，浮力相對也更大。這就是在海裡身體比在游泳池容易浮起來的原因。

為什麼滑溜滑梯的時候，屁股會熱熱的？

回答 因為屁股與溜滑梯摩擦會產生熱。

- 物體之間相互摩擦的力量，會起作用產生熱。還記得天冷時摩擦雙手會感到溫暖嗎？那也是因為摩擦生熱。
  溜滑梯也是同樣原理。溜滑梯和穿褲子的屁股接觸而摩擦生熱，所以臀部才會感覺到熱。
- 遠古時代的人會用木頭互相摩擦生火，也是利用摩擦生熱的原理。

▲隔著褲子相互摩擦的臀部（上）和溜滑梯（下）

透過摩擦產生熱的專有名詞為摩擦生熱。

延伸問題 如果世界上少了摩擦力，會變得怎麼樣？

回答 會無法走路或奔跑。

- 我們能正常走在路上，但在光滑的冰面上卻容易滑跤，感到寸步難行。這是因為腳與表面粗糙的道路之間摩擦力很大，卻難以跟光滑的冰面產生摩擦，因此才會容易滑倒。
  如果世界上沒有摩擦力，走在道路的狀態就會形同走在冰上，自然也無法奔跑了。
- 物體移動、摩擦樂器的弦發出聲響等，都是摩擦力的作用。

▲在冰上溜冰。

▲鞋底。

▲摩擦音弦演奏音樂的弦樂器。

少了摩擦力，就無法好好生活了。

紙是用什麼方式回收的呢？

回答 將蒐集來的紙溶解成紙漿後，再度製造成紙。

●透過資源回收等管道蒐集到的紙，會分成報紙、雜誌、紙箱等類別後，再運往造紙工廠。造紙工廠有種稱作「散漿機」的大型攪拌機器，可以把分類好的紙和水一起打成泥狀。像訂書針等紙以外的東西，會在本過程被去除。接下來使用藥劑去除墨水和髒污，形成作為紙張原料的「再生紙漿」。
最後在再生紙漿中加入新紙漿等成分，重新製作成紙。

●以這種方式製作的再生紙，依紙質不同，會做成紙箱、廁所衛生紙、商品的封箱材料、報紙、雜誌等。有些還會處理成細緻的棉狀，作為住宅的隔音及隔熱用途。

●以再生紙製造的產品

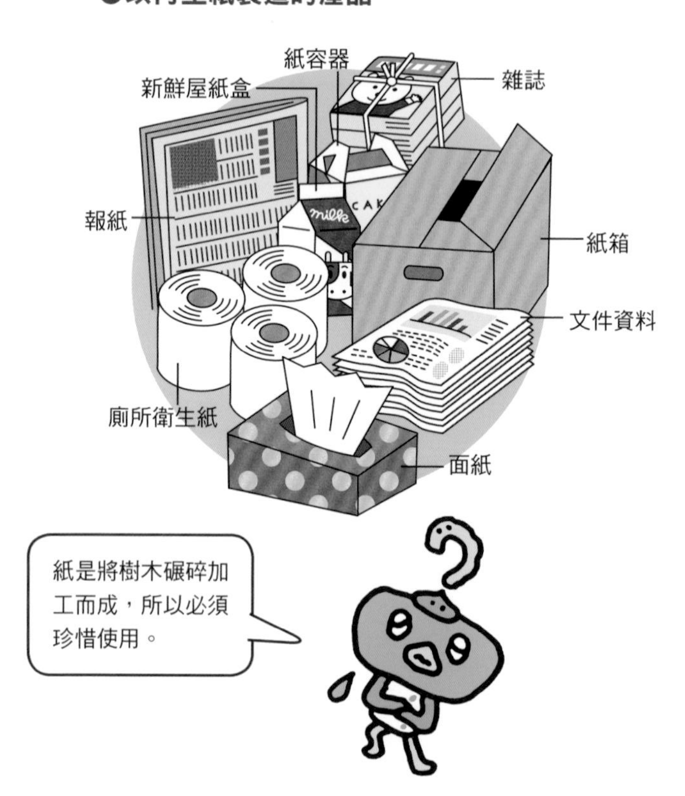

尋找回收標誌

為了方便回收，會在紙製品上面印回收標誌。試著找出來吧！

●綠色標誌

代表是使用再生紙製造的商品。

●環保標誌

代表是經認證有益環境保護的商品。

●新鮮屋識別標誌

代表是可回收的紙盒。

●紙類回收標誌

代表使用可回收的紙製造的容器、封箱材料。

●紙箱回收標誌

代表使用可回收的紙箱作為包裝。

※編註：此為日本國內所用標誌，和本國所用標誌有所不同。

動手作作看！

用新鮮屋紙盒親手製作杯墊

準備用品

- 果汁或牛奶的紙盒（1公升）2個
- 臉盆（大且深的盆子，使用水桶等容器也可以）1個
- 洗衣漿（或漿糊）60ml
- 攪拌器（或食物調理機、果汁機）
- 手帕等布1條、報紙、水
- 毛巾1條、防水墊
- 粗孔篩子

▲混入色紙便能打造出時髦的杯墊。

作法

①新鮮屋紙盒事先浸泡2至3天。

②紙盒變軟後撕除表面的外膜，再撕碎成小片。

③將1公升的水與②一起放入攪拌機內攪打。如果沒有攪拌機會比較辛苦，必須用手細細撕碎，直到整體呈現泥狀為止。

④將③移至臉盆等容器內，加入洗衣漿攪拌均勻，作成紙漿。

⑤將篩子壓至④的容器底部，舀取紙原料（將篩子立起來壓入容器內，舀取會更方便）。

⑥紙漿形成5mm的厚度後，將篩子整個拿起。將撈起的紙漿貼在防水墊上（可以將防水墊蓋在篩子上面，再翻轉過來會更順手）。

⑦在墊子上替紙漿塑型。

⑧於報紙上依序疊上毛巾跟布，最後輕輕放上紙漿。將紙漿放在布的其中半邊，將另外半邊的毛巾和布折疊蓋到紙漿上面，最後壓上表面平坦的重物來去除水分。

⑨將紙輕輕從布上撕下來後晾乾（貼在玻璃窗上更容易乾）。

⑩將乾燥的紙剪裁成自己喜歡的大小。

※於⑤舀起紙時，加入壓花和色紙，就能打造帶有圖案的杯墊。

▲撕除表面的外膜。

▲以篩子舀起紙漿。

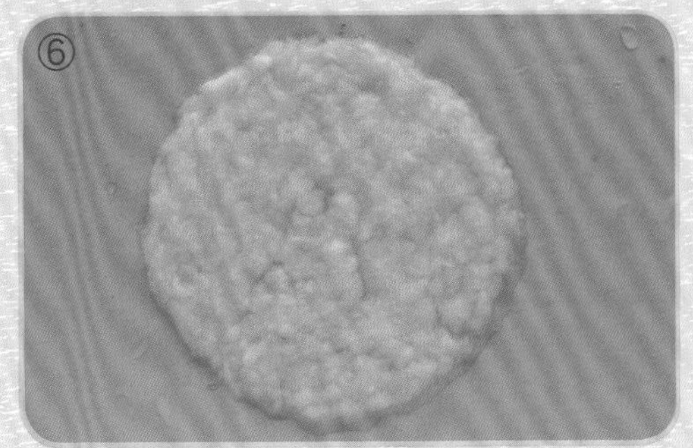

▲將紙漿黏貼在墊子上。

也可以製作成明信片喲！挑戰看看吧。

雲霄飛車為什麼倒立在半空中也不會掉下來？

回答 因為受到朝中心外側的離心力影響。

●雲霄飛車會從高處朝下加速衝刺，或是像畫圓圈般翻轉。進行內圈翻轉時，只要以極高的速度繞圈，會產生一股背離圓心往外側的力量，這就是所謂的「離心力」。雲霄飛車也是因為離心力的作用，即使倒立乘客也不會掉下來。

●我們的生活周遭也有離心力的作用。像是洗衣機的脫水功能，就是靠高速運轉洗衣槽產生離心力，甩飛水進行脫水。擲鏈球也是讓鏈球繞圈旋轉，利用離心力的運動競技。

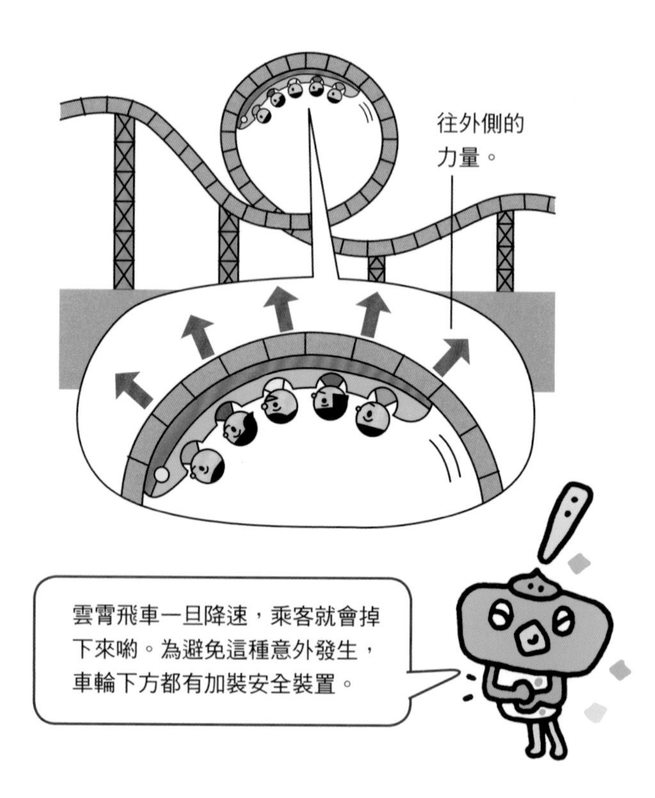

雲霄飛車一旦降速，乘客就會掉下來喲。為避免這種意外發生，車輪下方都有加裝安全裝置。

實驗看看！ 試著感受離心力吧！

使用水桶，自己製造離心力吧！

準備用品

水桶、水。

實驗方法

在水桶中裝水，先像鐘擺般前後揮動，然後使勁一鼓作氣旋轉。

若轉的速度太慢，水會灑出來淋得自己一身濕……

水桶中的水不會灑出來的理由

使勁旋轉水桶，離心力就會發揮作用。水桶內的水作用力是朝向圓心外側，所以不會灑出來。請在海邊或是泳池等被水潑到也無所謂的地方作實驗吧！相信能充分體驗放慢轉速後，水桶離心力產生的差異性。

腳踏車為什麼不會倒呢？

回答 因為有著維持輪胎固定、不傾斜的力量發揮作用。

●旋轉中的腳踏車輪胎，旋轉面會產生一股維持固定方向的力量。物體只要不受外力作用，就會維持靜止狀態或運動狀態，這稱為「慣性定律」。

●腳踏車不會傾斜的原因不只如此。人騎上腳踏車後，會自然保持平衡，把龍頭轉向腳踏車傾斜的方向，身體就會朝相反側傾斜來避免腳踏車倒下。

此外，構成龍頭軸心的前管設計成稍微前傾。當龍頭朝正面時，重心會變低，車子便能穩定奔馳。

◀身體倒向與腳踏車傾斜的相反側，就能保持平衡。

▲稍微傾斜的龍頭軸心。

觀察看看！ 找出生活周遭的「慣性定律」

我們日常生活中也存在許多「慣性定律」，試著找找看吧。

●旋轉陀螺

快速旋轉的陀螺，即使傾斜也會以相同狀態繼續旋轉。

●交通工具緊急煞車

緊急煞車後，乘客的身體會往前傾。因為即使交通工具停下來，身體還是以相同的速度在運動。

●敲不倒翁遊戲

敲擊中間的積木，沒被敲擊的積木仍然靜止，只有受敲擊的積木會飛出去。

●電梯內

相對於靜止的身體，電梯處於運動狀態，上升時會感覺被地板壓迫，下降時身體會產生飄浮感。

快速扯掉桌布的表演，也是利用慣性定律呢。

迴力鏢為什麼會飛回來？

回答 使迴力鏢上推與前進的力量產生變化

●飛出去的迴力鏢上有兩種作用力。一種是讓迴力鏢不墜落的上推力量，另一種是使迴力鏢傾斜的力量。這兩種力量會讓迴力鏢在空中傾斜並旋轉，畫弧線回到投擲的場所。

●為什麼只要傾斜旋轉，就會形成弧線呢？就像我們在騎腳踏車時，如果身體朝左右任一方傾斜，腳踏車也會自然朝同個方向轉彎。迴力鏢也是相同原理。

●迴力鏢的起源非常悠久，據說世界上最古老的迴力鏢，出現在距今1萬5000年前澳洲。當時的迴力鏢被用於狩獵和儀式。

▲迴力鏢的運動。

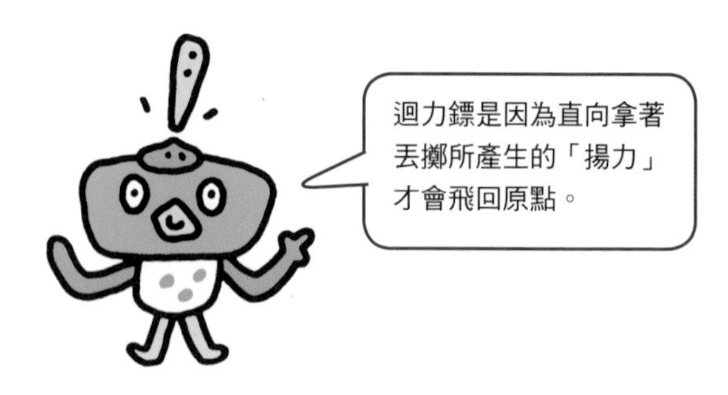

迴力鏢是因為直向拿著丟擲所產生的「揚力」才會飛回原點。

延伸問題 迴力鏢的力量是從何處產生？

回答 迴力鏢的葉片

●觀察迴力鏢的剖面，會發現是呈現稍微朝上隆起的形狀。空氣順著葉片流動，導致葉片上方被空氣壓制的力量（阻力）變弱，讓迴力鏢往上推動的力量發揮作用。這股力量被稱為「揚力」。「揚力」也會發生在飛機和飛行傘的飛行翼上面。多虧有揚力，飛機和飛行傘才能在空中翱翔。

●迴力鏢的剖面和揚力

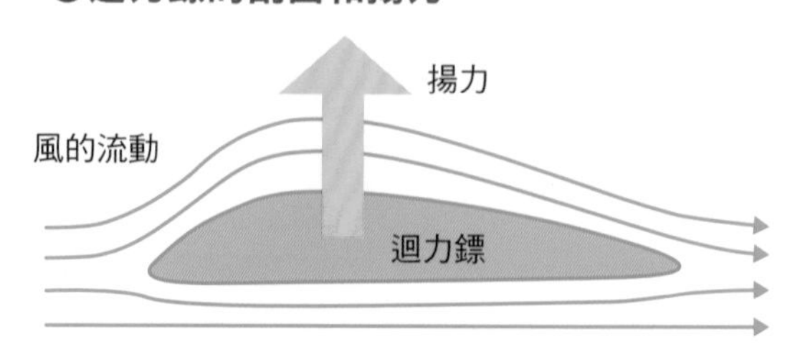

▲葉片上方被空氣阻力減弱，就會從空氣流速慢的下方被上推。

動手作作看！

製作能飛在空中的紙迴力鏢。

只要用厚紙板，便能輕易製作迴力鏢。
扔擲出去就會旋轉回到原點。

準備用品

厚紙板（厚度約0.7mm）（13.5×2.5cm三張）、剪刀、訂書機、量角器。

作法

①如圖於厚紙板其中一邊的正中央，剪出一道1cm切口。三張紙板都以同樣方式切割。
②將其中兩張紙板切口相對，組合成V字型，然後組合上最後一張紙板，讓三張紙板呈現相同角度（皆為120度）。
③組合的部位以訂書機固定。
④將三張紙板的頂端微微捏成弧狀。
※先把紙板頂端捏成弧狀，丟擲紙迴力鏢時會比較安全。

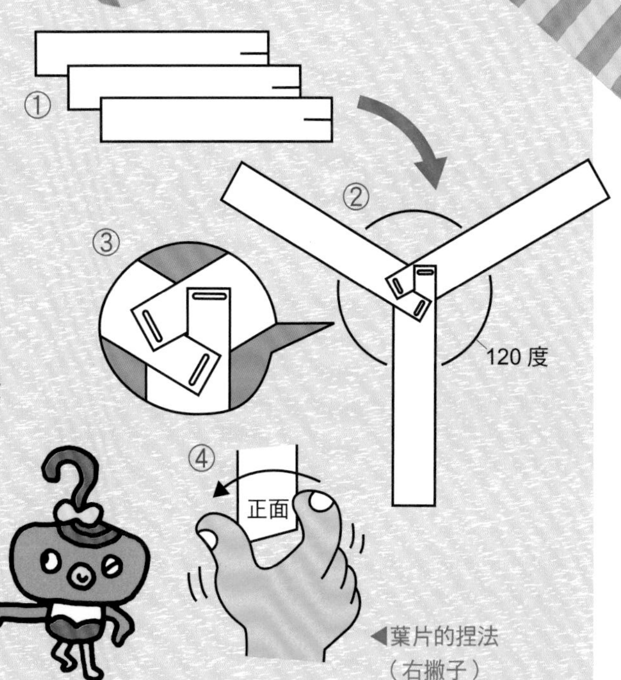

右手扔擲的人以逆時針捏成弧狀，左手扔擲的人要以順時針喲。

◀葉片的捏法（右撇子）

玩法

①豎著拿起迴力鏢，正面朝拇指側，以拇指和食指夾住。

②手肘彎曲，手腕朝後倒，往後高舉過頭。

③迴力鏢保持直立，筆直往前丟。運用手腕力量扔擲，就能順利旋轉。

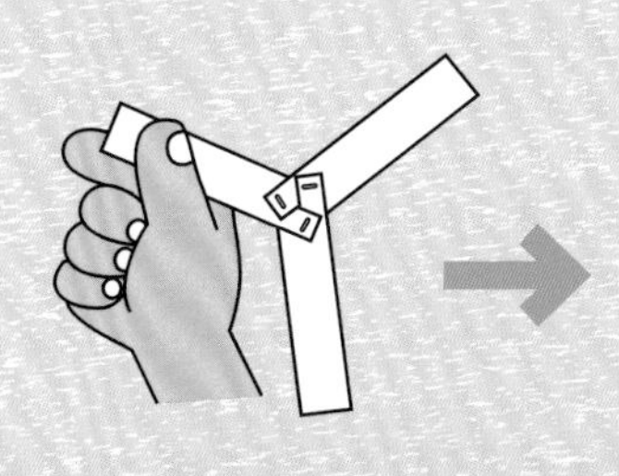

●紙迴力鏢飛行的祕密

迴力鏢的葉片如右圖傾斜。迴力鏢飛行時，空氣會沿著葉片流動。葉片上會產生與空氣流動方相反的推動力，這股力量被稱為「揚力」。

「揚力」也會於飛機等機翼產生作用。多虧有揚力，飛機才能翱翔天際。

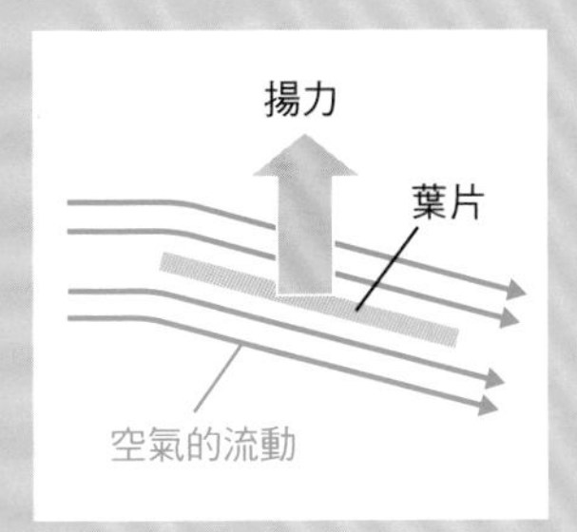

球為什麼會彈跳？

回答 因為被壓扁的橡皮和空氣能夠恢復原狀。

●被手壓住的球雖然會凹陷，但馬上又會恢復原來的形狀。這是因為球與球內部的空氣恢復原狀的緣故。

球接觸地面的瞬間也是如此，恢復原狀的力量會發揮作用，因此球才會從地面上反彈起來。這種能夠恢復原狀的性質又稱為「彈力」，因為用於製作球的橡皮彈力強，所以彈跳性很好。

●雖然紙氣球跟橡皮球一樣圓滾滾且內部充滿空氣，卻不會彈跳，因為紙的彈性很弱。像玻璃、陶器等幾乎沒有彈性的材質，摔在地上就會破裂。

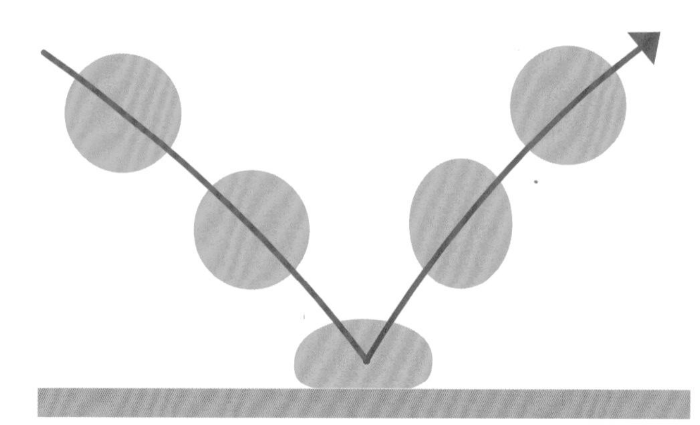

▲彈跳的球。

即使是同一顆球，內部空氣變少後彈性就會變差……

延伸問題 彈力球內部沒有空氣，為什麼彈性那麼好？

回答 因為是用彈性極佳的橡膠製作的。

●彈力球是以彈性優於普通球的橡皮製作而成。因此內部就算沒有空氣，彈性也很強。彈力球是一種誕生於美國的玩具，最初是以天然橡膠製作，現在則是使用一種稱作「順丁橡膠」的合成橡膠。足球和網球等種類不同的球，使用的材料也都不一樣。

▲攤販上五顏六色的彈力球。

在夜市等攤販，可以玩撈彈力球的遊戲！

為什麼熱水是從上層開始變熱？

回答 水變熱後會上升。

●同樣體積的水等液體，在溫度冷或熱的狀況下重量有所不同。水受熱後會膨脹，導致體積變大，相對來說水變冷時會縮小，導致體積變小。以相同體積而言，比較輕的熱水會上升，較重的冷水則會下沉，所以在浴缸上面的才會是熱水。

●水較熱的部分上升，較冷的部分下沉的流動會不斷重複，直到整體漸漸變熱。此現象稱為「對流」，對流的原理也可套用在空氣受熱的情況。

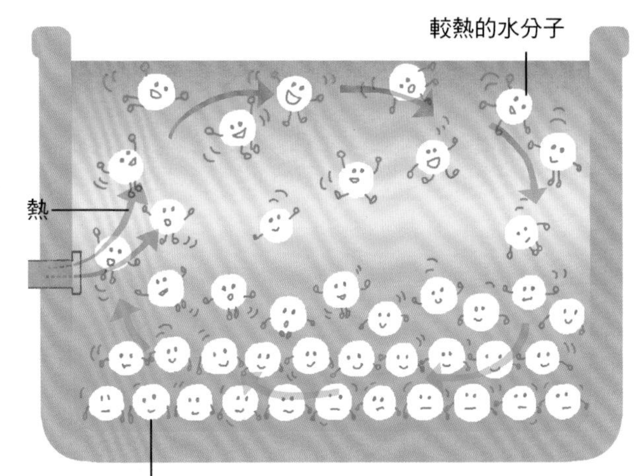

較熱的水分子

較冷的水分子

以暖氣溫暖房間時也是相同原理喲，暖空氣也會往上升。

找出日常生活的對流

試著找出生活中有哪些地方，是透過對流的原理讓物體變熱吧。

●鍋子

觀察煮味噌湯的鍋子，在鍋內加水、鍋底添加味噌，開火加熱後，透過味噌的流動方式便能清楚了解對流。

●茶壺

觀察泡茶用的茶壺。在玻璃壺中加入茶葉並倒入熱水，流動方式頓時一目了然。

●空調

在房間開暖氣或是冷氣時，拿溫度計接近地板和天花板測量溫度，就能從溫度的差異來了解對流的動向。

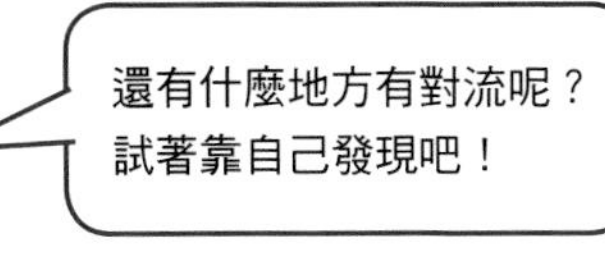

還有什麼地方有對流呢？
試著靠自己發現吧！

水為什麼會結冰？

回答 水具有 0℃以下會變成固體的性質。

●水在0℃以下會變成固體，100℃以上會變為氣體。冰就是水的固體形態。
水是由肉眼看不見的細小分子所組成。水分子平時會不斷移動，但0℃以下就會失去活動力，排列成團變成冰。

●水分子的活動需要熱能，將水放入冷凍庫，被奪走熱能的水就會變成冰。拿出冷凍庫後，水分子接觸到空氣中的熱，便能開始活動，因此又變回水。利用爐子等火源將水加熱至100℃，水就會沸騰化為水蒸氣。

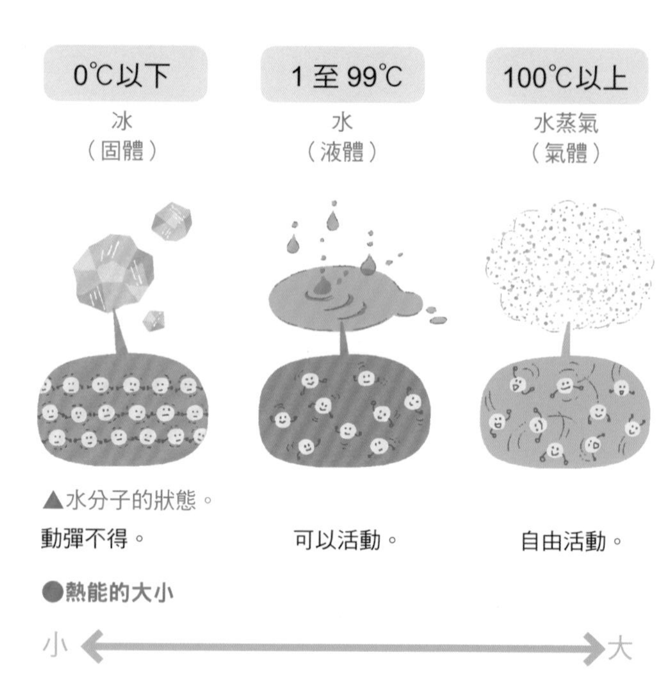

發掘水的各種形態吧！

水會變化成各種形態，試著找找看有哪些吧！

●冰柱
水從屋頂等地方流下來時，結冰成棒狀。

●霜柱
土內的水分滲透到地面，結凍成柱狀。

●蒸汽
熱湯和溫暖物體冒出的蒸汽是液體。

還有其他由水變化成的物體嗎。試著找出來吧！

●雪結晶
雪就是細小的冰粒。在下雪的地方鋪一條黑布，就能觀察到雪結晶。

●霧凇
沾附在樹枝上的水滴結凍，覆蓋住整棵樹並凝結成團。

延伸問題
冰為何會浮在水上？

回答 因為冰比水輕。

●將水倒入冰塊盒結冰後，體積會膨脹大於倒入的水量。當水結成冰時，分子與分子之間會產生空隙，所以體積會增加。換句話說，以相同體積的冰和水進行比較，冰塊會比水輕。因此冰塊會浮在水上。

●池水也是從水面開始結冰。如果冰塊比水重，冰塊就會囤積在水底，生物就無法居住。幸好冰塊會浮在水上，因此水中生物即使處在嚴冬也能生存。

▲浮在海面上的冰山， 也是一種冰塊。

實驗看看！ 製作迷你冰山感受冰塊的重量吧！

只要是冰塊就會浮在水面上嗎？將大小不一的冰塊放入水中，確認是否會浮起來吧。

準備用品

塑膠袋兩個、水、較深的水桶和臉盆。

實驗方法

①將其中一個塑膠袋內裝滿水，另一個裝少許水，將袋口確實綁緊。

②將兩個裝水的塑膠袋放入冷凍庫結冰。結冰的時間依體積大小有所不同，約需要1天。

③在較深的容器內加入水，將①製作的冰塊拿出塑膠袋，放入水中漂浮，觀察漂浮方式。

如果沒有大容器，直接將水注入塑膠袋也可以。

製作許多大大小小的冰塊進行觀察，也很有意思呢！

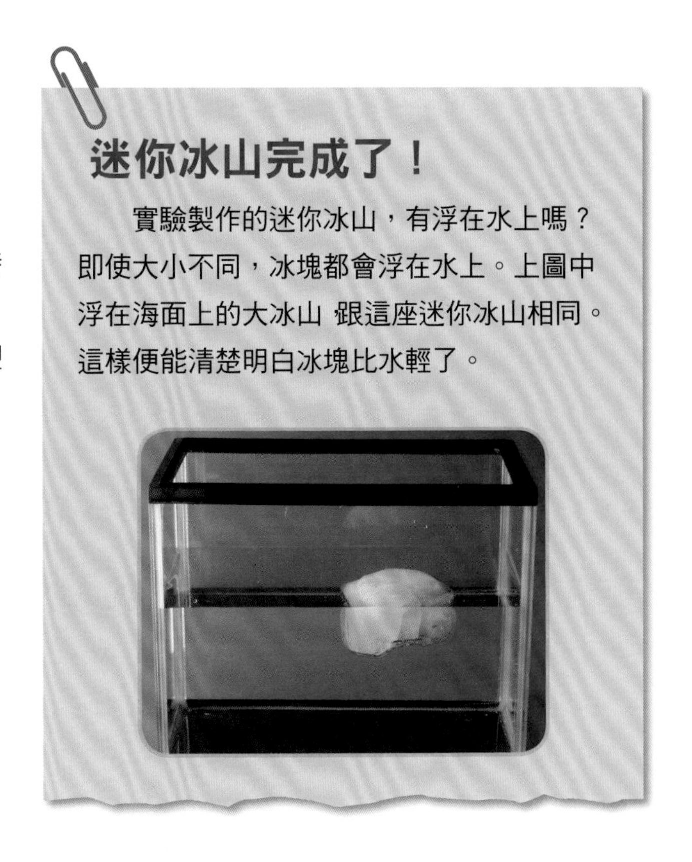

迷你冰山完成了！
實驗製作的迷你冰山，有浮在水上嗎？即使大小不同，冰塊都會浮在水上。上圖中浮在海面上的大冰山 跟這座迷你冰山相同。這樣便能清楚明白冰塊比水輕了。

磁鐵為什麼會緊貼在一起？

回答 因為磁鐵的N極和S極會相互吸引。

●磁鐵分成N極和S極。N極和S極會相互吸引，同極則會相互排斥。此時產生的作用力稱為「磁力」，越靠近N極和S極附近的磁力會越強。如右圖使用磁粉，就能清楚看到磁力的作用情形。

●磁力能強烈吸附鐵。磁鐵的主要成分是鐵，鐵是由小磁粒聚集而成，所以含鐵量多的金屬就會被磁鐵吸住。

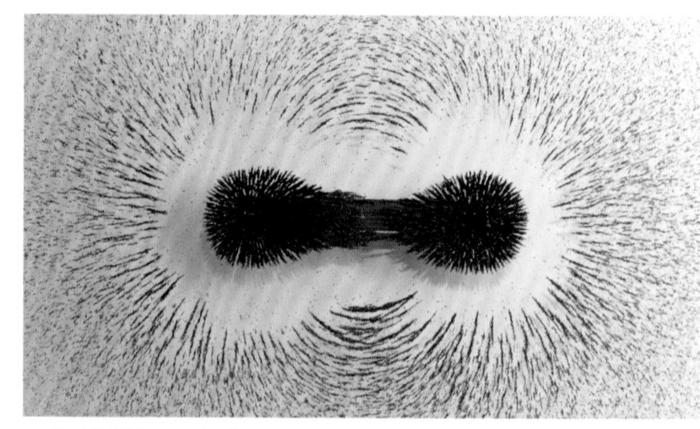

▲將磁鐵擺在磁粉上，就能明顯看到磁力的作用。

將鐵塊吸附在強力的磁鐵上，也會具有磁力。

▲N極和S極會相互吸引，同極則會排斥。

實驗看看！ 製作暫時性磁鐵

利用家中現成的用具，製作暫時性磁鐵吧！

準備用品

磁鐵、不鏽鋼叉子（或是湯匙）一根、金屬迴紋針。

實驗方法

①拿磁鐵以同方向摩擦叉子 10 至 15 次。

②試著將摩擦過的叉子湊近迴紋針。

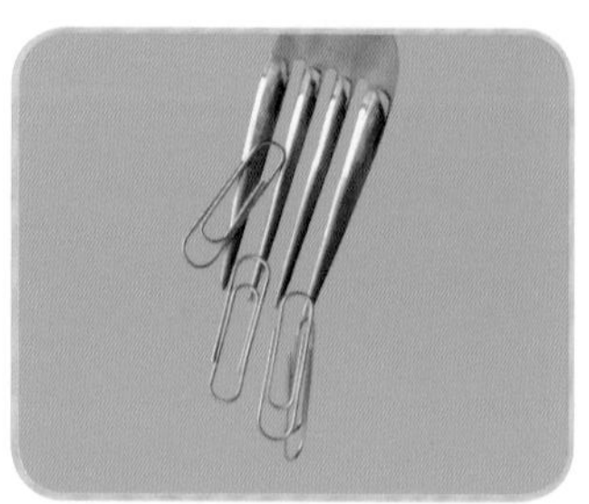

除了湯匙和磁鐵之外，試看看是否還有其他物品能變成磁鐵吧。

形成磁鐵的原因

以叉子摩擦磁鐵，叉子內的磁粒的方向就會一致，出現磁力。所以叉子才能吸住迴紋針。

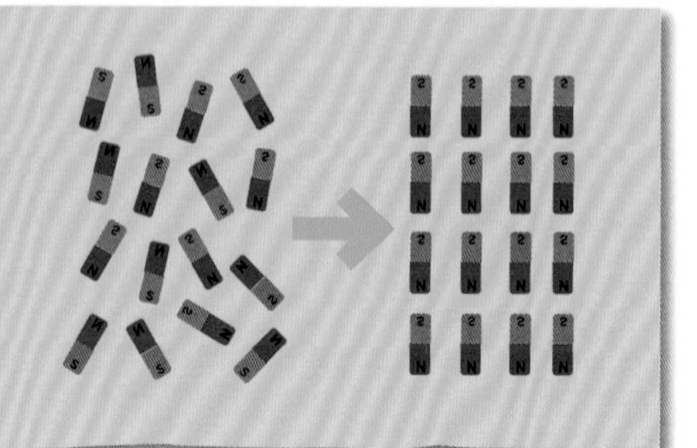

動畫為什麼會動？

回答 以高速觀賞一張張有些微差異的圖，就會像是在動一樣。

●在電視和電影院播放的動畫，每1秒的動作約分成24張圖。將畫好的圖依序高速連續播放，看起來就會像是圖畫在動。

一段15分鐘的動畫，需要2萬張以上的圖。若要講求動作順暢自然，就需要繪製更大量的圖。必須將草稿依序重疊描繪，一邊確認動作一邊繪製。

●過去動畫製作全程都是人工作業，現在幾乎所有工程都是使用電腦完成。

▲每個動作都會細分繪製成圖。

這就跟在筆記本邊角，畫出一點一點改變的圖案所作成的「翻頁漫畫」是相同原理。

動手作作看！ 自己繪製動畫 打造魔術畫片！

準備用品

邊長 7cm 的厚紙板、橡皮筋 2 條、簽名筆、剪刀、鑽孔椎。

▲反面

▲正面

作法

①將厚紙板剪成圓形。於正反兩面繪製兩者會結合成一張圖的圖案。背面圖畫必須與正面的圖畫上下顛倒。

②以鑽孔椎在左右側鑽洞，穿過橡皮筋並綁起來以免脫落。

玩法

①抓住兩端的橡皮筋，前後翻轉紙片來扭轉橡皮筋。

②橡皮筋朝左右拉長，讓圓盤旋轉，正反面的圖看起來就會重疊。

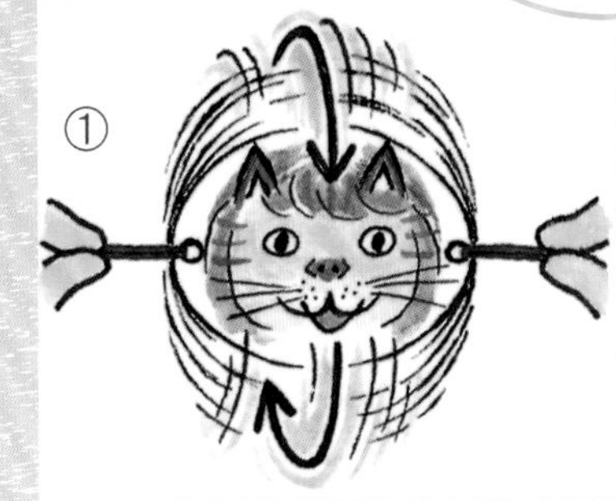

※抓著兩端的橡皮筋，以手指扭轉橡皮筋，可讓圓盤旋轉得更快。

玻璃為什麼是透明的？

回答　因為光線會直接穿透。

●我們是因為物體反射的光線進入眼睛，才會看得見物體。但玻璃不會反射光線，光線會直接穿透過去，所以看起來才會透明。

●光線能夠穿越有兩大原因，一個是玻璃分子相當小，另一個使因為玻璃是「非晶體」。

不透明的物體被稱為「結晶體」，分子照一定的規則排列，才具有反射光線的交界。但玻璃的分子排列形狀並不規則，所以光線才能從分子間的空隙穿透過去。

▲由於光線會直接穿透玻璃，所以看起來才是透明的。

超市賣的冰塊和塑膠袋看起來是透明的，也是基於相同原理。

延伸問題　玻璃的原料是什麼？

回答　玻璃是由天然礦物形成。

●大多數的玻璃，主要是由石英、蘇打灰、石灰岩等礦物混和後，以1500℃以上的高溫加熱，燒成鮮紅色泥狀塑型而成。

石英、石灰岩都是採集自大自然的礦物。蘇打灰原本也是由礦物製作而成，但現在主要是從被稱為碳酸鈉的藥物中提煉。

●據傳玻璃早在西元前1500年就有了。靠人吹氣製作玻璃製品的「口吹玻璃」從西元1世紀就流傳迄今，目前市面上仍有口吹玻璃製品。

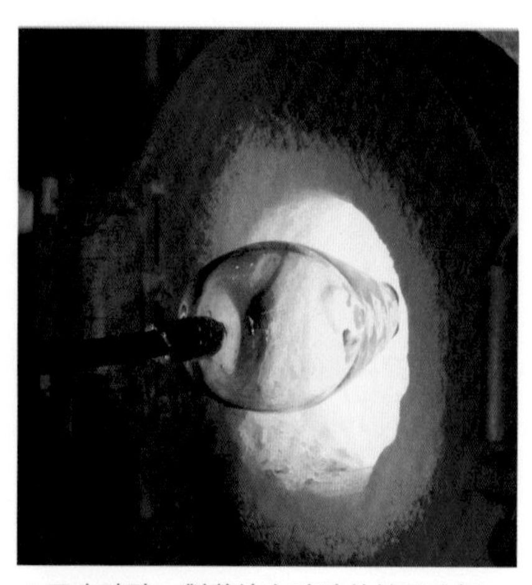

▲口吹玻璃。對著沾有玻璃的管子吹氣，玻璃就會膨脹。

聽說古時候的玻璃製品，被視為像寶石一樣貴重！

為什麼用望遠鏡觀看遠方的物體，就能看起來比較大？

回答 透過鏡片的組合，打造能使物體看起來比較大的構造。

●仔細觀察放大鏡的鏡片，會發現其正中央凸起，這種鏡片稱為「凸面鏡」，望遠鏡的內部就裝有這種鏡片。

望遠鏡的凸面鏡，有能放大物體的「目鏡」和聚集光線的「接物鏡」兩種。由於接物鏡照到的物體會被目鏡放大，所以從望遠鏡看到的遠方物體會顯得比較大。

專業的望遠鏡是使用許多鏡片，以繁複的工程來打造，看起來會更大更清楚。

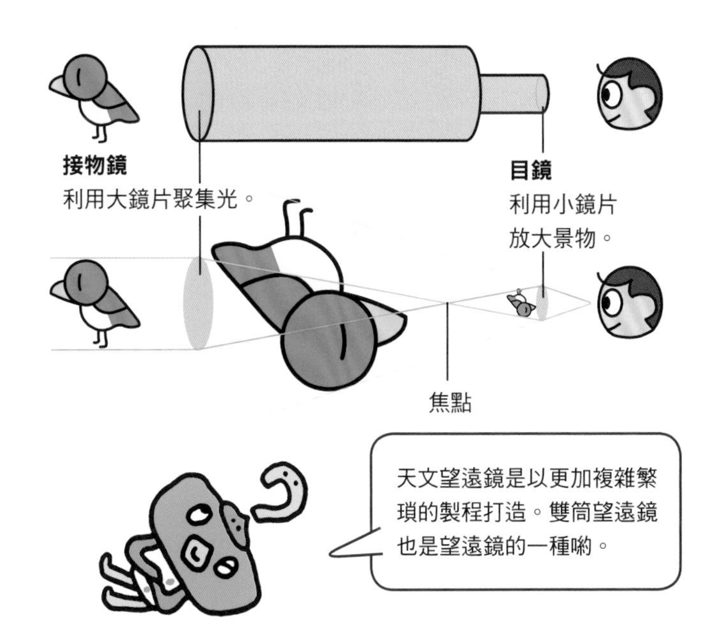
接物鏡
利用大鏡片聚集光。
目鏡
利用小鏡片
放大景物。
焦點
天文望遠鏡是以更加複雜繁瑣的製程打造。雙筒望遠鏡也是望遠鏡的一種喲。

實驗看看！ 以放大鏡觀察鏡片的作用。

利用放大鏡，就能了解鏡片有趣的效果。

準備用品

放大鏡。

實驗方法

①將放大鏡湊近眼睛， 望向遠方物體。
②接下來將放大鏡慢慢遠離眼睛。 在放大鏡遠離的過程中， 鏡中景物會顛倒過來。

▲放大鏡湊近眼睛時。

▲放大鏡遠離眼睛時。

將放大鏡或望遠鏡朝向太陽是危險行為，千萬不可以這麼做。

為什麼鏡中景物會顛倒？

凸面鏡會偏折光線聚焦成為一點，如果聚焦過度，影像就會上下顛倒。望遠鏡為了避免影像看起來顛倒，增加了內部的鏡片以投射出正確的影像。

自己的聲音錄音後，為什麼跟自己平常聽到的聲音不同？

回答 因為自己聽到的聲音，跟錄下來的聲音傳導方式不一樣。

● 平時聽到自己的聲音，是由體內骨骼傳導到耳朵，並混雜著從口鼻吐出的空氣傳導到耳朵的聲音。

但在錄音的時候，麥克風只會錄下透過空氣傳導的聲音，所以聽起來才會不一樣。其他人耳中你的聲音，跟你錄下來的聲音相同。

● 錄下來的聲音，會因為麥克風的位置而有所不同。將嘴巴湊近麥克風錄音，只會錄到由嘴巴發出，聽起來像鼻塞的聲音。而將嘴巴稍微遠離麥克風錄音，就能錄下跟平常從嘴巴和鼻子發出的聲音。

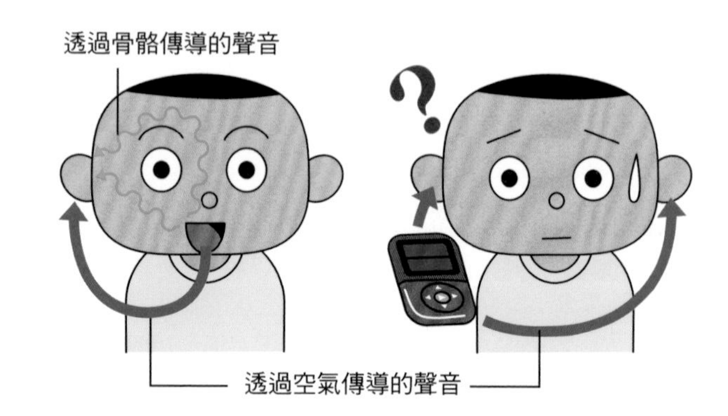

▲自己聽到的聲音。　▲錄音和別人聽到的聲音。

包覆喉嚨的薄膜「聲帶」振動，在口鼻內響起的就是聲音。

延伸問題 為什麼從擴音器可以聽見聲音？

回答 因為電子訊號轉變成空氣的振動。

● 大型擴音器發出太鼓和貝斯等低音時，擴音器的振膜會劇烈振動。在擴音器發出聲音時，將擴音器的前面罩上衛生紙就能明白。這種振動就是聲音的原形。

● 擴音器是將放大器傳來的電子訊號傳導至振膜，利用振膜振動空氣發出聲音。聲音的高低會隨著空氣的振動方式而有所不同。

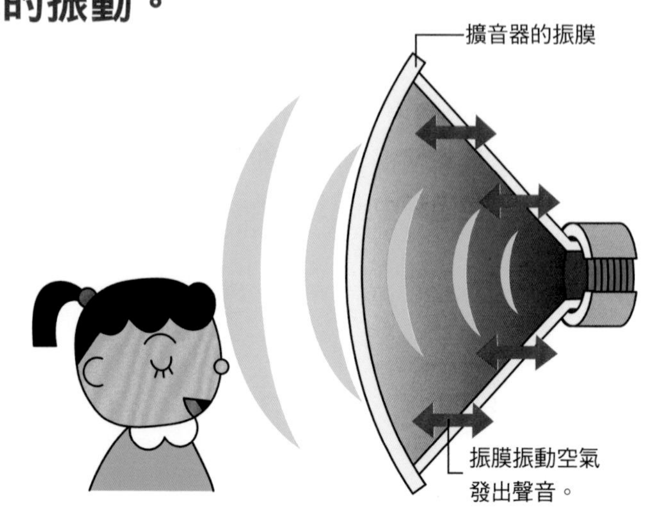

新幹線的第一節車廂為什麼是細長狀？

回答 為了防止駛出隧道時發出巨大聲響以及車輛搖晃。

●新幹線是用時速200km以上的高速行駛，所以行駛期間會承受非常強的空氣阻力。如果新幹線的第一節車廂是圓形，進入隧道後，前方的空氣會逐漸被壓縮，並於出口瞬間被推出，此時會發出如爆裂般的巨大聲響，使車身大幅晃動並引發噪音問題。為了盡量減少空氣的阻力、爆裂音及車身搖晃的情況，所以才會將新幹線的第一節車廂設計成細長狀。

●新式新幹線為了讓空氣順利從車身兩側穿過，進行了各種改良。

被壓縮的空氣

▲前端為圓形。

▲前端為細長形。

延伸問題 新幹線的車頭長什麼樣子？

回答 為了銜接其他車廂，安裝了連接器。

●有時根據需要，會將兩條不同路線的新幹線銜接行駛。為預防行駛遭逢故障、意外事故等突發狀況，新幹線車頭一定會安裝用來銜接其他車廂的「連接器」。有些車站可以看到連接器銜接、分開兩節車廂的情景喲。

聽說連接作業花不到
一分鐘，超快速！

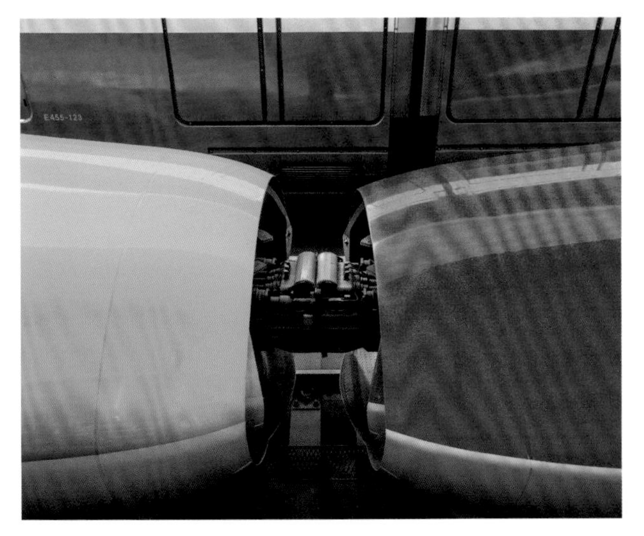

▲連結中的東北新幹線 E5 系及 E6 系。

鑽石是怎麼研磨的？

回答 以磨成粉的鑽石來研磨。

●鑽石是最硬的天然礦物，因此必須用鑽石磨成的粉來研磨原石，才能打造出耀眼輝煌的寶石。

●寶石和礦物會以「硬度」分類。德國礦物學者莫氏以10種礦物的硬度為基準，將硬度分成10級，被稱為「莫氏硬度」。硬度數字越大代表越硬。調查礦物硬度時，將標準礦物與想調查的礦物相互刻劃，如果調查礦物出現劃痕，便能得知硬度比標準礦物低。

硬度 1 滑石	硬度 2 石膏	硬度 3 方解石	硬度 4 螢石	硬度 5 磷灰石
以指甲能輕易劃出痕跡。	以指甲可劃出痕跡。	以硬幣可劃出痕跡。	以刀可輕易劃出痕跡。	以刀可劃出痕跡。
硬度 6 正長石	**硬度 7 石英**	**硬度 8 黃玉**	**硬度 9 剛玉**	**硬度 10 鑽石**
可勉強在玻璃上劃出痕跡。	可輕易在玻璃上劃出痕跡。	非常輕易就能在玻璃上劃出痕跡。	可切割玻璃。	可切割玻璃。

▲莫氏硬度表

任何寶石都是透過研磨原石才會變得閃耀奪目。鑽石更是被譽為寶石之王。

延伸問題 鑽石是如何形成？

回答 鑽石是由碳元素所組成。

●試著仔細觀察石頭，會看見是由小顆粒組成，這種小顆粒稱為礦物。雖然礦物都是由鎂和銅等元素所組成，但隨著元素組合的不同，會形成完全不同的寶石。

●鑽石是由碳元素所組成，而即使同樣是碳元素，隨著形成時的條件和碳元素的連接方式不同，也會形成完全不同的物質。同樣為碳元素組成的石墨是黑色、莫氏硬度為0.5至1的柔軟礦物，但鑽石卻是透明而堅硬無比的礦物。

明明同樣都是碳元素組成，顏色卻漆黑一片！
煤炭
石墨

▲就算同為碳元素所組成，外觀卻天差地別。煤炭能作為燃料、石墨則是可以製作鉛筆筆芯的礦物。

輪胎為什麼要有凹槽？

回答 為了預防天雨路滑。

●下雨天道路會被淋濕或積水，如果輪胎和道路之間有水滲入，車子容易在水上打滑。輪胎有了凹槽後，即使路面積水，輪胎也能確實接觸道路。

●這種防打滑的技術，也有應用於鞋底。觀察鞋底也會看到凹凹不平的凹槽。尤其是下雨天穿的長靴，也有清楚的凹槽，以預防雨天走路滑倒。

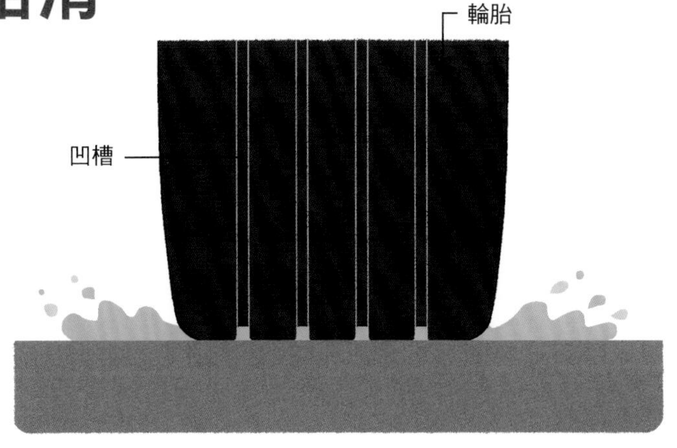

▲水滲入輪胎的凹槽， 輪胎就能接觸路面。

車子的輪胎外側是堅硬的橡膠，內部核心則是由鋼絲和化學纖維等製作。

延伸問題 賽車的輪胎真的沒有凹槽嗎？

回答 晴天時會使用沒有凹槽的輪胎。

●各位有觀看過像F1等賽車比賽嗎？有些比賽專用的賽車輪胎上面沒有凹槽，因為沒有凹槽行駛速度會更快。這種「光頭胎」會在晴天時使用，沒有凹槽的胎面能夠緊貼地面不易打滑，是由於行駛後胎面會與乾燥的地面摩擦升溫，讓胎面融化提昇抓地力的緣故。但遇到雨天時，賽車就會改裝上有凹槽的輪胎了。

▲上面是晴天使用的光頭胎，下面雨天使用的輪胎就有凹槽。

煙火為什麼有五顏六色？

回答 煙火內含有燃燒後會產生各種顏色的金屬。

●在夏天夜空綻放的煙火，五彩繽紛相當美麗。煙火有紅、藍、黃、綠、紫等眾多顏色。至於煙火的各種顏色，則是取決於煙火使用的金屬。

●燃燒金屬化合物後，隨著金屬的種類不同，會燃燒出各不相同的燄色。這個現象稱作「焰色反應」。煙火就是利用金屬的燄色反應來製作。

●發射到夜空的煙火內，充滿大量被稱為「光珠」的小火藥球。光珠內混合著讓煙火變色的金屬粉末，當煙火爆炸後，光珠就會著火，釋放出有色火焰。

▲五彩繽紛的煙火。

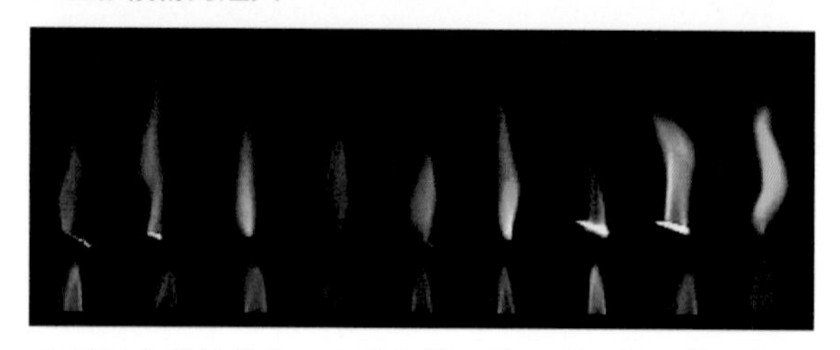

▲不同金屬的焰色。左起為鋰、鈉、鉀、銣、銫、鈣、鍶、鋇、銅。

延伸問題 煙火為什麼會變色？

回答 因為層層塗抹上多種金屬粉。

●煙火的剖面圖

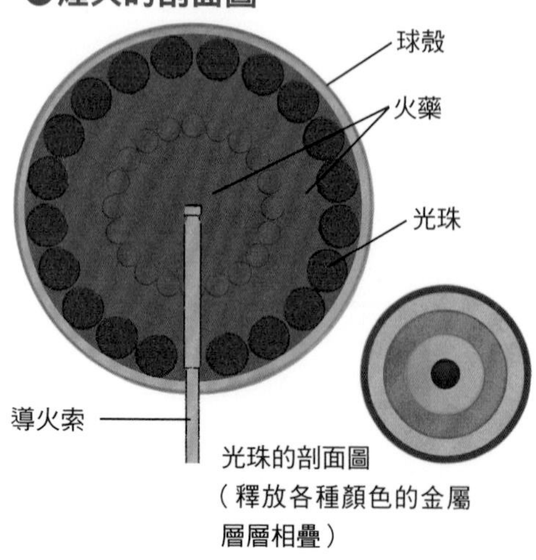

▲在半球形的球殼內填充光珠和火藥，中央夾著導火索，結合成一個球體。

●有些煙火發射到空中後會變色，是因為光珠上面塗抹了多層不同種類的金屬粉。因為光珠是由外側開始燃燒，若在外側塗抹焰色呈現紅色的金屬，內側則塗抹焰色為黃色的金屬，煙火就會由紅色轉變為黃色。

燄色反應也常見於日常生活中。當味噌湯煮沸溢出鍋外時，瓦斯爐的藍色火焰就會變成黃色。那是因為味噌湯內含有的鈉（鹽）燃燒後，產生黃色火焰。

起重機是如何抬到大廈頂樓呢？

回答 靠自己的力量慢慢往上爬。

●建造高樓大廈時，時常會用到將建材從地面上吊起的塔式起重機。這種起重機是靠自身的結構往上爬，因此又稱作「爬升伸臂起重機」。爬升伸臂起重機是以精密的零件組成，使用時會在施工現場直接組裝。

●附著式塔式起重機是採用「樓層爬升」的方法爬到頂樓，這是一種連同底座自行攀登上建築物的方法。建造摩天大樓時會利用本方法。

●其他還有底座保持在原位的內爬式塔式起重機，使用挺起支柱至高處的「導架爬升」法。兩種起重機均需要由專業人士操作。

●樓層爬升式 （附著式）

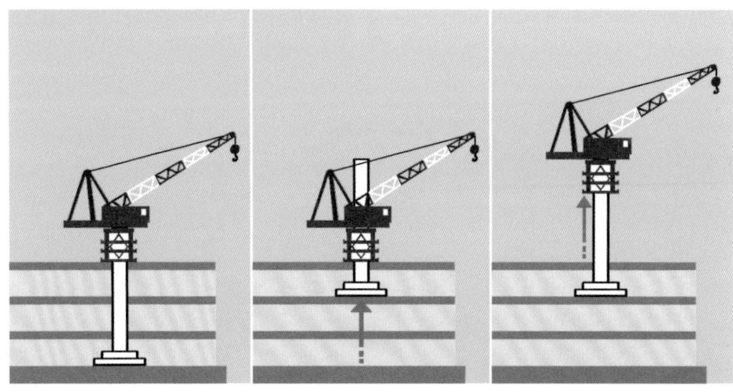

①首先組裝起重機，建造好幾層樓。 ②將起重機本體固定在最頂層，然後收起下面的導架。 ③固定導架的底座後抬起本體。重複以上步驟就能爬升。

猶如尺蠖般一步步往上爬。

延伸問題 起重機又是怎麼回到一樓的呢？

回答 逐步將起重機拆解成小零件下降至地面。

●建築物施工至某個階段後，起重機就可以功成身退。如此龐大的起重機，又是用什麼方法降至地面呢？
首先使用起重機，將較小的起重機零件吊到頂樓組裝。然後將原本較大的起重機拆解掉，再以較小的起重機降至地面。比照上述模式，起重機會變得越來越小，最後就能以手拆解，透過施工電梯運送下樓。

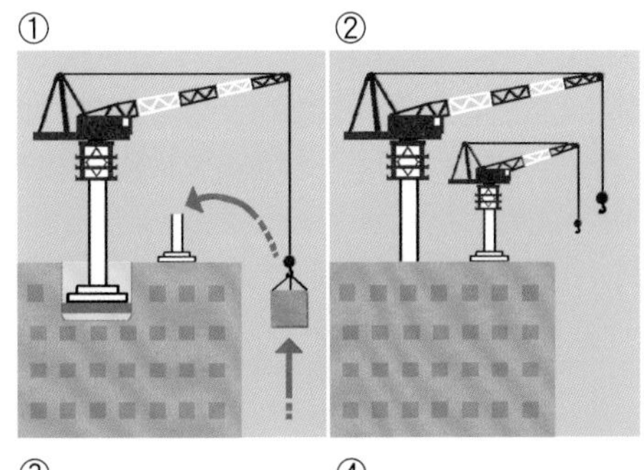

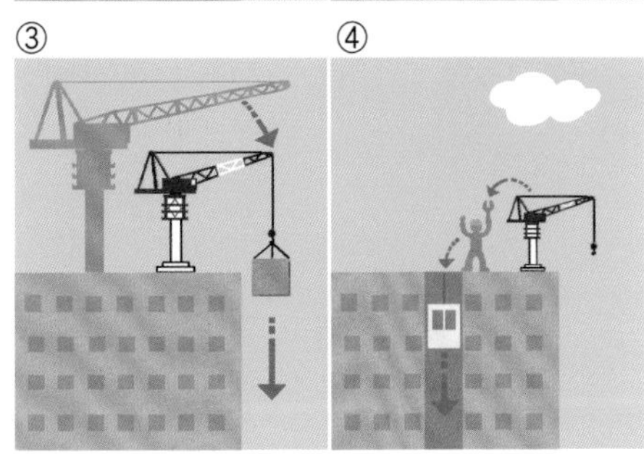

咦～果然起重機還是得用起重機運到地面啊。

為什麼棒球的變化球會轉彎？

回答 投手採取讓球旋轉的投法。

●棒球投手的球，除了直線前進的直球之外，還有朝左右轉彎的曲球，以及在打擊手面前突然下墜的指叉球等變化球。為什麼會衍生出這些球路呢？

●投手投出球的瞬間，會以手指讓球旋轉。當棒球轉動後，周圍的空氣會被影響，導致旋轉方向的空氣遭到擠壓，接著球會被空氣的流動吸入而轉彎，這個現象稱為「馬格努斯效應」。

●投手會調整旋轉的強度和方向，投出像曲球和指叉球等各式各樣的變化球。

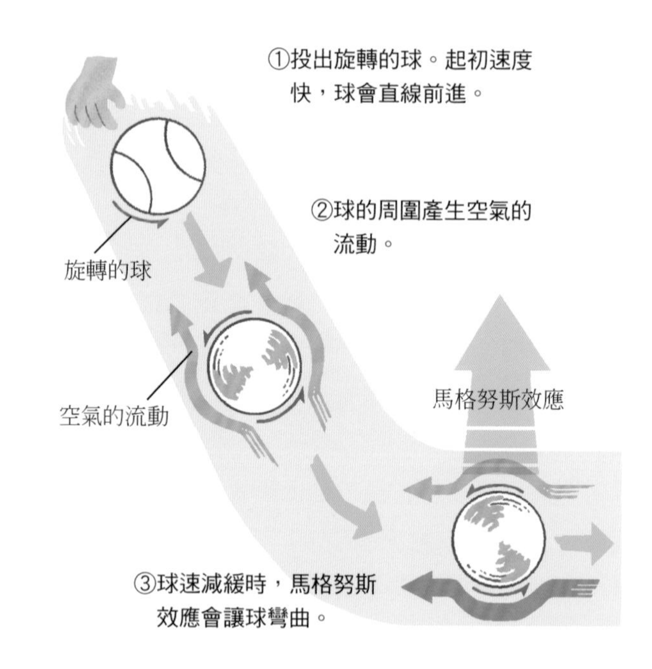

①投出旋轉的球。起初速度快，球會直線前進。
②球的周圍產生空氣的流動。

③球速減緩時，馬格努斯效應會讓球彎曲。

旋轉次數越多，馬格努斯效應越大。

實驗看看！ 體驗馬格努斯效應

利用重量輕盈、受重力影響少的充氣海灘球，扔看看變化球吧。

實驗方法

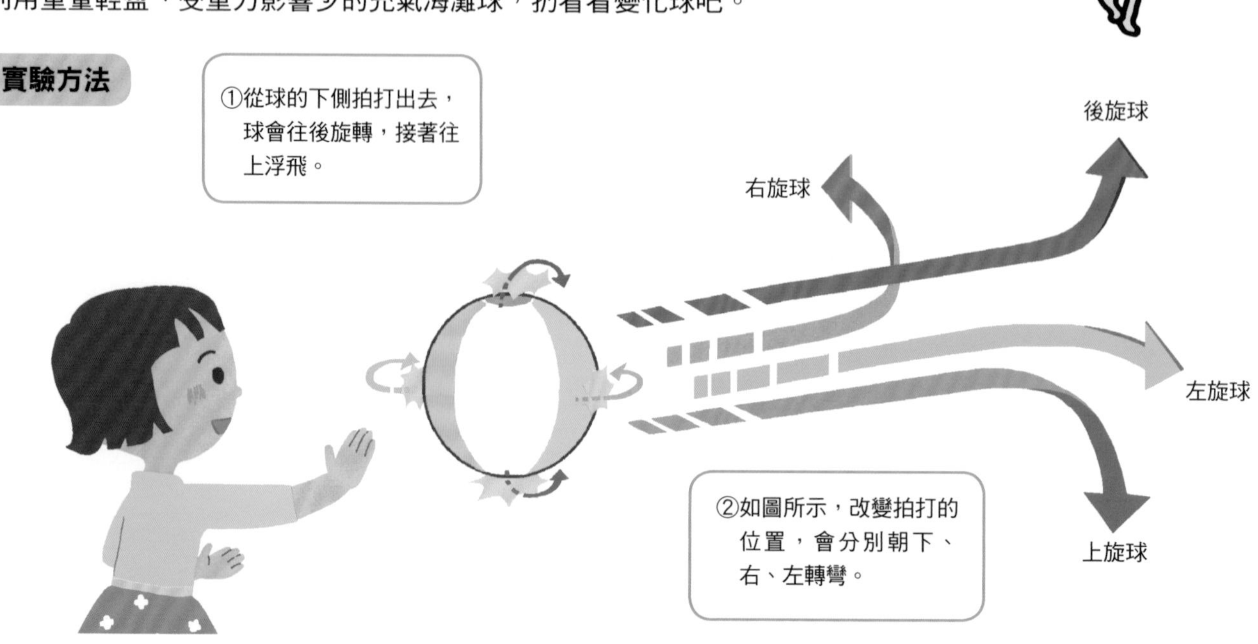

①從球的下側拍打出去，球會往後旋轉，接著往上浮飛。
右旋球
後旋球
左旋球
上旋球
②如圖所示，改變拍打的位置，會分別朝下、右、左轉彎。

鐵為什麼會生鏽？

回答 因為跟空氣中的氧結合

●各位有遇過剪刀、釘子和菜刀等鐵製品變得難以使用的情況嗎？擺在庭院的腳踏車螺絲，以及操場的單槓變成紅褐色，原因都是鐵鏽。

●鐵鏽的真面目是一種稱為「氧化鐵」的成分，是空氣內的氧氣和鐵結合的產物。生鏽的鐵會變得脆弱易碎，甚至會剝落。此種反應只要有水就容易發生，所以潮溼和雨淋的地方都很容易生鏽。

●為什麼鐵會跟氧結合呢？鐵原本就是以與氧結合的氧化鐵狀態下被挖掘出來，透過人工以高溫加熱去除氧，煉成鐵。被加工奪走氧的鐵，容易恢復成與氧結合的原始姿態，所以鐵才會生鏽。

▲含鐵量多的礦石，赤鐵礦。

鐵和氧有著斬不斷的緣分。

▲以鐵製作的螺絲釘和螺母。

實驗看看！ 觀察釘子的生鏽狀況。

將鐵釘浸泡在各種液體內，觀察生鏽方式的差異吧。

鋪上衛生紙，就能更容易觀察到生鏽的變化。

準備用品

鐵釘 5 根、水、鹽水、糖水、醋、砂紙、衛生紙、小的塑膠容器 5 個。

實驗方法

①為了讓鐵絲更容易生鏽，先以砂紙打磨鐵釘，使表面粗糙。

②將小半匙的鹽、砂糖分別加入100ml的水內，攪拌均勻製作鹽水和糖水。

③在四個容器內鋪上衛生紙，其中一個容器內的衛生紙保持乾燥，其他四個容器內的衛生紙則分別浸泡水、鹽水、糖水和醋。

④將鐵釘分別放入容器內。不要蓋上蓋子，每天觀察鐵釘的生鏽情況。

一週後的結果

擺在乾燥衛生紙上的鐵釘沒有生鏽，因為鐵會生鏽必須要有空氣和水。擺在浸泡過四種液體的衛生紙上面的鐵釘，生鏽狀況又是如何呢？另外也可改變溫度和液體的種類來進行實驗。

為什麼橡皮擦能擦掉鉛筆字？

回答 橡皮擦會將鉛筆筆芯的粉末從紙上剝除。

●將鉛筆寫的文字放大來看，便會發現黑色粉末貼在白紙的纖維空隙之間。我們寫在紙上的文字，是損耗的鉛筆筆芯留在白紙纖維凹凸不平處所產生的。

●目前經常被使用的塑膠製橡皮擦，原料並不是橡皮，而是以樹脂、細研磨劑、軟化樹脂的油（塑化劑）製作而成。以橡皮擦摩擦文字，研磨劑會擦出黑色粉末，接著油會吸住粉末，從紙面剝落。這時橡皮擦的表面也會損耗，黑色粉末會被捲入擦屑內，於是文字就這樣消失了。

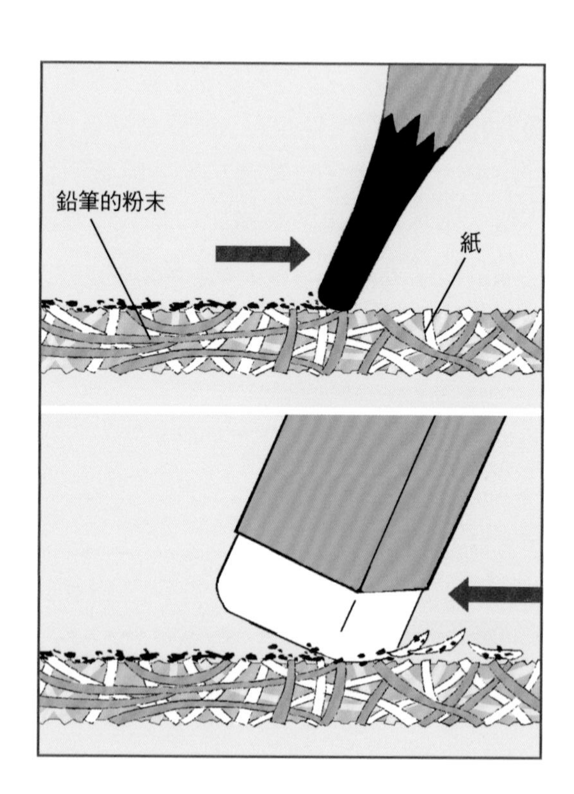

鉛筆的粉末
紙

雖然名稱為橡皮擦，但現在已經不用橡皮製作了。

延伸問題 為什麼原子筆不能用橡皮擦擦掉？

回答 因為墨水會滲透到紙內。

●鉛筆的筆芯是以石墨和黏土製作。石墨的特徵是色黑且柔軟，以鉛筆寫字時，石墨會殘留在紙纖維凹凸不平處的上面，用橡皮擦就可以擦掉。但原字筆和色鉛筆卻無法用橡皮擦擦掉，因為原字筆並非使用石墨，而是墨水，墨水會滲透到紙的纖維裡面。
由於色鉛筆的筆芯含蠟，很難黏在橡皮擦上，所以無法像鉛筆一樣被擦掉。

●各種筆的材料

鉛筆	石墨、黏土
原字筆	墨水（樹脂、溶劑、著色劑）
色鉛筆	顏料、塗料、蠟、滑石粉
油性筆	墨水（樹脂、溶劑、染料）

指北針為什麼會指向北方？

回答 因為地球是塊巨大的磁鐵。

●無論身在地球何處，磁鐵的N極總是會指向北方，因為地球本身就是塊大磁鐵。地球北極的方向為S極，南極的方向為N極，地球周圍存在磁力作用的「磁場」。所以指北針的N極會指向北極的方向，也就是北方。

●為什麼地球會產生磁力呢？地球中心有個部位稱為「地核」。地核內有泥漿狀的鐵和鎳等金屬攪動旋轉。這股流動會像發電機般發揮作用，衍生電力和磁力。

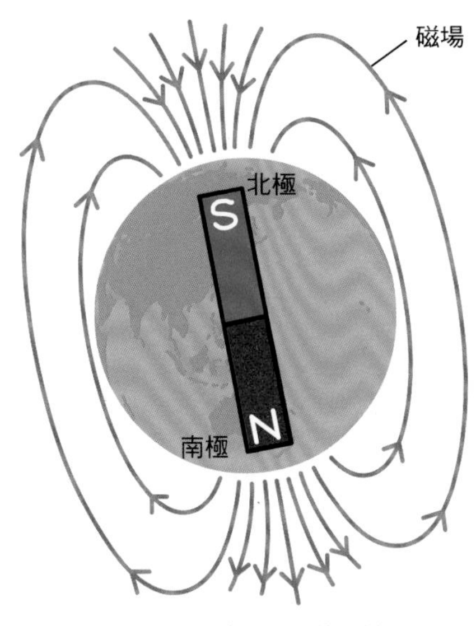

▲地球是巨大的磁鐵

實驗看看！ 普通的磁鐵也會指向北方嗎？

無論是指北針，還是被鐵吸引的磁鐵，同樣都是磁鐵。
U 型磁鐵和棒狀磁鐵是否也會指向北方呢？用實驗來驗證吧。

準備用品

U 型磁鐵、棒狀磁鐵、指北針、風箏線、
保麗龍食品盤、臉盆、水。

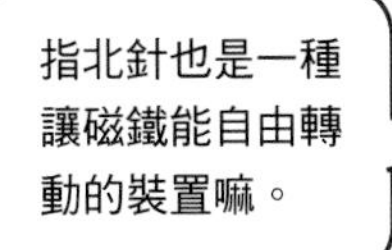

實驗方法

讓U型磁鐵和棒狀磁鐵能自由轉動，
觀察N極指向的方向和指北針的指針方向。

●**U型磁鐵**

以風箏線吊起來，以讓磁鐵能自由轉動的狀態拿著。

●**棒狀磁鐵**

裝在保麗龍盤裡，放在裝水的臉盆上漂浮。

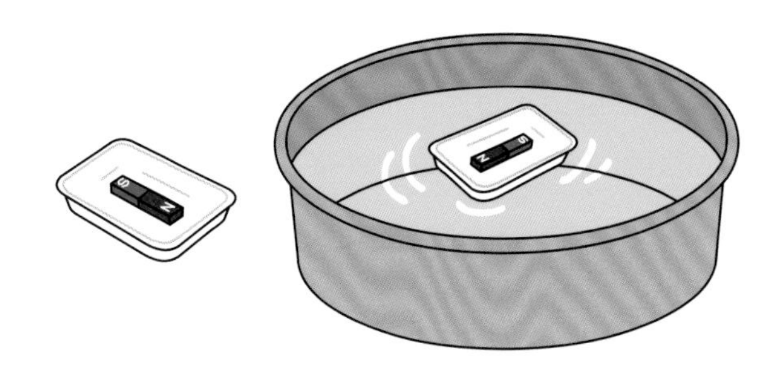

為什麼要曬棉被？

回答 將潮濕的棉被曬乾，才會蓬鬆柔軟。

●睡在鬆軟的棉被上很舒適吧！棉被會蓬鬆柔軟，是內部棉花之間充滿許多空氣的緣故。

●我們在睡覺的期間，大約會流出一杯份量的汗水。汗水滲入棉被後，棉被會受潮變重，內部空氣也會變少。

天氣好時曬棉被，棉被被太陽加熱變暖，能逼出內部的水分。曬乾的棉被就會恢復蓬鬆，晚上又能舒舒服服的睡個好覺。

●曬乾棉被還能預防喜愛濕氣的霉菌和蟎蟲滋生。陽光內有紫外線，具有消毒功效。

被太陽公公曬過的棉被，會有種好聞的味道！

延伸問題 棉被內的水分跑去哪裡了？

回答 蒸發跑到空氣內。

●物體會隨著溫度升高，從固體變成液體，再轉變為氣體。從液體表面自然轉為氣體的現象稱為「蒸發」。

將沸騰的茶壺持續加熱，水會消失而變成空的茶壺，因為水會蒸發跑到空氣中。被雨淋濕的道路和洗好的衣物變乾，也是由於蒸發。

溫度越高越容易產生蒸發現象。棉被內的汗，也是受到陽光的熱，被風吹過自然跑到棉被外面。

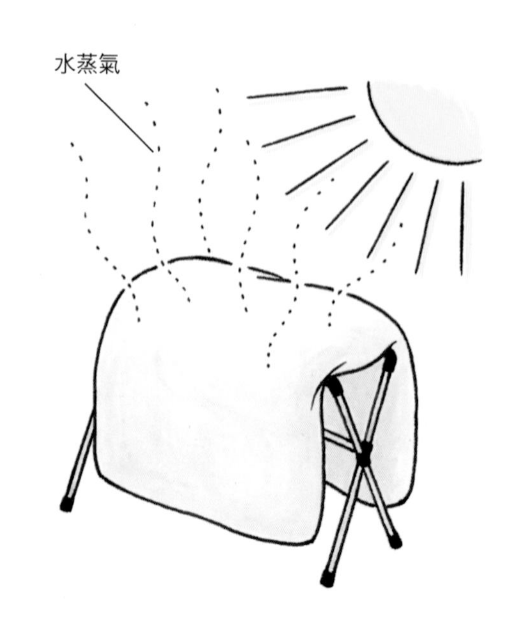

為什麼布或道路淋濕後會變色？

回答 因為反射的光線量變少了。

●濕衣服和下過雨的道路，顏色看起來都比較深。這是因為布和道路被淋濕後，反射在表面上的光線量變少的關係。

平常我們是透過照在物體上反射回眼睛的光線，來感受物體的明亮度。反射的光線量越多，看起來越明亮，光線量變少後看起來就會變暗。

●仔細觀察乾燥的道路，會發現路面凹凸不平。路面照到光後，各處都會碰到光線，反射回來的光線量就會增加。

道路淋濕後，凹凸不平處因為水而變平坦，光線只會朝同一方向反射，導致光線量變少，所以淋濕物體的顏色看起來會變暗沉。

●至於布料淋濕後，光線會穿透過去，導致反射的光線量變少，因此顏色看起來才會變暗。

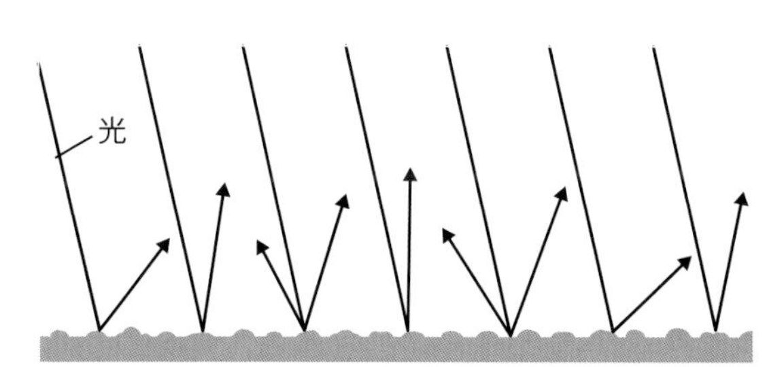

▲當路面乾燥，光線會朝四面八方反彈回來。

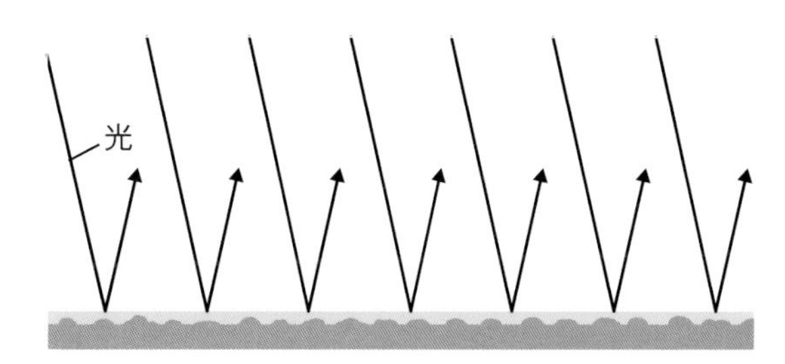

▲被水弄濕的路面就像鏡面，光只會朝同一方向反射回來。

實驗看看！ 以衛生紙進行調查

利用衛生紙來證實物體淋濕後的色彩變化吧。

準備用品

衛生紙、水。

實驗方法

①將衛生紙放在桌面上，在衛生紙正中央滴水。觀察被水淋濕部分的顏色。

②試著以這張衛生紙遮住光線，這次觀察淋濕部分看起來又是如何。

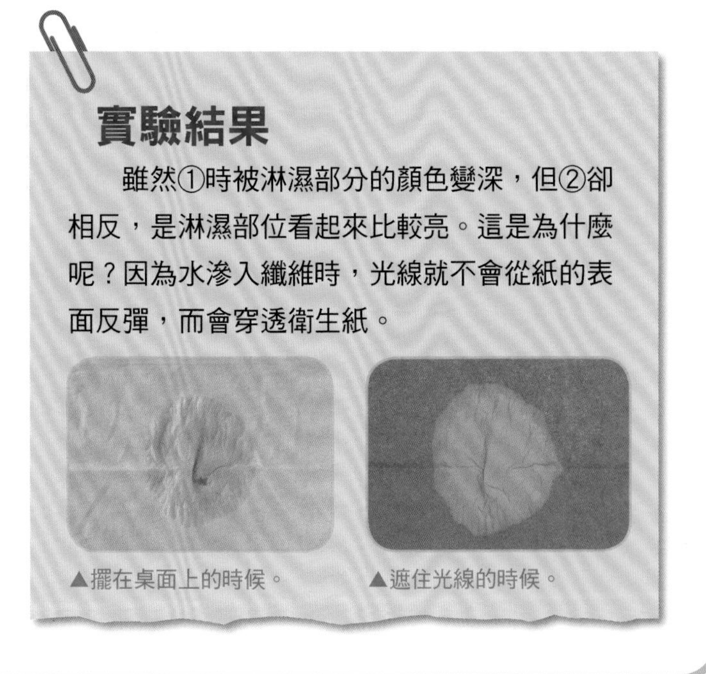

實驗結果

雖然①時被淋濕部分的顏色變深，但②卻相反，是淋濕部位看起來比較亮。這是為什麼呢？因為水滲入纖維時，光線就不會從紙的表面反彈，而會穿透衛生紙。

▲擺在桌面上的時候。　▲遮住光線的時候。

為什麼水煮開時會發出咻咻的聲響？

回答 因為蒸氣從空隙冒出來。

●以茶壺燒開水後，茶壺嘴會冒出熱氣，發出咻咻的聲響吧。

仔細觀察茶壺嘴，會發現靠近壺嘴的地方看不到熱氣。因為剛從茶壺內冒出來的是肉眼看不見的水蒸氣。

水蒸氣是水沸騰後，成為一種如同空氣般的氣體。水蒸氣在空氣中遇冷後，又會恢復成液體，成為肉眼可見的小水滴，我們所看到的熱氣就是這個。

●茶壺內的水被加熱至100℃，會開始變成水蒸氣。由於水蒸氣很輕，會一直往上升，被關在茶壺內的水蒸氣會上推壺蓋，從空隙向外逃，這時就會發出咻咻的聲響。

水煮沸後，會發出嗶嗶通知聲的茶壺，也是利用水蒸氣吹出笛聲。

延伸問題 熱水煮沸後，壺底冒出來的泡泡是什麼？

回答 變成氣體的水。

●以鍋子和茶壺燒熱水時，壺底會冒出一顆顆泡泡。這些泡泡究竟是從哪裡冒出來呢？

雖然泡泡乍看像是從某處冒出來的空氣，但其實並非空氣而是水蒸氣。換言之就是水化為氣體的姿態。

●接近鍋底部位的溫度高，水達到100℃變成水蒸氣便會接連往上浮。

煮沸的水變成氣體的現象被稱為「沸騰」。當沸騰現象持續一段時間後，水就會全部化為水蒸氣，鍋內就會空無一物。

為什麼冰冰的杯子上會出現水滴？

回答 空氣中的水蒸氣遇冷，凝結為水。

●各位有看過裝冰果汁的杯子，表面冒出水滴嗎？水滴又是從何而來呢？

●空氣內充滿水變成的水蒸氣。空氣內的水蒸氣含量因溫度而異，溫度越低含量越少，溫度越高則越多。

裝有冷飲的杯子，周圍的空氣被飲料冷卻，導致溫度降低。原本在杯子周圍的水蒸氣，就會無法維持水蒸氣的狀態而化為液體，也就是變回水，亦即凝結成水滴沾附在杯子表面。

●冬天的暖氣房窗戶也有相同現象。門窗被室外較低溫的空氣冷卻，空氣中的水無法維持水蒸氣的狀態，化為沾附在窗框及玻璃上的水滴。這個現象叫作「結露」。

▲沾附在杯子上的水滴。

開暖氣後，空氣會乾燥導致喉嚨乾渴。

實驗看看！ 捕捉空氣中的水蒸氣吧！

即使在晴朗的日子，空氣內還是存在著許多肉眼看不到的水蒸氣。
改變水的溫度，觀察水滴的形成方式吧。

準備用品

熱水、水（常溫）、冰塊、保鮮膜、耐熱材質的杯子 3個、溫度計、濕度計。

實驗方法

①分別把熱水、水跟冰水裝在3個杯子內，以保鮮膜密封。

②觀察杯子周圍和內側水滴產生的情形。

觀察範例：

氣溫	濕度	水滴的形成方式		
		水	冰水	熱水
○○℃	○○%	沒有水滴	杯子外側有水滴	杯子內側有水滴

溫度和水滴的關係

現在明白3個杯子的水滴形成方式，和溫度的關係嗎？裝了熱水的杯子，保鮮膜內側會有水滴，是因為杯內的水蒸氣從外側受冷，形成水滴的緣故。

也可以試著觀察氣溫和濕度不同時的結果。

為什麼會下雪？

回答 雪是空中結凍的水蒸氣從天而降。

●下雪時，仰頭望天空會看見雲。雲是空氣中的水蒸氣在高空處遇冷，化為小水滴集結而成。冬天氣溫下降後，小水滴會結凍化為冰。冰滴難以凝聚，變重後很快就會墜至地面，也就是所謂的雪。

●仔細觀察雪會發現，每片都是呈現小花般的形狀，這就是「雪結晶」。雪結晶會呈現美麗的六角形，並非五角形或八角形，因為最初水蒸氣形成冰滴時就是六角形。水蒸氣會接二連三黏在六角形顆粒的角上，成長為結晶。

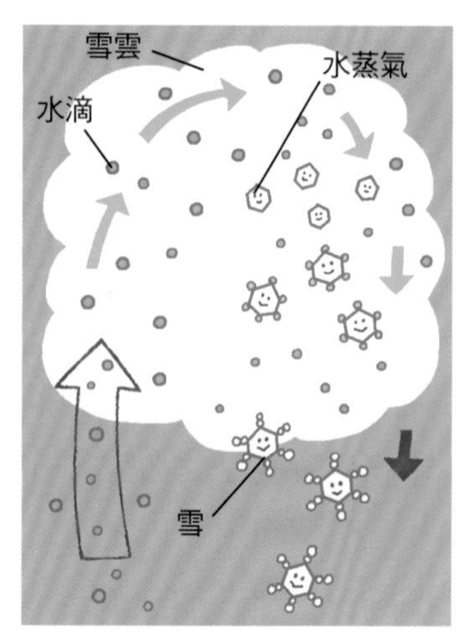

從天而降的雪如果半途融化，就會變成雨呢！

▲雪結晶

延伸問題 為什麼有些地方會下雪，有些地方卻不會？

回答 與氣溫跟水蒸氣的含量有關。

●同樣是冬天，有的地方容易下雪，有的則不易下雪。以日本的日本海側與太平洋側來比較，日本海側的降雪量就很大。
因為日本海側流動的空氣中，富含水蒸氣。水蒸氣遇到冷空氣會形成「雪雲」，使日本海側降下大量的雪。

●在寒冷的冬天，於寒冷的浴室中放熱水，會冒出許多熱氣。這些熱氣是洗澡水蒸發的水蒸氣，被周圍冷空氣冷卻後，形成小水滴出現在空氣中所形成。雪雲也是同樣道理，是從海面上升的水蒸氣被冷空氣冷卻形成的產物。

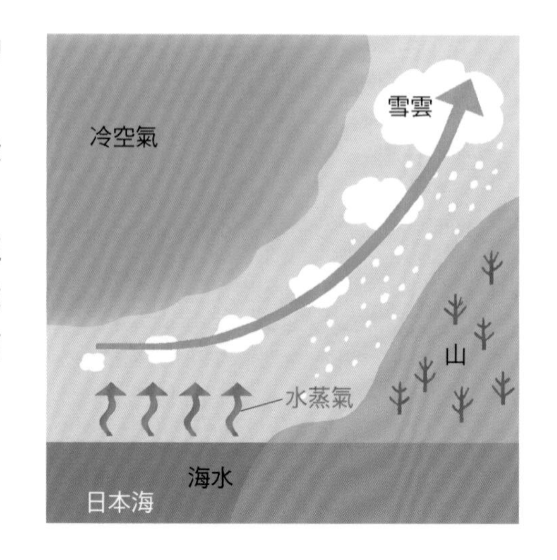

飛機雲是怎麼形成的？

回答　飛機引擎噴出的水蒸氣結凍形成。

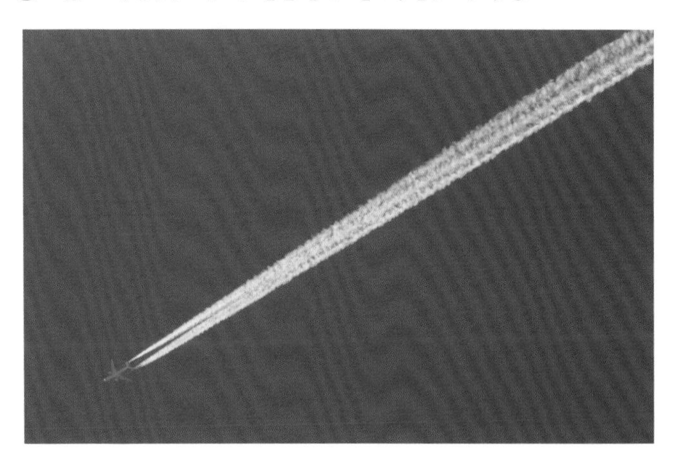

- 飛機雲的形成方式分成兩種。
  第一種是從引擎噴出的廢氣形成的雲。飛機飛翔在距地面1萬公尺以上的高度，那裡的溫度相當低，低至-40℃。
  飛機飛在如此低溫的地方，引擎噴出的廢氣內含有的水蒸氣，會全數化為冰滴，從地上看起來就像是白雲。
- 第二種是空氣在飛機的主機翼後方形成漩渦，部分氣壓和氣溫下降，空氣中的水蒸氣結凍形成的飛機雲。空氣內含有的水蒸氣越多，越容易形成飛機雲。

實驗看看！　以寶特瓶造雲

將高空形成雲的現象，在寶特瓶內進行實驗吧。

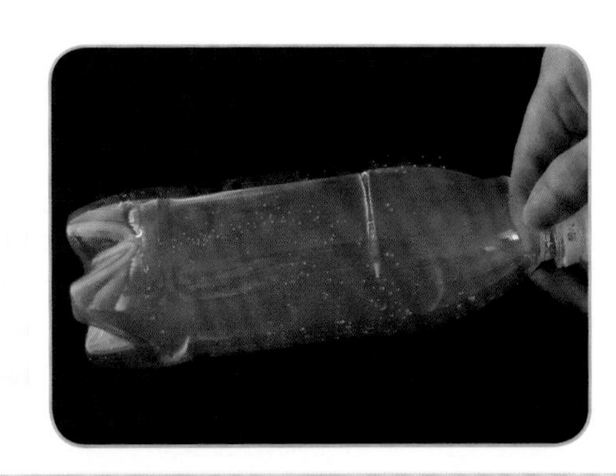

準備用品

碳酸飲料寶特瓶（500ml）。
汽水打氣瓶蓋（使二氧化碳不易流失的寶特瓶專用壓頭，家居用品店等處有販售）。

實驗方法

①寶特瓶內側以水沾濕。
②確實扭緊汽水打氣瓶蓋。
③按壓打氣瓶蓋，將空氣灌入寶特瓶。
④寶特瓶充飽空氣後，一口氣打開瓶蓋。接著寶特瓶內就會出現雲。

※請勿使用碳酸飲料以外的寶特瓶，會有破裂的危險！

雲的形成原理

利用打氣瓶蓋將空氣灌入寶特瓶中，空氣就會被壓縮。空氣受壓縮後溫度會升高，寶特瓶內的水會蒸發，混入空氣內。

這時拿掉壓頭，內部的空氣會一口氣膨脹，使溫度下降，水蒸氣便會再度變回水滴形成雲。

空氣也有重量嗎？

回答 雖然肉眼看不見，空氣也是有重量的。

●各位有親身感受到自己周圍空氣的重量嗎？雖然我們看不見也摸不著空氣，不過空起也跟其他物體一樣具有重量。
颳強風時，都有身體被風吹著跑的經驗吧。那就是空氣的重量衝撞身體的緣故。被颱風風力吹倒的樹木和掀起的屋頂，同樣也是抵擋不了空氣的重量。
1公升的空氣與1圓日幣（1g）等重。

延伸問題 為什麼我們感受不到空氣的重量？

回答 因為體內有股外推空氣的力量。

●在我們頭上約10km高處，有著層層堆疊的空氣。這些空氣以相當於用手掌舉起一位成人的力量，由上而下壓著我們。既然如此，為何我們感受不到空氣的重量呢？因為我們體內有股外推空氣的力量，恰好與體外空氣的壓力達到平衡。

●空氣下壓的力量越往高處越小，因為自己上方的空氣變得稀薄。將密封包裝的零食或麵包帶到高山上，包裝袋會更加膨脹。這是因為密封在袋內的空氣外推力，強於袋外的壓力。攀登高山時，不妨帶包袋裝零食進行觀察吧。

▲越往高處空氣下壓的力量越弱。

▶變得更加膨脹的袋裝零食。

實驗看看！ 以空氣砲感受空氣的威力

製作會射出空氣彈的空氣砲，親身體驗空氣的威力。

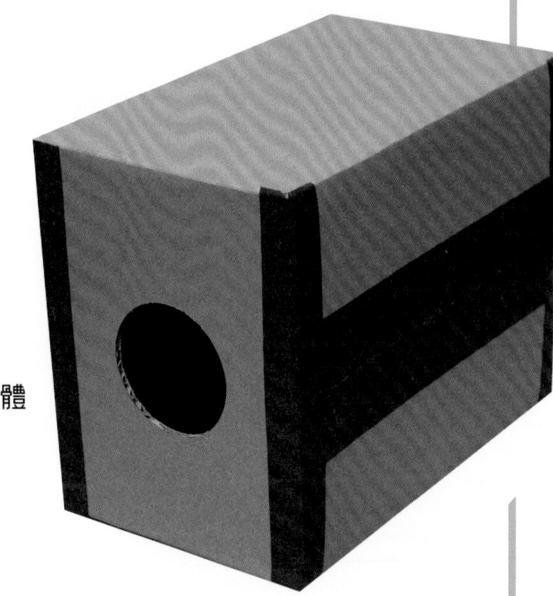

準備用品

紙箱、封箱膠帶、美工刀。

實驗方法

①紙箱的邊緣以封箱膠帶黏3層，進行密封。
②在紙箱側面割出直徑約10cm的圓洞。可以用碗或是罐子等圓形物體抵住紙箱側面，沿著邊緣畫一圈記號，再以美工刀割掉。
③為避免箱蓋晃動，將手伸入洞內，從內側黏貼固定數處。

空氣砲的射擊方法

①將圓洞朝著想射擊的物體，單手捧起箱子。

②另一隻手用力敲打紙箱的相反側。將紙箱放在桌上，從兩側敲打也可以。

瞄準臉和身體後，便能感受到空氣彈的威力。

空氣砲彈是這種形狀

拍打箱子的瞬間，內部的空氣被猛烈地壓到箱外。彈出的空氣會形成漩渦環。

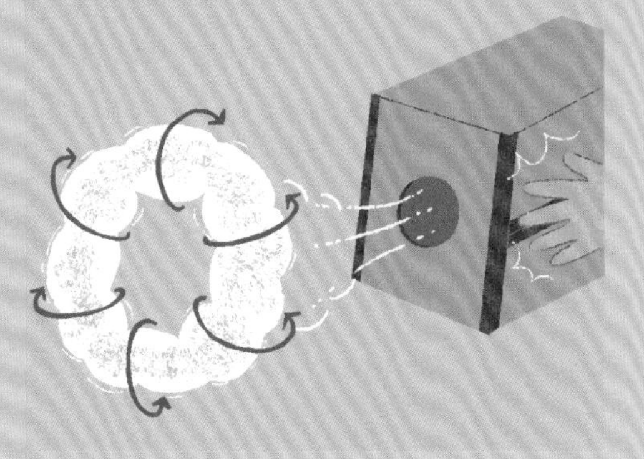

▲透過捲起漩渦，空氣砲彈劃過空氣前進的力量會變強，就會猛烈噴射出來。

動手作作看！

不妨嘗試這些玩法。

●以空氣砲瞄準折好的紙標靶，試著把標靶射倒。

●在遠處瞄準點燃的蠟燭，試著讓火熄滅。

※一定要有大人在場才能使用火燭。

為什麼紅茶加入檸檬後會變色？

回答 因為檸檬的酸消除了茶色的成分。

●紅茶原本在茶葉採收時是綠色。將綠色茶葉乾燥處理後，以手充分搓揉，靜置於溫暖的室內，讓茶葉發酵製成紅茶。

●為紅茶倒入熱水後，茶葉的紅褐色會轉移到熱水中。紅茶的顏色是由好幾種成分形成，其中一個成分「茶黃素」，會與檸檬內名叫「檸檬酸」的酸性成分產生變化，變為無色。所以在紅茶內加入檸檬後，顏色會變淡。
如果在紅茶中加入蜂蜜，顏色則是會轉深。因為蜂蜜內含有的鹼性成分與紅茶產生反應。

▲入檸檬前的紅茶。

▲加入檸檬後的紅茶。

水溶液的性質

有物質溶於水中的液體統稱「水溶液」。水溶液的性質可分成3大類：酸性・中性・鹼性。3種性質都有各自的特徵，可以用石蕊試紙辨別。

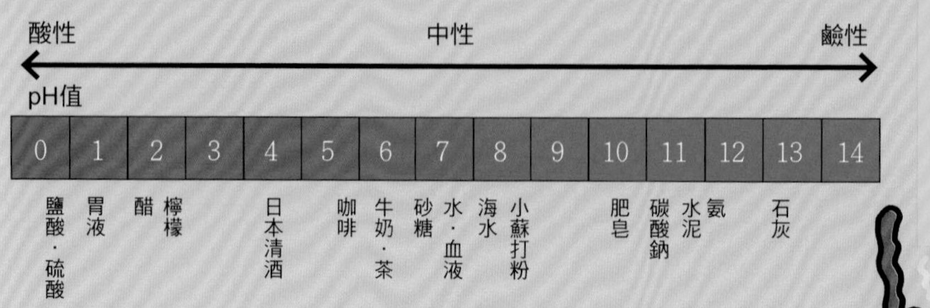

▲以pH值為單位，從酸性到鹼性共分為14級。

●酸性
溶於水中多半會呈現酸味。pH值越小代表酸性越強。會使藍色石蕊試紙變成紅色。

●中性
既不是酸性也不是鹼性，pH值介於中間。對紅與藍的石蕊試紙都不會產生反應。

●鹼性
溶於水中多半會呈現苦味。pH值越大代表鹼性越強。會使紅色石蕊試紙變成藍色。

若水溶液的酸性值或鹼性值非常強，可能會成為難以處理的危險物品！

實驗看看！ 以茄子色素水溶液調查酸鹼度

在從茄子皮萃取的有色水內，加入各式各樣的水溶液攪拌看看，究竟會變成什麼顏色呢？

準備用品

茄子1條、檸檬汁、醋、廚房清潔劑、小蘇打粉、明礬、肥皂水、砂紙、空蛋盒（透明）。

實驗的事前準備

●製作茄子水

以砂紙摩擦茄子皮作出傷痕。取一杯水將茄子浸泡在裡面，讓茄子的顏色溶於水中。

●製作小蘇打粉和明礬的水溶液

準備2份2大匙的溫水，分別加入小半匙的小蘇打粉和明礬溶解，放至冷卻。

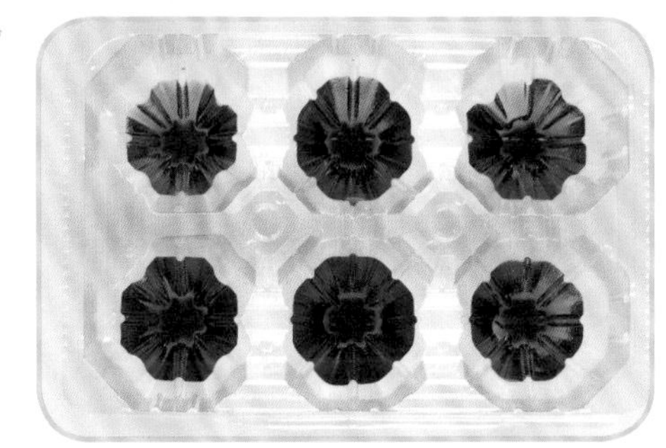

實驗方法

①將茄子水倒入空蛋盒凹槽的一半高度。

②分別加入少量的檸檬汁、醋、廚房清潔劑、小蘇打水、明礬水、肥皂水。

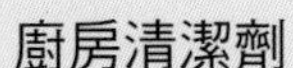

廚房清潔劑　醋　檸檬汁

肥皂水　明礬水　小蘇打水

除了茄子皮以外，紫色高麗菜和赤紫蘇也能用來實驗喲。
嘗試加入其他各種溶液實驗看看吧。

茄子顏色的祕密

茄子的紫色來自是皮內的一種多酚，是被稱為「茄黃酮苷」的色素。茄黃酮苷與被稱為花青素的色素相近，具有呈酸性呈紅色、中性呈紫色、鹼性呈藍色的性質。

本實驗是利用茄黃酮苷的性質，來調查水溶液的酸鹼性。

如此以來便能知道，水變成紅色和粉紅色的檸檬汁、醋、廚房清潔劑都是酸性，變藍色的小蘇打水、明礬水是鹼性，幾乎沒有變色的肥皂水是中性。

蛋煮過後為什麼會變硬？

回答 雞蛋內的蛋白質受熱後會結塊。

●打破生雞蛋的蛋殼，會看見黃色的蛋黃跟透明的蛋白。那麼打破水煮蛋又會如何呢？雞蛋以水煮過後就會變成固體。
雞蛋含有大量蛋白質，蛋白質具有加熱後會結塊的性質，所以用水煮過後會變硬。茶碗蒸跟布丁等食物，都是利用這種性質凝固。

●雞蛋的蛋黃和蛋白凝固的溫度各不相同。蛋黃約為70℃，蛋白約在80℃才會完全凝固。
以100℃的熱水長時間煮蛋，蛋黃跟蛋白都會確實凝結，變成水煮蛋。若縮短煮蛋時間，會變成蛋黃黏稠的半熟蛋。

試著在廚房觀察蛋白質的性質。

牛奶也是富含蛋白質的食品，試著觀察牛奶蛋白質的性質吧。

●牛奶的膜

　熱牛奶的表面會形成一層薄膜，那是牛奶內的蛋白質遇熱凝結的緣故。牛奶溫度達40℃以上後，水分會從接觸空氣的表面蒸發，蛋白質會包住脂肪和乳糖，然後凝結成膜。

　原料是黃豆的豆漿也會形成薄膜，變成一種名叫「豆腐皮」的食材。

▲以豆漿製作的豆腐皮。

●牛奶和柳橙汁

　將100%柳橙汁加入牛奶攪拌後，牛奶會變成黏稠的優酪乳狀。因為牛奶內含的蛋白質遇到柳橙的酸會凝結。使用像檸檬等酸性食物也有同樣效果。

◀在牛奶內一加入柳橙汁，蛋白質就會凝結分離。

實驗看看！ 製作水煮蛋和溫泉蛋

利用蛋黃和蛋白凝結溫度的差異，製作水煮蛋和溫泉蛋吧。

水煮蛋

準備用品

雞蛋1顆、水、小鍋子、料理計時器。

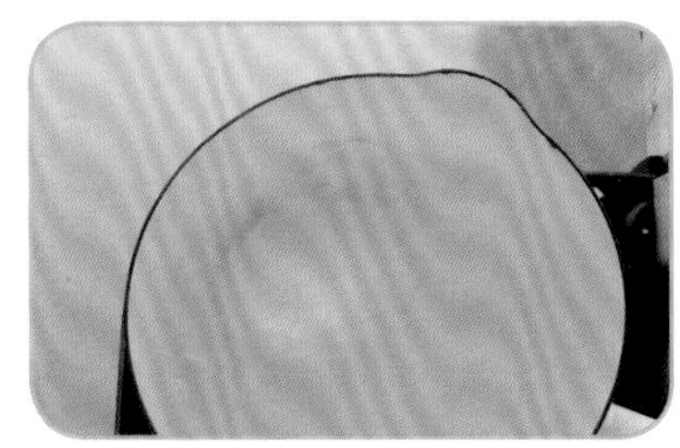

◀將蛋放入沸騰的熱水持續加熱。

作法

①於鍋內加水開火，待水沸騰後慢慢把蛋慢慢放進去。
②等待10分後，從鍋內撈起放進冷水冷卻，剝去蛋殼。
③用菜刀切成兩半，觀察內部的狀態。

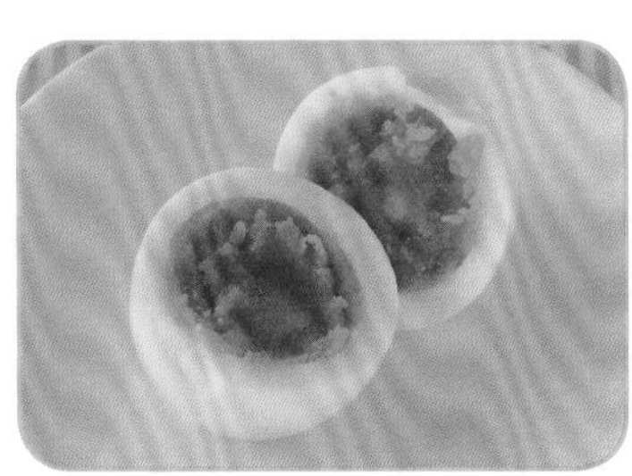

蛋白和蛋黃凝結，變成我愛吃的水煮蛋了。

溫泉蛋

準備用品

雞蛋1顆、熱水、泡麵碗、料理計時器。

◀泡麵容器內加入沸騰的熱水和蛋，在不加熱的情況下靜置。

作法

①將沸騰的熱水倒入泡麵碗內，然後慢慢把蛋放進去。
②不要蓋上蓋子，靜置30分鐘後再撈起。
③打破蛋殼放入盤子內，觀察蛋的樣子。

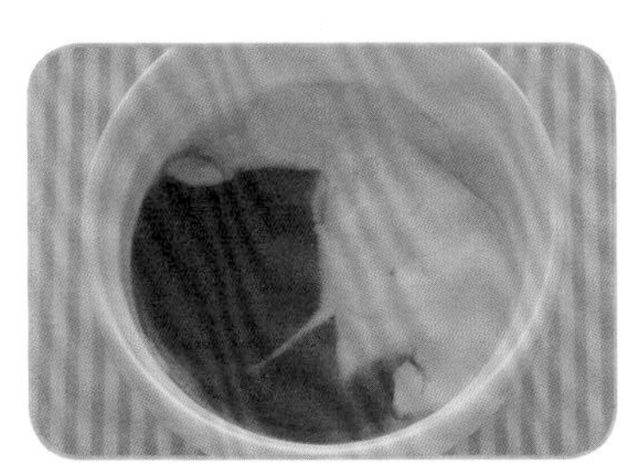

蛋黃半熟，
蛋白則為泥狀！

※進行用火的實驗要小心，避免燙傷。

蛋黃跟蛋白的凝結溫度為一大重點

水煮蛋是加入已沸騰的熱水內煮熟，持續加熱的熱水會維持在100℃。外側的蛋白會開始凝結，漸漸內側的蛋黃也會凝結。在熱確實傳導至蛋黃以前就撈起蛋，就會變成半熟蛋。

溫泉蛋的作法則是把蛋放入剛沸騰至100℃的熱水內，但之後溫度會逐漸下降。因此蛋白跟蛋黃無法完全凝固，形成泥狀的溫泉蛋。

溫度＼時間	5分	10分	15分	20分
100℃	半熟	水煮蛋		
90℃	半熟		水煮蛋	
80℃		溫泉蛋		水煮蛋
70℃			溫泉蛋	
65℃				溫泉蛋

切洋蔥時為什麼會想流眼淚？

回答 從洋蔥內會釋放出會刺激流淚的成分。

●切開洋蔥後常常會流淚水和鼻水，這是因為洋蔥內會釋放出稱為「二烯丙基硫醚」的成分，刺激眼睛和鼻子。

●二烯丙基硫醚是一種存在洋蔥細胞內，會與胺基酸和酵素起反應的物質，僅是剝開洋蔥皮不會冒出來。但如果以菜刀切開洋蔥、破壞洋蔥的細胞，就會釋放二烯丙基硫醚。
二烯丙基硫醚容易在空氣中擴散，跑進切洋蔥者的眼睛內。

●除了洋蔥以外，蔥、韭菜、大蒜及山葵等蔬菜中也含有二烯丙基硫醚。

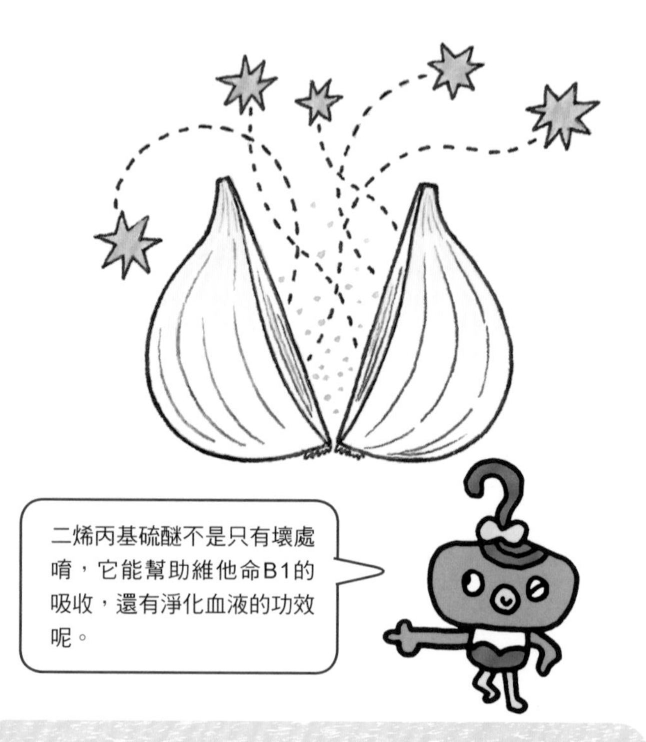

二烯丙基硫醚不是只有壞處唷，它能幫助維他命B1的吸收，還有淨化血液的功效呢。

動手作作看！ 流淚的防範措施！

理解二烯丙基硫醚的性質後，試著防範切洋蔥流淚吧。

●將洋蔥冷藏
容易釋放二烯丙基硫醚的溫度為常溫。在切洋蔥前事先將洋蔥冷藏於冰箱，二烯丙基硫醚就不容易釋放。

●使用銳利的菜刀
用變鈍的菜刀切，很容易破壞洋蔥的細胞。使用銳利的菜刀，就不易釋放二烯丙基硫醚。

●遮住眼睛和鼻子
為了避免空氣內的二烯丙基硫醚進入眼鼻，可以配戴蛙鏡，然後用衛生紙塞住鼻子。

烏龍麵的「嚼勁」是什麼？

回答 咬下去的感覺。

●烏龍麵的「嚼勁」意指送入口中咬下去時的感覺，也就是黏韌度和彈性。咬下去的感覺越強烈，會被視為「很有嚼勁」。

●那麼「嚼勁」又是從何而來呢？這點跟烏龍麵的原料小麥粉，所內含的成分有關。

用來製作烏龍麵的小麥粉，含有8%至9%的蛋白質以及77%的澱粉。粉內的蛋白質加水後，就會產生黏韌富彈性的「麩質」。

為了讓麵條擁有恰到好處的嚼勁，製作烏龍麵的專家會改變加入小麥粉內的水及鹽的比例，調整麩質產生的量。透過人的手腳充分揉捏踩踏，能使麩質的纖維方向複雜化，進而產生強韌嚼勁。

▲嚼勁十足的讚岐烏龍麵

當麩質過多時，烏龍麵會過硬。恰到好處的硬度，才稱得上是嚼勁。

除了烏龍麵以外，還有哪些麵條有嚼勁呢？

除了烏龍麵之外，還有蕎麥麵、素麵及義大利麵等麵條，但這些麵條是否也有嚼勁呢？

烏龍麵嚼勁的祕密，隱藏在原料小麥粉內含成分當中。試著調查其他麵條的原料和製作方法吧。嚐看看各式各樣的麵條，觀察特徵。

●素麵

與烏龍麵同樣是以小麥粉、水、鹽為原料。麵條粗約1.3mm，由於比烏龍麵細，雖然難以感受到嚼勁，但滑溜的口感為一大特徵。

●義大利麵

運用與烏龍麵不同種類的杜蘭小麥為原料。以鹽水煮就會產生嚼勁，若是煮過頭會破壞嚼勁。

●蕎麥麵

由蕎麥粉和水製作而成。由於蕎麥粉本身無黏性，因此會加入像小麥粉等「連結材料」增添黏性，連結材料主要是利用麩質的特性。

●拉麵

於小麥粉內添加稱作「鹼水」的鹼性鹽水溶液製成。這種鹼水會讓小麥粉柔軟有彈性，並產生獨特的嚼勁。

生麵或乾麵的嚼勁也會不一樣呢！

納豆為什麼會黏糊糊的？

回答 納豆菌會製造出黏糊感。

●攪拌納豆時不僅會牽絲，還會呈現黏糊糊的狀態。納豆是在煮熟的黃豆中添加納豆菌製成的食品，雖說是細菌，卻不是會讓人拉肚子或生病的那種壞菌，是對人體有益的好菌。這種納豆菌平常住在稻草中。

●納豆菌移動到黃豆上後，會吃掉黃豆產生新的成分。

納豆會黏糊糊，是因為納豆菌產生的一種名叫「麩醯胺酸」的胺基酸。至於納豆絲是麩醯胺酸連接形成的長絲，與一種被稱為果聚醣的成分相互纏繞而成。麩醯胺酸也存在於昆布等食材中。

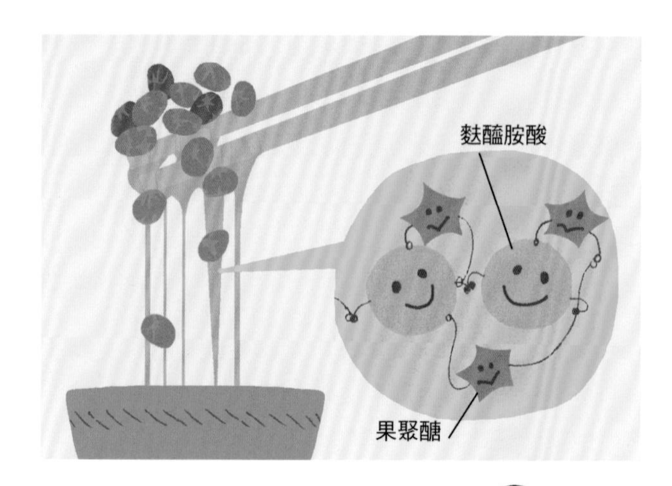

延伸問題 為什麼納豆會臭？

回答 臭味並非是腐敗，而是發酵造成。

●納豆是由納豆菌是轉化黃豆中的成分所形成，這種透過菌的作用改變成分的現象被稱為「發酵」。乳酸菌會改變牛奶的成分形成優酪乳，米麴菌會改變黃豆成分形成味噌。

●發酵跟腐敗的差別在哪裡呢？兩者皆為菌引起的現象。

發酵時的菌會依食物而有所不同，但食物腐敗是「腐敗菌」引起的作用。只要符合腐敗菌喜愛的條件，腐敗菌就會增加，導致食物腐敗。發酵與腐敗的差異，在於透過該細菌衍生的物質「對身體的影響是好或壞」。

●發酵

（對身體有益的菌）
- 納豆菌
- 乳酸菌
- 雙歧桿菌
- 酵母菌
- 米麴菌

等

●腐敗

（對身體有害的菌）
- 病原菌
- 腐敗菌

等

找出廚房內的發酵食品！

納豆是納豆菌讓黃豆發酵的產物。納豆菌為我們製造像維他命K和納豆激酶等黃豆中所沒有，卻對身體有益的營養素。利用細菌產生功效的技術，很早就被應用於日常生活之中。除了納豆以外的發酵食品還有很多。試著找出廚房內的發酵食品吧！

試著找尋冰箱內和櫥架上有什麼吧。你找到了幾種發酵食品呢？

●各式各樣的發酵食品

味噌

醬油

柴魚片

紅酒

醃漬物

泡菜

鹹魚

天貝

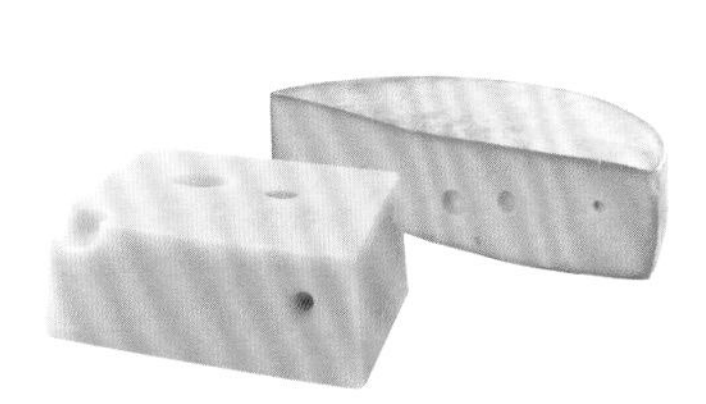
起司

紅茶

清酒

為什麼要讓食物發酵？

從沒有冷藏和冷凍室的時代起，利用「發酵」作用保存食物是不可或缺的保存方法。近年人們才逐漸了解到讓食物發酵是件好事，那麼究竟有哪些好處呢？。

發酵是從古至今的智慧呢！

讓食物長久保存

變得更美味

提昇營養

為什麼替蔬菜灑鹽會冒出水分？

回答 鹽使蔬菜本身的水分滲透出來。

●以鹽巴搓揉蔬菜，菜葉會滲透出水分並萎縮。這是透過鹽的力量將蔬菜的水分排到外面。

包括蔬菜等植物，生物的細胞都被一種叫「半透膜」的膜覆蓋。該膜會以滲透的方式讓細胞吸收必要的物質，抑或是捨棄物質。

當半透膜內外側的鹽分不同時，就會產生作用以平衡濃度。

蔬菜浸泡鹽水後，膜內側的鹽分比較淡，為了平衡濃度，它會讓水往外移動。

●製作沙拉時，先將蔬菜泡水，能讓蔬菜看起來朝氣蓬勃也是相同道理。那是水穿過了半透膜，進入缺乏水分、乾癟的蔬菜內部的緣故。

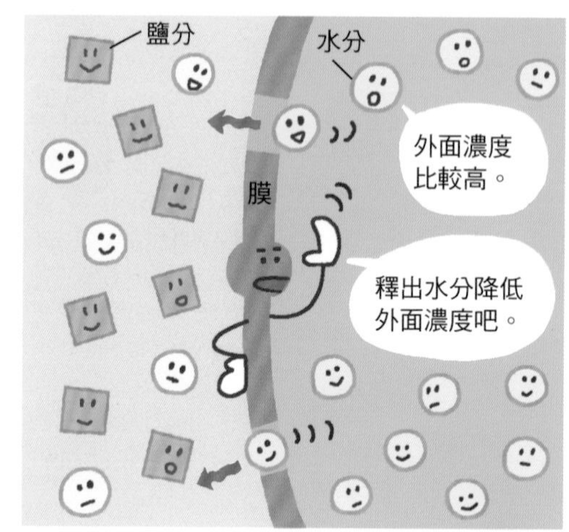

鹽分
水分
膜
外面濃度比較高。
釋出水分降低外面濃度吧。

對蛞蝓灑鹽會變小，也是同樣的原理。

實驗看看！ 以小黃瓜進行實驗！

以小黃瓜來驗證，鹽將水分從蔬菜排出來的現象吧。

準備用品

小黃瓜1根、鹽和砂糖各1/2小匙。
碗3個、電子秤、量匙、杯子。

實驗方法

①將小黃瓜切成薄片，使用電子秤，三個碗中放入等重的小黃瓜。

②在第一個碗中加入鹽，第二個碗中加入砂糖，並分別攪拌均勻。第三個碗則什麼都不加。

③靜置20分鐘後，用力以手擠壓小黃瓜，將滲透出來的水分倒至杯內，測量重量。

鹽排出水分的力量

可以發現什麼都沒加的那碗小黃瓜沒有滲出多少水分，但加了鹽和砂糖的小黃瓜都有滲透出水。測量重量後，會發現加鹽的小黃瓜滲出來的水比較多，便能明白鹽的排水作用強於砂糖。

為什麼切開的蘋果要浸泡鹽水？

回答 為防止蘋果變成褐色。

●大家曾有過將蘋果削皮，擺放一段時間後，原本白色的切口變成褐色的經驗嗎？蘋果經過切開或摩擦後，蘋果內的酵素會起作用，讓蘋果的多酚與空氣中的氧結合，導致多酚會變成褐色，這種現象稱為「氧化」。鐵和氧結合生鏽也是一種氧化現象。

●為了預防氧化，鹽又派上用場了。鹽會在氧和多酚結合前搶先裹住多酚，讓酵素無法讓多酚跟氧結合。所以浸泡鹽水，可預防蘋果氧化變成褐色。

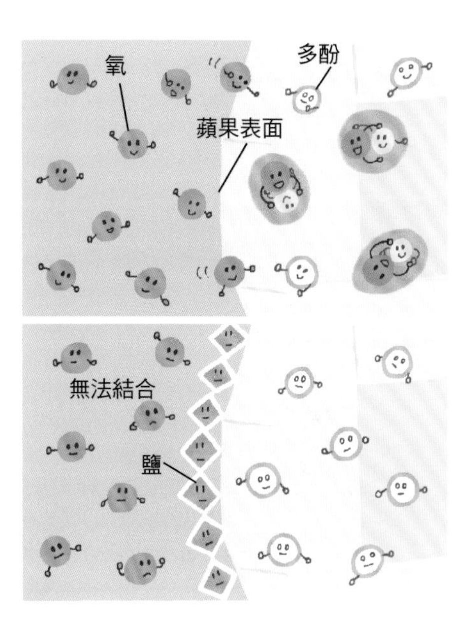

實驗看看！ 試著將蘋果浸泡在各種水中！

除了鹽以外，還有其他可以抑止氧化的物質嗎？用各式各樣的物品調查看看！

準備物品

蘋果1顆、鹽、砂糖、檸檬汁、醋、小容器5個、小盤子5個。

實驗方法

①將1/2小匙的砂糖和鹽溶化於100ml的水中，製作糖水和鹽水。同樣將1/2小匙的檸檬汁和醋，分別加入100ml的水中攪拌均勻。

②將水、鹽水、糖水、檸檬汁、醋分別倒入容器，將切好的蘋果單片泡在裡面10分鐘（蘋果切好後立刻放入）。

③10分鐘過後，撈起蘋果放入小盤。接著觀察蘋果在靜置30分鐘、60分鐘、90分鐘後的顏色和狀態如何變化。

●60分鐘後的結果

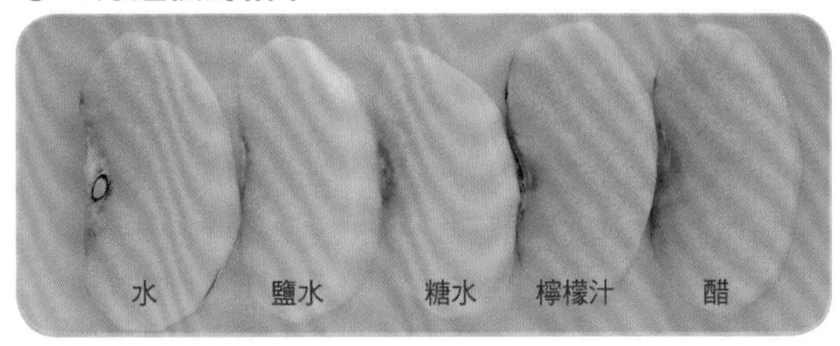

顏色變化最少的是？

除了水以外，其他溶液都有防止蘋果變色的效果。尤其是檸檬汁內含有維他命C，抗氧化的能力最強。至於砂糖並不會妨礙酵素起作用，而是覆蓋蘋果表面，防止蘋果接觸空氣。

水與油會分離不混合的原因是什麼？

回答 因為油不會溶於水。

●在水內加入砂糖和鹽攪拌後，就會溶化至完全消失。但水中的油不管再怎麼攪拌，過一段時間後仍會與水分成兩層。

●地球的「引力」是種會吸引物體的力量，物體的重量越重，受到的引力越強。由於油比水輕，所以在杯內加入油和水後，油會浮在上層，水則會在下層。

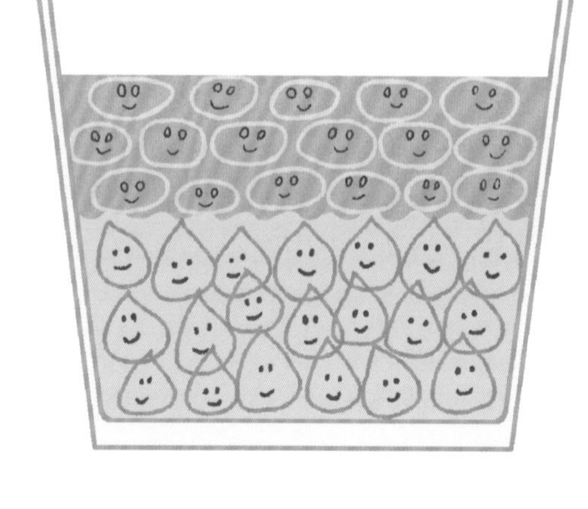

日本諺語「水與油」便是用來比喻合不來的關係呢。

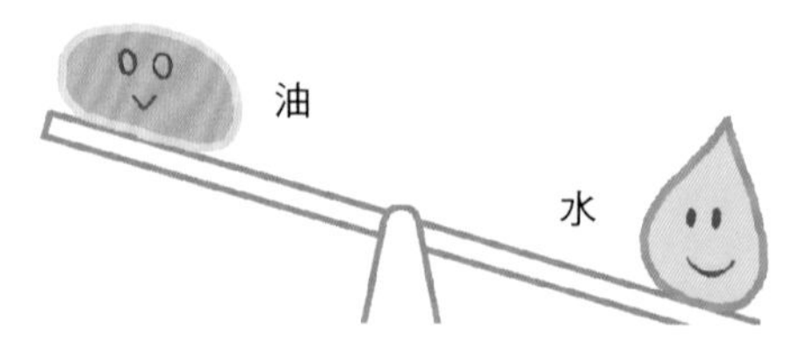

動手作作看！ 製作寶特瓶油水玩具！

準備用品

水、沙拉油、食用紅色素、寶特瓶、杯子。

製作方法

①在杯內放入100ml的水，加入少許食用紅色素溶解。

②在寶特瓶內倒入約至瓶身一半的沙拉油和水，確實關緊瓶蓋。

玩法

可以搖晃、顛倒瓶身，欣賞色水和油的動態。

很美吧。真是百看不膩呢。

實驗看看！ 水和油真的無法混合嗎？

雖然油水不親合，但有些東西能幫助兩者混合喲，用實驗來驗證吧。

準備物品

水、沙拉油、食用紅色素、廚房清潔劑、杯子、免洗筷1副。

實驗方法

①在杯內加入100ml的水和少許食用紅色素，攪拌均勻製作紅色水。
②另一個杯內倒入半杯沙拉油。倒入少許紅色水，以免洗筷攪拌均勻，確認水和油不會混合。
③在②的杯內，滴幾滴廚房清潔劑後充分攪拌均勻。

加入水和油攪拌

▲雖然油會形成細顆粒，但不會混合。

經過一段時間後…

▲水和油又分離了。

加入洗潔劑後攪拌

▲油和水混合在一起了！

即使經過一段時間…

▲不管放多久仍是混合的狀態。

為什麼放入洗潔劑就會混合？

洗潔劑和肥皂內含有名叫「界面活性劑」的成分。界面活性劑兼具易溶於水和油的部份。

界面活性劑具有將汙垢溶於水後帶走的效果，因此被廣泛運用在廚房清潔劑、洗髮精等各種洗潔劑中。

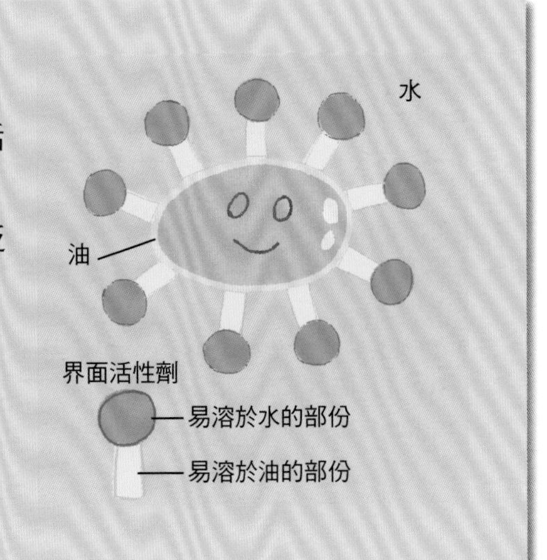

任何食物都可以冷凍嗎？

回答 食物亦分成適合冷凍與不適合冷凍的種類。

●將煮過的飯存冰在冷凍庫，就能長期保存。只要取出冰箱解凍，隨時都能吃到美味的飯，真的非常方便。
觀察家中的冷凍庫，看看裡頭裝了哪些食物吧。任何食物都可以冷凍嗎？
食物也有分適合冷凍保存及不適合冷凍保存，這和冷凍時，組成生物體的最小單位「細胞」會如何變化有關。

適合冷凍的食品	不適合冷凍的食品
飯、麵包、納豆、肉、魚貝類、湯、醬料等。	新鮮蔬菜、香菇、蘿蔔、西瓜、蒟蒻、蛋、牛奶、美乃滋、優酪乳等。

水分少、組織結實的食材比較適合冷凍。

延伸問題 食物冷凍後會產生何種變化？

回答 食物的會細胞產生變化。

●食物跟人體一樣都是由細胞所組成。放入冷凍庫「冷凍」後，藉由讓細胞內的水分結凍來冰凍食物。以微波爐加熱，或是放在常溫（室內溫度）自然解凍後，細胞原本結凍的水分就會融化恢復原狀。
但也有某些食物解凍後無法恢復原狀。冷凍反而會導致細胞被破壞、解凍時細胞內的水分蒸發、或是水與油等不同成分分離等現象。

●細胞被破壞
細胞內的水分結凍後膨脹而破壞細胞。葉菜類等蔬菜會發生這種狀況。

●水分流失
解凍時溫度上升，水分從細胞內流失。香菇和蒟蒻等食材會發生這種狀況。

●成分被破壞
由於水和油結凍的溫度不同，因此成分遭到破壞。牛奶和優酪乳等食材會發生這種狀況。

發黴的原因是什麼？

回答 發黴是因為一種稱為黴菌的生物，會尋找容易居住的場所生長。

●寶特瓶罐底剩餘的飲料和擺太久的麵包上，都會長出藍色和黑色的黴菌。黴菌是屬於一種被稱為菌類的生物。

黴菌利用類似植物種子的「孢子」飛散來繁殖。縱然孢子小到肉眼無法看見，卻在空氣中無所不在，並會緊黏在各種物體上。如果環境溫度和水分剛好適合黴菌生長，孢子就會伸出如線般的根開始生長，最終長大成人類肉眼可看見的黴菌。

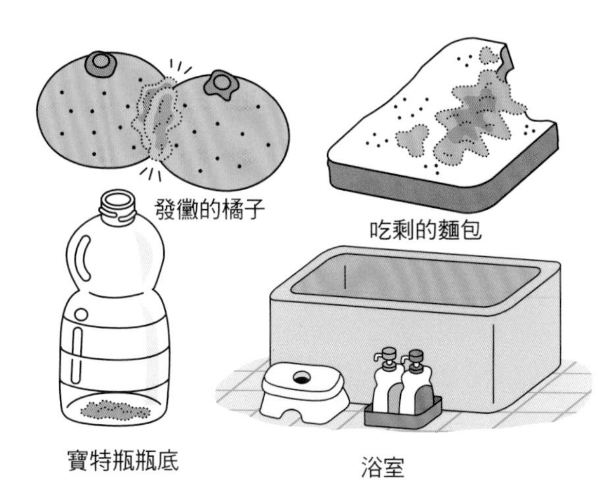

▲一旦沾到空氣內的孢子，只要符合黴菌喜好的溫度、濕度、營養，黴菌就會生長。但如果沒有滿足這三個條件，即使沾附孢子黴菌也不會生長。

實驗看看！ 調查易生黴菌的場所

將寒天作為黴菌的養分放在家中各處，試著培養看看黴菌吧。

準備物品

水200ml、寒天粉4g、砂糖1小匙、紙杯5至6個、剪刀、保鮮膜。

實驗方法

①以剪刀將紙杯橫剪掉一半。
②製作寒天。於鍋中倒水，以爐火加熱，加入寒天粉和砂糖溶於水中後關火，靜置至溫度不燙手。
③以紙杯分裝②。蓋上保鮮膜，放入冰箱冷藏30分鐘。
④從冷藏庫中取出後撕掉保鮮膜，以油性筆寫上製造日期。
⑤放在家中各處，每天觀察跟記錄。試著畫下黴菌的顏色等情況。

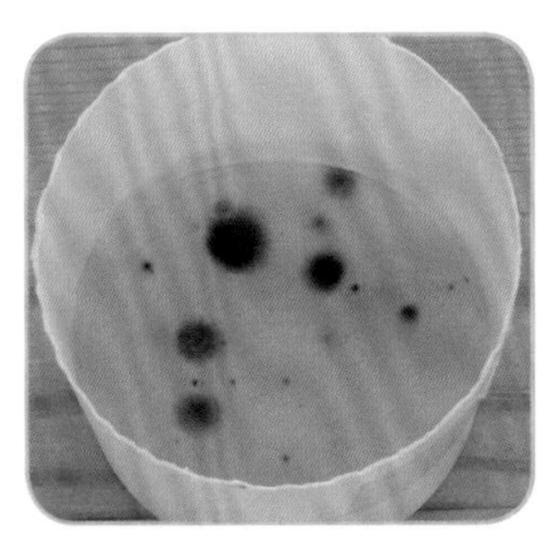

▲一週後的情況。

●試著將寒天放在以下地方

玄關、鞋櫃裡面、廚房、冰箱冷藏庫、浴室、廁所、窗戶旁邊、書桌上、走廊

黴菌是生物

空氣內黴菌的孢子黏附於寒天後，會以寒天為養分繁殖。至於黴菌是否會順利繁殖，跟該場所的溫度和濕度有關。

由於黴菌是生物，也很可能無法順利培養，但請各位在不同情況下多方嘗試，挑戰培養看看吧！

明膠和寒天有何不同？

回答 是以截然不同的原料來製作的。

●無論是滑溜溜的果凍，還是像餡蜜等帶有Q彈寒天的食品，皆因為口感佳而廣受歡迎。
雖然果凍和寒天很像，但原料卻截然不同。

●用來凝固果凍的明膠，是以豬、牛的骨頭和皮膚為原料，由動物性蛋白質製作而成。
另一方面寒天是以「石花菜」和「江蘺菜」等海藻為原料，由植物性碳水化合物製作而成。

●明膠
豬、牛的骨頭和皮膚（動物性蛋白質）

●寒天
石花菜和江蘺菜（植物性碳水化合物）

●明膠和寒天的差異性

	明膠	寒天
原料	豬、牛的骨頭和皮膚	石花菜和江蘺菜（皆為海藻）
主要成分	蛋白質	碳水化合物
凝固溫度	10℃	30 至 40℃
卡路里（每 100g）	344cal	0cal
營養	富含膠原蛋白	富含食物纖維
口感	柔軟滑溜	Q 彈偏硬

其他讓食品變硬的食材

除了明膠和寒天以外，還有其他可以讓食品凝固的材料喲。

●果膠

▲水果和蔬菜內的成分，運用在製作果醬和果凍。

●雞蛋

▲利用雞蛋內的蛋白質凝固成布丁和茶碗蒸等。

●葛粉

▲以葛屬植物的根提煉的澱粉為原料，經常使用在日式和菓子上。

●洋菜

▲以鹿角菜膠的海藻和刺槐豆膠的種子為原料，能作為果凍的材料。

實驗看看！ 觀察明膠和寒天的性質

製作果凍和寒天，進一步觀察明膠和寒天的差異性！

外觀和口感有何不同？
試吃進行比較吧！

準備物品

●果凍

明膠粉10g、水4大匙、果汁500ml、砂糖。

●寒天

寒天粉4g、果汁：400ml、砂糖。

奇異果1顆、小鍋、小盤、果凍模具6個。

實驗方法

●果凍

①在小盤內放入明膠粉，加水浸泡。

②在鍋內加入①和果汁，加入個人喜好份量的砂糖後，開小火加熱，攪拌直到溶化。

②在沸騰前關火，放涼到溫度不燙手後，倒入3個果凍模具內，放入冰箱冷藏庫凝固。

口感是…

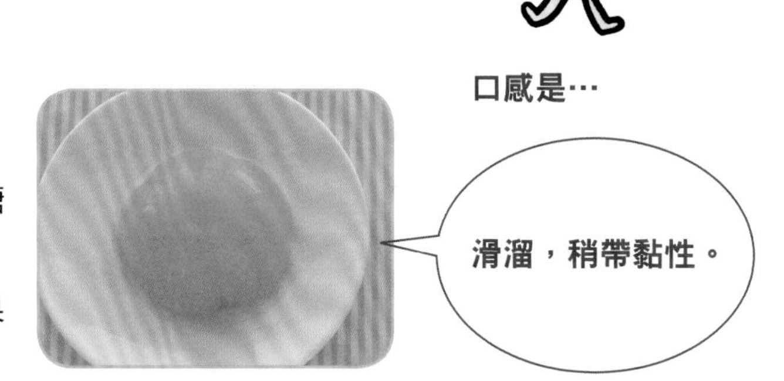

●寒天

①在鍋內放入果汁後開爐火，待沸騰後加入寒天粉溶化，再加入砂糖溶化，最後關火放涼到溫度不燙手。

②倒入3個果凍模具內，放入冰箱冷藏庫凝固。

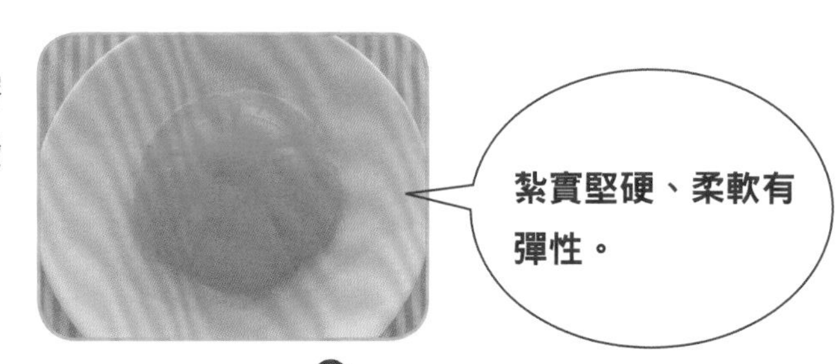

實驗方法

1 以微波爐加熱10秒

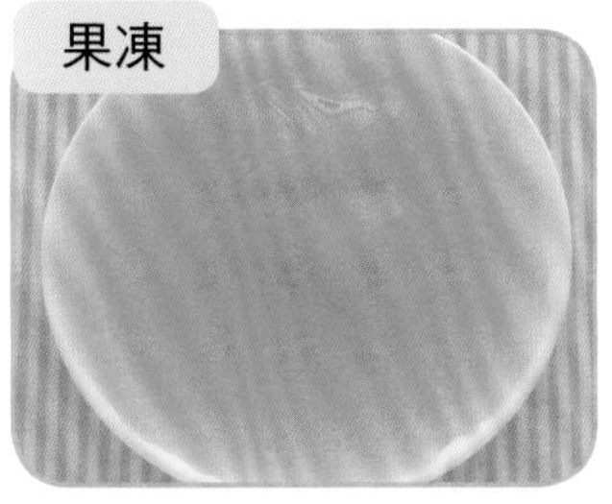

▲幾乎融化。

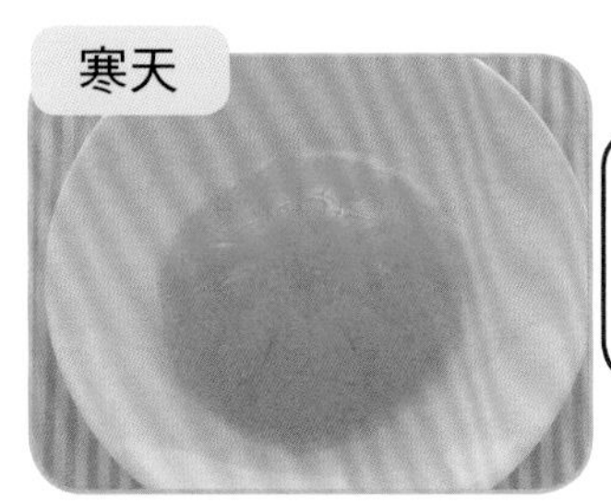

▲ 毫無變化。

這兩種方式，
果凍都會融化呢！

2 放上切好的奇異果靜置一段時間

▲融化變形。

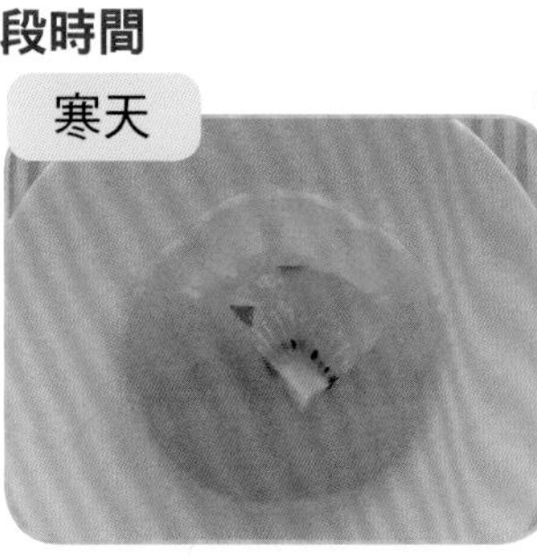

▲毫無變化。

為什麼會融化？

這兩個實驗中，都只有明膠果凍會融化。

明膠和寒天凝結的溫度並不相同，明膠約10℃就會凝結，繼續加熱則會融化。想在便當內放入果凍時，利用寒天製作就沒問題。

此外，奇異果內含有的酵素會破壞蛋白質，明膠是以動物性蛋白質為原料，所以會融化。

果醬為什麼不會腐敗？

回答 因為砂糖抓住了水分。

●新鮮水果在室內擺放久了會腐敗，但製作成果醬後，就不會腐敗能長久保存。
食物壞掉的主要原因，是黴菌和細菌等微生物滋生。微生物必須要有水和養氣才能生存，並且在低溫下難以繁殖，加熱也會死亡。

●果醬是在水果內加入大量砂糖、加熱熬煮製作。砂糖包裹住水果內含有的水分，變得難以分開。因此水果內的水分，無法自由自在活動，減少了構成腐敗原因的微生物和水分結合的現象。

●果醬裝瓶後，也會透過加熱殺菌，儘量減少瓶內的微生物和氧氣，所以才能長久保存。

實驗看看！ 以新鮮草莓跟果醬進行實驗

調查果醬和新鮮草莓兩者防腐的程度。

準備物品

新鮮草莓1顆、草莓果醬1小匙、小盤2個。

實驗方法

①將新鮮草莓和果醬分別放在小盤上。
②在一週的期間內，每天觀察兩者產生何種變化。

除了砂糖以外，加鹽也可以減少水分，幫助防腐喲。

7天後的結果

草莓　果醬

新鮮草莓腐敗變黑，但果醬幾乎沒什麼變化。

為什麼在人群面前會感到緊張？

回答 為了準備戰鬥，身體會製造出必要的能量。

●在大家面前發表作品或講話時，大家都有緊張到心臟噗通狂跳、雙手顫抖的經驗吧。這是身體為了和不擅長的事物戰鬥，準備製造出必要能量的緣故。

為了把能量送至肌肉，心臟會預備傳送大量的血液，因此才會噗通狂跳。腦內產生壓力，體內會需要大量氧氣，導致呼吸急促劇烈。

●心情過於緊張，會無法隨心所欲的發揮自己的力量。該怎麼做才能平復緊張呢？首先請記住「誰都會緊張」這件事，即使失敗也無須過於在意。

●運動選手可說是透過緊張的情緒來集中精神，將自己的力量發揮到極限。學會和緊張的情緒巧妙相處，不畏失敗持續挑戰才是至要關鍵。

▲緊張感大幅增加時，便會表現失常，身體動彈不得。

動手作作看！ 不緊張的技巧

雖然任何人都會緊張，但也有一些舒緩的方法。
在重要關頭時不妨試看看以下作法。

●進行深呼吸
心跳加速、體溫上升時不妨緩慢呼吸，讓心情平靜下來。

●轉移注意力
不要一直想著之前的失敗經驗。可以活動身體，把注意力放在別的事物上。

●練習
只要事先多次練習建立自信，就能抑止緊張感。

●想開一點
看開點想著「失敗也沒關係」，也能緩和緊張感。

為什麼人會懼怕高處和暗處？

回答 察覺危險是身為動物再自然不過的反應。

●恐懼暗處，對高處感到棘手是很正常的情緒反應。

如果缺乏上述的「恐懼感」，就會有從高處墜落、在暗處遭動物襲擊死亡的危險。諸如此類的情緒，是身為動物再自然不過的反應。

●至於懼黑和懼高的理由，首先是對於這種場所「不習慣」。如果始終住在高樓大廈上，習慣高處後恐懼感就會逐漸消失。

●若聽說過「從高處摔下來會受傷」和「黑漆漆的房間會有妖怪」後，大腦也會傾向避開高處和暗處。

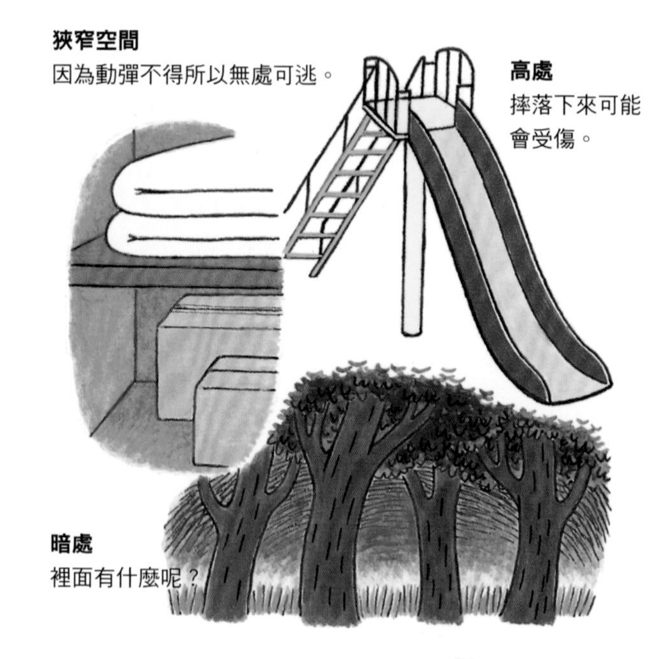

狹窄空間
因為動彈不得所以無處可逃。
高處
摔落下來可能會受傷。
暗處
裡面有什麼呢？

原來對高處無感比較危險啊。

延伸問題 壓力是什麼？

回答 來自外界的「力」。

●感覺緊張時，常聽到有人說「有壓力」。壓力原本是科學界使用的詞彙，例如檢查枕頭的彈性時會擠壓枕頭，像這種從外界施加的力量就稱為壓力。

●接下來套用在心理層面吧。

一想到「明天會發成績單，真討厭。」內心是否會感到難受呢？現代將這種情緒稱為「壓力」。

阿嬤也有阿嬤嗎？

回答 就連阿嬤的阿嬤也有阿嬤哦。

- 如果沒有父母就無法生下你。人都是由父母所生。
  因此就如同你有阿嬤，你的阿嬤也一定有阿嬤。
- 看到右圖的家譜後，便會明白你的阿嬤也有阿嬤，那位阿嬤上面還有阿嬤。
  同理可證你的阿公肯定也有阿公。

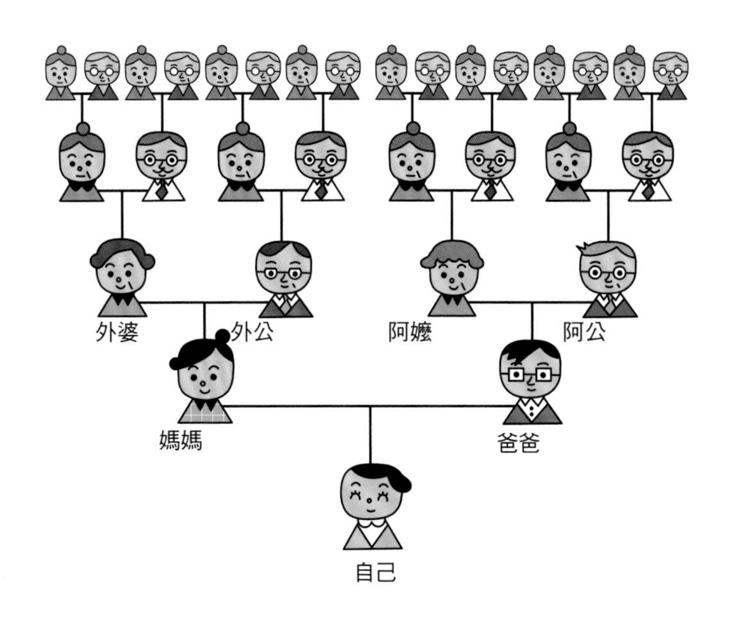

無論是媽媽還是外婆，也都有當小孩的時候啊。

動手作作看！ 親手打造家族年表

你有多了解自己的家族史呢？訪問爸爸媽媽及阿公阿嬤，動手製作家族的歷史年表吧。寫下每個年份發生過的事，編輯年表。順帶附註家人的社會經歷，就能打造出色的年表。

●年表範例

年份	大事記
1950 年	阿公出生。
1970 年	阿公跟阿嬤結婚。
1974 年	爸爸山田太郎生於北海道・旭川市。
1975 年	媽媽田中恭子生於東京都渋谷區。
1997 年	父親任職於〇╳公司。
2004 年	父親和母親結婚，搬遷到東京都渋谷區。
2006 年	我生於東京都・武藏野市。
2012 年	我上小學。妹妹美奈出生。

壽命是什麼？

回答 生命的長度。

●所謂壽命，意指生命的長度。日本人的平均壽命約為84歲，為世界第一。雖然有些生物從出生到死亡的時間相當短暫，但也有壽命比人類長很多的生物。

●但人也不一定都能活到平均壽命。有時人類會隨著國情、時代和生活的不同，比平均壽命還早逝。

●也有只要不被天敵吃掉，不生病就能一直活下去的動物。

●生物的平均壽命範例

- 搖蚊27天
- 倉鼠2年
- 獅子山人46歲
- 日本人84歲
- 加拉巴哥象龜 100年
- 日本象拔蚌 160年
- 弓頭鯨200年
- 燈塔水母不老不死？

▲動物的壽命必須花費時間和精力去觀察，所以並沒有非常精確的資料。

延伸問題 為什麼有壽命限制？

回答 即使長壽，後代也不會增加。

●有人提出壽命是在動物進化過程中才出現，原本動物並沒有壽命限制的理論。例如植物中有樹齡幾千年的樹，只要沒發生像火災等意外，也可說是根本沒有壽命限制。

●長壽的樹每年都會持續製造種子。但就動物而言，繁衍及養育下一代所花費的時間很長，要活得長久本來就不是容易的事。也因此即使長壽，下一代也不會增加。

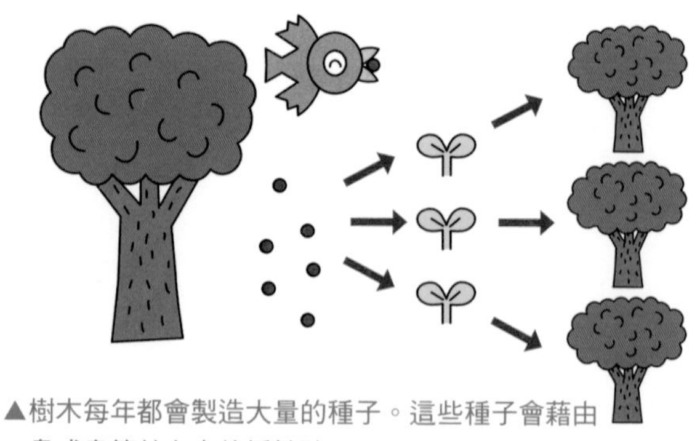

▲樹木每年都會製造大量的種子。這些種子會藉由鳥或蟲等外力來傳播繁殖。

日本屋久島的屋久杉木，
據說已活了將近1000年
以上！

▲人類即使生小孩，卻因為需要育兒，即使長壽也不會留下太多後代。

人類死亡後會怎麼樣？

回答 雖然已不存在這個世界上，卻會永遠活在別人的心中。

●人類死後會怎麼樣？又會何去何從？這點沒有任何人知道。

有可能會上天堂，也有可能會轉生，甚至有可能什麼都不會發生。

依照國家和宗教不同，而有各式各樣的解讀。

●但過世的人並非全然從世界上消失。回想起逝去的祖母，內心又會浮現祖母的往事吧。也許是想起祖母活著的時候為你做的事，說過的話也不一定。過世的人就是像這樣活在我們的心中。

▲過世的人即使不存在於世界上，也會永遠存活在我們的記憶當中。

內心會浮現這個人曾經存在的事呢。

延伸問題 輪迴轉生是真有其事嗎？

回答 沒有人知道。

●人死掉後是否會轉生，誰也不曉得。假如死去的人知道答案，也無法告訴我們。現在活著的人也沒有死掉過，所以沒人知道。

●但從另一個角度來看，輪迴轉生也能說是存在的。因為人類誕生於世，一定要有父母，而雙親也有雙親，可一路追溯至地球在浩瀚宇宙誕生之際。人死後與動植物同樣會回歸大地，土內又會孕育出植物和小生物，或許可說是人的轉生吧。

▲大家的生命，還有地球延續至今的許多生命，都是孕育自父母。

在電車上跳起來，為什麼落地時還在原處？

回答 因為電車與人會一起移動。

●在電車行駛期間跳起來會怎麼樣呢？跳起來後會落在同個位置吧。電車明明就在前進，為什麼會落回原位呢？
因為電車行駛時，車上乘客也是以相同速度在前進。與電車一起移動時，除非電車突然停車、施加外力，否則人和物體都會保持在運動狀態，這就是「慣性定律」。

●如果電車突然停車或是緊急煞車，乘客的身體會往前傾。這是因為身體原本隨著電車一起移動，電車突然停下來，此時只有身體往前持續運動。

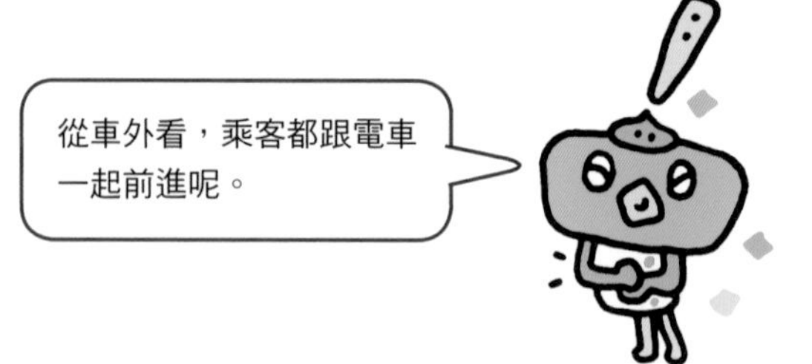

為什麼遙控器可以開電視？

回答 遙控器發射出的紅外線啟動了電視。

●電視遙控器能進行像開關電源、轉台和調整音量、錄影等各式各樣的操作，真是太方便了。不過電視遙控器究竟是用什麼方法，來操縱電視呢？

●電視遙控器是利用一種被稱為「紅外線」的、肉眼看不見的光線。陽光經過稜鏡會折射出七彩光線，紅外線是位在紅光外側，肉眼所看不見的光線。「紅外線加熱器」等設備，也是使用這種光線。

●按下電視遙控器的按鈕後，會發射出紅外線，傳達到電視的紅外線接收器（感測器）來啟動內部裝置。

▲如果有人擋在電視遙控器和電視機之間，紅外線就會被阻斷，而無法操控電視。

紅外線的特徵是波長長，能比其他顏色的光線傳送到更遠的地方。

為什麼小鳥能安然停在電線上呢？

回答 沒有電流可以走的通道，就不會觸電。

●「觸電」是指外在的電傳導到生物體內。流竄到身體的電流太強，很可能會導致死亡。

●那麼停在電線上的小鳥為何不會觸電呢？因為小鳥只停在兩條電線的其中一條上面，電流沒有捷徑可走。既然沒有電流通過，小鳥自然不會觸電。

●但是人即使只碰到一條電線，也會觸電。因為人平常是站在地面上，電線內的電會藉此傳到地面。由此可知小鳥觸碰電線，沒有電流傳導的途徑，就不會觸電，但如果像人一樣站在地面，形成電可以逃跑的路，就會觸電。

▲假如小鳥同時觸碰兩條電線就會觸電。

為什麼在寒冷的日子，嘴裡會呼出白煙？

回答 白煙是氣息內的水蒸氣化為水。

●雖然平常我們看不見所呼出的氣，但是在寒冷的日子呼出的氣卻是白色。這是人的氣息與外界溫度產生差異，才會產生的現象。

人的體溫約36至37℃。由於氣息是從體內呼出來，所以溫度與體溫差不多。

當溫暖的氣息遇到外面寒冷的空氣時，內含的水蒸氣會瞬間被外面寒冷的空氣冷卻，形成小水滴。我們所看到的白煙就是這些小水滴。

這個現象與熱飲冒出的熱氣，以及茶壺內冒出的水蒸氣，被外面空氣冷卻形成可以看見的煙霧很像。

▲冬天呼出白煙的馬。

麻糬放久了為什麼會變硬？

回答 麻糬內含的澱粉產生變化。

●剛出爐的麻糬柔軟具延展性，但麻糬放置後很快就會變硬，這是為什麼呢？
那是麻糬內含的「支鏈澱粉」變化的關係。

●尚未煮過的生米很硬吧？那是支鏈澱粉的分子整齊排列的緣故。被加水加熱蒸煮過的米，支鏈澱粉的分子會形成空隙變柔軟。
但是變軟的熟米含有的支鏈澱粉，隔了一段時間又會恢復成像生米般整齊排列的狀態，因此麻糬才會變硬。

▲生米很硬。

▲剛出爐的柔軟麻糬。

▲麻糬隔一段時間會變硬。

▲過後又會再度變軟。

爆米花為什麼會爆開？

回答 玉米種子有個小秘密。

●爆米花是將玉米種子加熱製作而成。用來作爆米花的玉米種子相當堅硬，跟煮食用的玉米不同。

●這種玉米種子外部包覆著堅硬的澱粉，內部是富含水分的柔軟澱粉。
加熱種子，內側的水分受熱形成水蒸氣後，會膨脹起來。找不到出口的水蒸氣為了跑到外面，便會擠壓種子堅硬的澱粉，最終爆開來。

●爆好的爆米花呈現白色，是因為爆開時種子翻過來，內側的澱粉跑到外面。

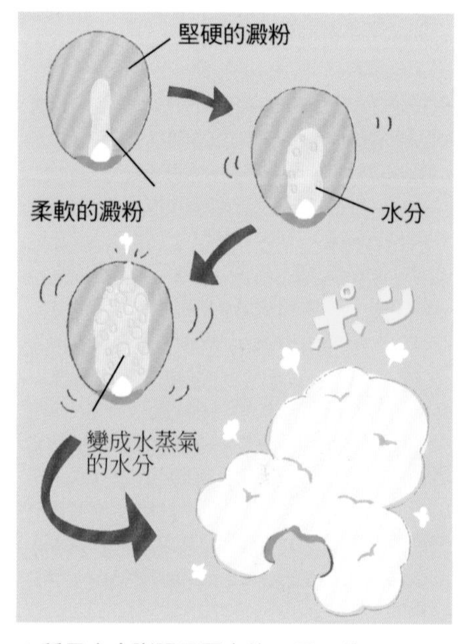

▲種子大小膨脹至原本的15至35倍。

◀爆米花使用的玉米品種為「爆裂種」。

標示無糖的商品為什麼有甜味？

回答 添加了代替砂糖的甜味材料。

●各位多少有看過甜點和飲料的包裝上，標示著「無糖」、「不含糖」等字樣吧，這些標示均代表「不使用砂糖」。
然而無糖的甜點和飲料卻有甜味，究竟是為什麼呢？
這是在無糖食物內，添加帶有甜味的「甜味劑」來取代砂糖的緣故。

●甜味劑是利用砂糖和澱粉、植物的莖葉等原料製作。這種甜味劑的特徵在於熱量比砂糖少。有的甜味劑熱量不變，甜度卻是砂糖的160倍，因此可以少量使用。

▲像碳酸飲料等常使用稱為「阿斯巴甜」的甜味劑，具有砂糖160倍以上的甜度，可減少需要的用量。

對於需留意糖分攝取的人而言似乎不錯呢。

為什麼要在西瓜上灑鹽？

回答 加鹽後甜味會更明顯。

●大家曾有過替西瓜灑鹽後再享用的經驗吧？有些甜點店的紅豆年糕湯也會附上鹽味醃漬物。因為在甜食上添加帶鹹味的鹽，會讓我們對於西瓜和豆餡甜味的感受更強烈。像這種增強味覺的效果稱為「味覺的對比效應」。
例如舔完糖果後去吃橘子，感覺會超級酸。吃完橘子跑去舔糖果，糖果會比以往更甜，皆是味覺的對比效應。
但是在西瓜和紅豆年糕湯等甜食加鹽時，以少量為佳。如果加得太多，味道反而會變鹹。

蝦蟹煮過後為什麼會變成紅色？

回答 蝦蟹一旦加熱後，會冒出紅色物質。

●蝦蟹活著的時候身體是呈現褐色、黑色或藍色，但煮熟後就會變成紅色。
因為蝦蟹體內含有一種稱作「蝦青素」的成分。蝦青素也存在鮭魚、螃蟹、鮭魚卵之中。

●蝦青素原本是存在某種藻類之中，蝦蟹等魚貝類食用這種藻類，因而囤積在體內。

●蝦蟹的蝦青素平時與蛋白質結合而呈現藍綠色，但遇到熱和酸後，就會離開蛋白質變成紅色。所以蝦蟹被水煮過後才會變成紅色。

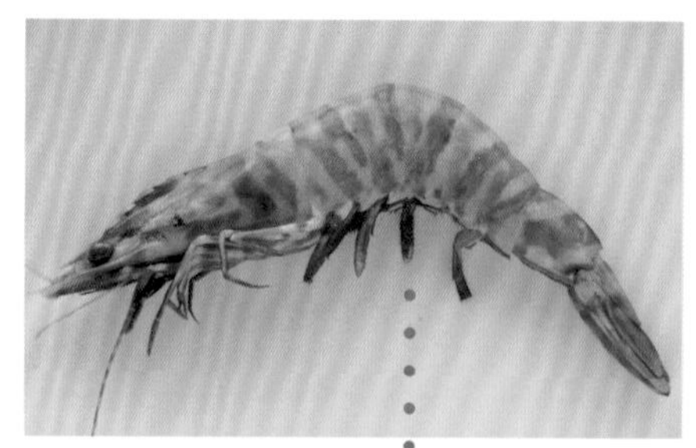
▲烹煮前的蝦

▲烹煮後的蝦

麵包為什麼會膨脹？

回答 因為被稱為酵母菌的微生物在呼吸。

●麵包是在麵粉內加入水、鹽、奶油、酵母菌等材料後攪拌製作成麵團。
在麵團靜置的期間會發酵，體積大幅膨脹。
麵團會膨脹是因為有酵母菌。酵母菌會吃掉麵粉內的營養素，製造出許多氣體（二氧化碳）及酒精。這個現象就是「發酵」。
麵包內含帶有黏性的麩質，因此氣體無法逃到外面，導致麵團膨脹。
這就是麵團逐漸膨脹的原因。

▲發酵過的麵團

●雖然烘烤麵團後酵母菌會死亡，但其排出的氣體所形成的空隙會殘留下來。所以剛出爐的麵包，才會蓬鬆且飽含空氣。

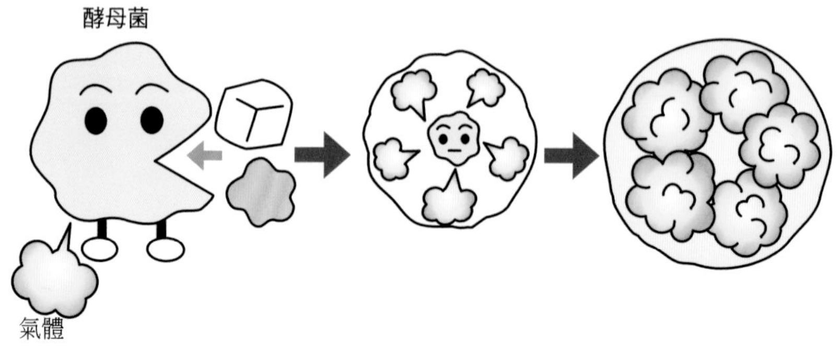

為什麼醫生都要穿白衣？

回答 為了快速察覺到髒污。

●醫生的工作必須接觸病人，所以必須隨時注意清潔。每天替好多人看病，有時病患咳嗽和噴嚏，會弄髒醫生身上的衣服。這時如果穿的是白衣，便能很快注意到髒污，然後更換衣物。
不過現在有些小兒科的醫生會穿有色的衣服，這是為了避免幼兒看到白衣會恐懼或緊張。

●進行手術時，醫生並不會穿白衣，而是藍衣或綠衣，關於這點也有科學根據。
醫生手術時，時常需要看見病患體內、血等紅色。持續盯著紅色再看白色，眼前會產生綠色斑點，這種現象被稱為「殘像」。
只要穿綠衣，就不會看見綠色斑點，便能專心動手術。

病毒是生物嗎？

回答 可以說是生物，也可以說不是。

●引發各種疾病的病毒，小到無法被人類的肉眼看見。它們會寄住在動植物的細胞內增生。
一般來說，生物是由細胞所構成。這也意味著病毒沒有細胞，所以稱不上是生物。
另一方面，像引發食物中毒的沙門氏菌，和對身體有益的雙歧桿菌等細菌有細胞，所以算是「生物」。

●雖然病毒寄住在生物的細胞內，但卻能自行繁衍後代，也就是病毒可被視為介於生物和非生物之間。流行性感冒也是一種病毒。

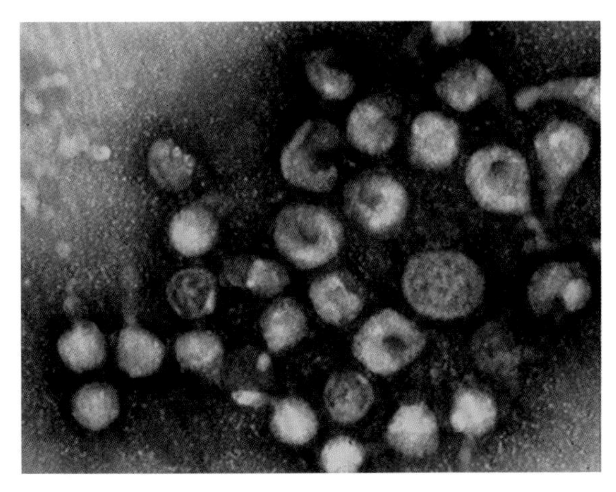

▲流行性感冒病毒（A/H1N1）
透過咳嗽和噴嚏飛散的流行感冒病毒，會寄住在喉嚨和鼻黏膜的細胞內，在體內增生。

鋪在鐵軌上的石頭有什麼作用？

回答 能為行駛中的火車緩衝。

● 鐵路下面鋪有數不清的小石頭，這些石頭又稱作「道碴」。多虧有道碴分散火車行駛時對鐵軌施加的力量，扮演緩衝的角色，才能減少火車內部的震動。

● 我們可透過平交道觀察到道碴的功用。當火車經過平交道時，應該能夠感覺到鐵路的鐵軌陡然下沉。由此可見，道碴分散了火車重量壓在鐵軌上的力道，防止鐵軌搖晃。

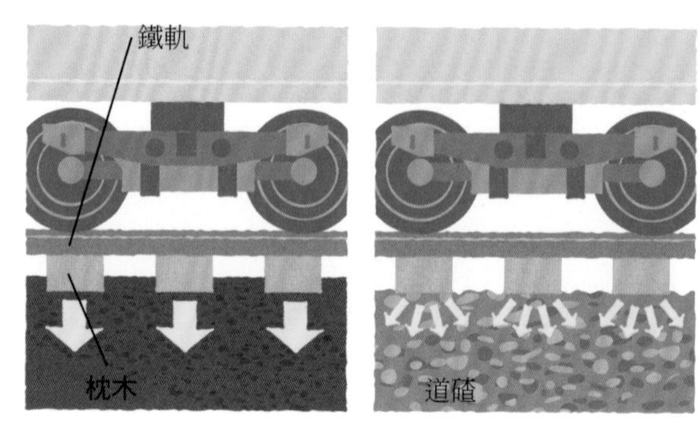

▲沒了碎石，火車的重量會讓枕木沉入地面。有了道碴分散力量，集中於一處的力量就會變小。

除此之外，道碴亦能支撐枕木和鐵軌，並有讓雨水往下流的功用呢。

為什麼天熱要在室外灑水？

回答 讓水蒸發，使周圍變涼爽。

● 各位曾看過在大熱天，陽光稍微被遮住的時候，有人在玄關附近和道路上灑水的情景嗎？
這個行為稱為「灑水降溫」，是種自古流傳下來，於傍晚納涼的方法。

● 氣溫會升高，並非是太陽直接加熱空氣，而是太陽加熱地面，使地面的熱傳送至空氣。
盛夏的道路和地面受到太陽照射，會積存著非常大量的熱能。在這種時候，朝地面灑水，水會被地面的熱能蒸發掉成為氣體。
水吸收地面的熱蒸發的同時，也會降低周圍的溫度帶來涼意。
灑水降溫是種透過冷卻地面，稍微帶來涼爽感的古老智慧。

蒟蒻的原料是什麼？

回答 以稱為蒟蒻的植物的莖製作。

●關東煮和燉物內的蒟蒻，擁有充滿彈性的獨特口感。蒟蒻是以稱為「蒟蒻」的植物球莖上的粗莖為原料。也被稱作「魔芋」、「蒟蒻芋」。

●至於蒟蒻的製作方法，首先要挖掘出球莖，仔細洗淨、切片、曬太陽。待乾燥後磨碎成粉過篩，僅挑選重粉，然後加入熱水仔細攪拌，靜置一段時間就會產生黏性。接著添加對蒟蒻有凝固作用的石灰攪拌，倒入模具，最後以熱水燙過凝固，泡入冷水去除腥澀味後，就完成了。

▲魔芋

沒想到蒟蒻的製作過程如此繁複！

古時候的人如何切割巨石？

回答 在石頭上鑿許多小洞再進行切割。

●建造城堡石牆和金字塔使用的石塊，一塊就有數公尺高，相當巨大。古時候的人究竟用什麼方式，來切割如此巨大的石塊呢？

●石塊的切割方法，依據時代和國家不同，有各式各樣的手段，本篇來講解延用迄今的切割方法吧。
第一步是鑑定「石紋」，辨別石頭容易切割的方向。接著以鑿子和鎚子沿著石紋鑿小洞（石孔），最後將楔子打入石孔以分割石頭。
想切割出工整漂亮的石頭，必須講究鑑定石紋的經驗和技術。到了現代則是使用鑽石刀片的切割機。

▲遺留下石孔的石材（萩城/山口縣）

切割、雕琢石材的人又被稱為石匠。

●石頭的切割方法

①沿著石紋鑿孔。

②打入楔子。

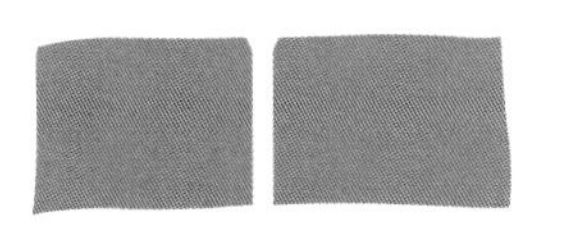

③石頭裂開。

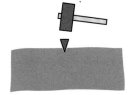

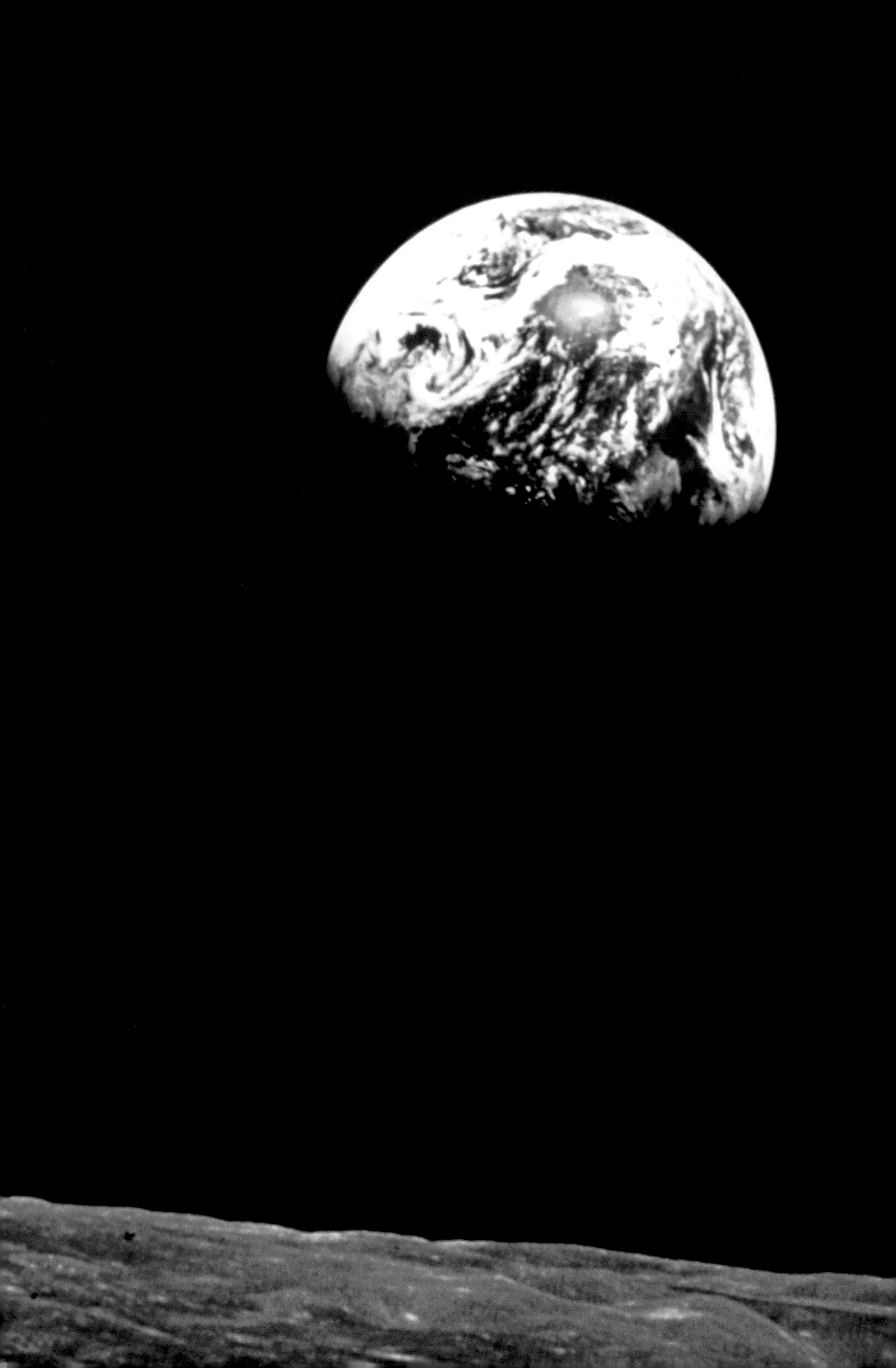

關於地球・宇宙的為什麼？

月亮的形狀為什麼會改變？

回答 我們只看到月亮有照到陽光的部份。

●月亮有著滿月、弦月、眉月等各式各樣的形狀。月亮本身不會發光，只有照到陽光的部份看起來是亮的。因此我們所看見的月亮形狀，會隨著面對太陽的方向不同而改變。

●當月亮和太陽位於同方向時，從地球上看到的就是新月。這時地球上看到的月亮正好是背光面，全是陰影所以看不見。相反的當地球在月球和太陽之間，就能看到整顆滿月。

這種月相的盈虧週期約為29天又12小時，稱作「朔望月」。由於週期略短於1個月，所以偶爾會在1個月內看到2次滿月，這種現象又稱作藍月。

●月亮的盈虧狀態是使用「月齡」來表示。以新月為0，隔天是「1」，再隔天為「2」，每過一天就加1，月齡7左右是上弦月，15左右為滿月，22左右為下弦月，當數字接近30時就會趨近新月。

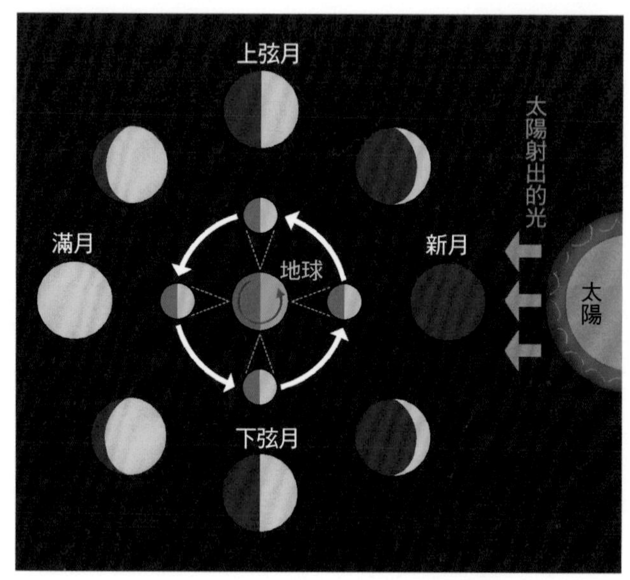

▲月亮繞地球公轉，地球上看見的月亮形狀就會變化。

觀察看看！ 來觀察月亮吧

試著依據月亮的形狀、方位、時間等，觀察月亮的盈虧吧。

	滿月	從黃昏的東方天空冉冉升起。在半夜升至南方天空最高的位置後，便會開始朝西方落下。
	新月	由於升至與太陽同一方向所以看不見，但是在白天的天空，會與太陽一起升起和落下。
	上弦月	中午時分從東方天空升起，黃昏時升至南方天空後，於半夜朝西方落下。
	下弦月	半夜升至東方天空後，到清晨會升至南方天空，於中午朝西方落下。
	眉月	天色仍亮的黃昏時分可在西方天空看到，然後朝西方落下。

滿月時，由於月亮相當明亮，所以很難看見周圍的星星。

月食和日食的成因是什麼？

回答 太陽被月亮的陰影遮住，或是月亮被地球的陰影遮住。

■月食的成因

●月食是太陽→地球→月亮依序呈一直線時，月亮被地球的陰影遮住的現象。月食又包含月亮整個被地球陰影遮住時的月全食，以及被遮住一部分的月偏食。
月全食之中，也有月亮也並非完全看不見、只是呈現暗紅色的現象。當陽光經過大氣時，只有波長較長的紅光繞過去照亮月亮，所以月亮看起來才會是紅色。

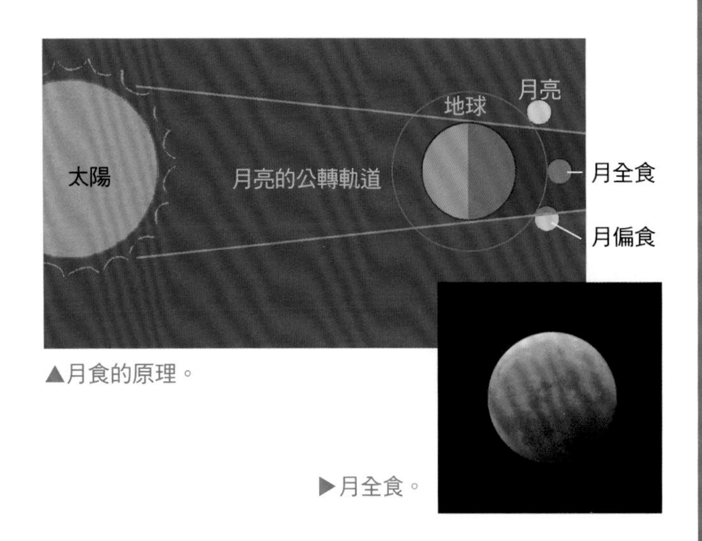

▲月食的原理。

▶月全食。

■日食的成因

●日日食是太陽→月亮→地球依順序呈一直線時，一部分的地球無法照到太陽的現象。太陽因為月亮的位置不同而分成日全食，以及被遮住一部分的日偏食。

●其他還有日全食時月亮遮不住太陽，使太陽看起來呈環狀的日環食。月亮繞行地球的軌道呈現橢圓形。日食發生時若月亮靠近地球，月亮看起來會比較大，完全遮住太陽形成日全食，若日食發生時月亮離地球較遠，月亮看起來比較小，無法完全遮住太陽，就會形成日環食。

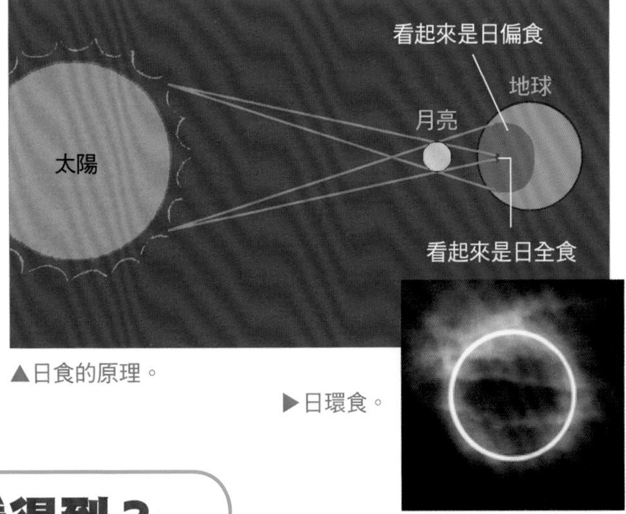

▲日食的原理。

▶日環食。

月食・日食什麼時候看得到？

以下是2016年後發生的日食・月食

年・月・日	種類	場所
2017 年 8 月 8 日	月偏食	日本看得到
2018 年 1 月 31 日	月全食	日本看得到
2018 年 7 月 28 日	月全食	日本看得到
2019 年 1 月 21 日	月全食	日本看不到
2019 年 7 月 17 日	月偏食	日本一部分地區看得到

年・月・日	種類	場所
2016 年 9 月 1 日	日環食	南大西洋、非洲、印度洋等
2017 年 2 月 26 日	日環食	南太平洋、南美、非洲等
2019 年 8 月 22 日	日全食	北太平洋、非洲、北大西洋等
2019 年 1 月 6 日	日偏食	日本、東亞、北大西洋等
2019 年 7 月 3 日	日全食	南太平洋、南美等
2019 年 12 月 26 日	日環食	阿拉伯半島、印度、東南亞等
2020 年 6 月 21 日	日環食	非洲、亞洲、太平洋等

※日食列入日環食、日全食和日偏食（日本能看到的現象）。

太陽究竟有多熱？

回答 太陽表面的閃焰高達1000萬℃

●太陽是地球所在的太陽系中央的恆星。替地球帶來光與熱等大量恩惠的太陽，其實距離地球約1億5000萬km。太陽釋放的熱竟然可以到達如此遙遠的地球。

●太陽的構造有好幾層，中央有核心，溫度約達1600萬℃，被稱為閃焰的、太陽表面所產生的爆炸，溫度約達1000萬℃，是太陽表面最高溫的部分。熔鐵的溫度約為1500℃，相較下便能明白太陽的溫度有多高了。

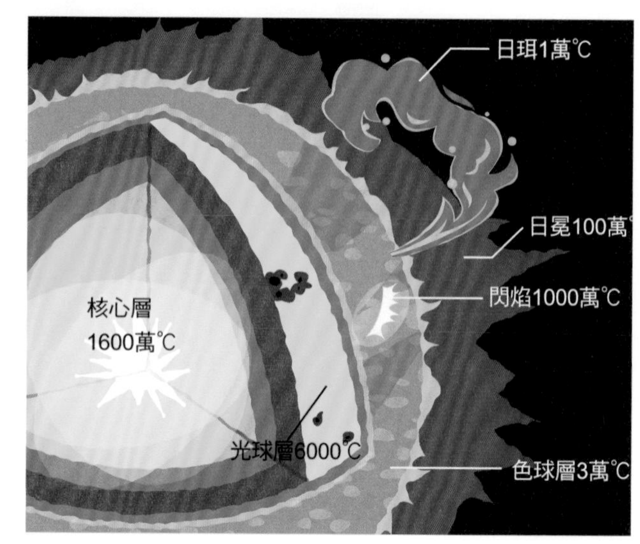

▲太陽的剖面圖和溫度

延伸問題 太陽究竟有多大？

回答 大小約為地球的109倍。

●傳送光與熱給地球的太陽，是太陽系內最大的星球。太陽的直徑約有140萬km，是地球的109倍大，如果將地球比作彈珠，那麼太陽就是玩滾大球用的球。

即使與太陽系內第二大的木星相比，太陽也比木星足足大上10倍，可說是相當巨大。

與其他行星比較大小，繼太陽之後依序是木星、土星、天王星、海王星，地球則是排行第6大。

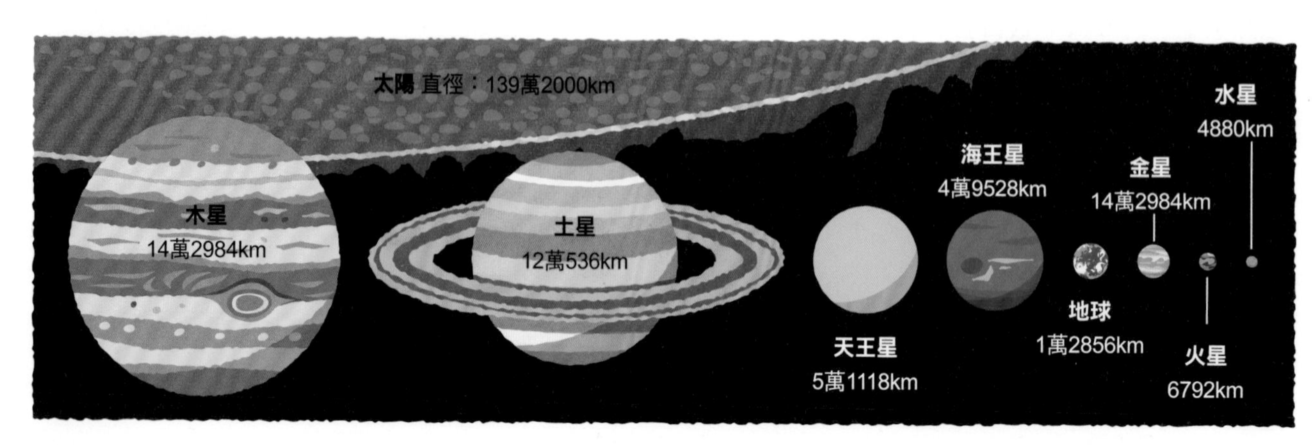

流星是怎麼形成的？

回答 流星是宇宙塵粒等物體撞向地球。

●流星並非是夜空的星星在移動，真面目是漂浮在宇宙的塵粒跟小石頭。當這些塵粒跟小石頭撞向地球時，會與覆蓋地球的大氣層摩擦產生高溫而發光，這就是流星。

●流星幾乎都會在半途中燃燒殆盡，所以不會落在地面上。只有極稀少的流星由於體積大，會在沒有燃燒殆盡的情況下墜落至地面，也就是所謂的隕石。

流星會頻繁產生，在周遭昏暗的環境，仔細觀察澄澈的天空，便能看到1小時有數顆劃過天際。

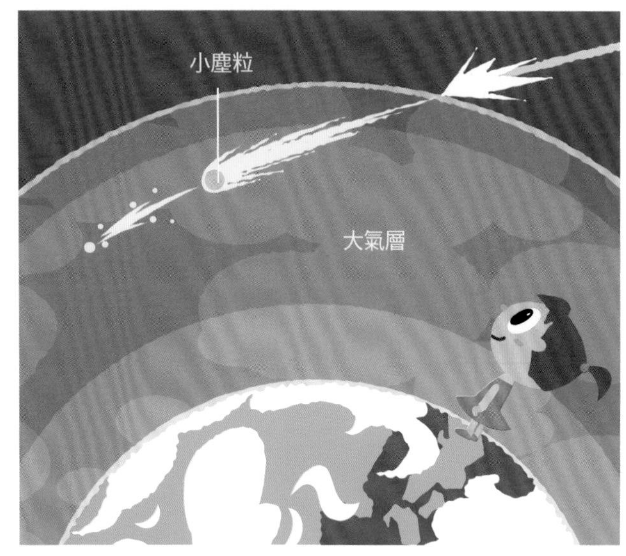

▲流星是這樣形成的。

延伸問題 流星的速度有多快？

回答 以新幹線數百倍的速度在移動。

●大家有聽過在流星劃過天際的期間，唸三次願望就會實現的說法吧。但往往還來不及許願，流星就於眨眼間消失。

●流星是在比飛機和臭氧層還高的上空，從距離地面100km的高度以10至70km的秒速在移動。這個速度是新幹線的數百倍，比繞行地球的國際太空站還快。

流星之所以很少墜至地面，並會在眨眼間消失，就是因為以此極速與地球的大氣衝撞的緣故。

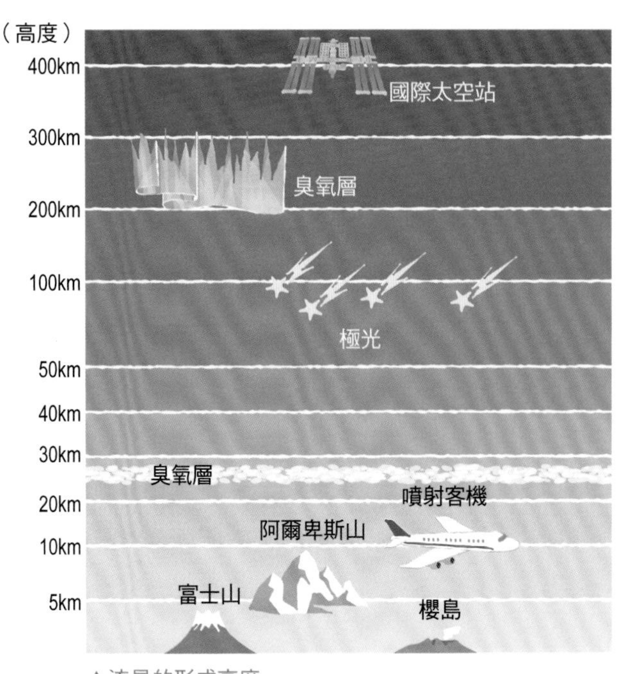

▲流星的形成高度。

流星雨是什麼？

回答 以放射狀擴散的大量流星。

●有許多流星出現的流星雨，形成原因跟彗星有關。

所謂彗星，是圍繞太陽周圍的小天體。彗星的大小不一，從直徑數百公尺至數十公里的都有，主要成分是水形成的冰塊，其餘則是二氧化碳等，其中也混雜著許多塵埃。

●彗星通過時，會有許多塵埃像尾巴般在後面散開。當地球接近或是穿過彗星的軌道時，這些塵埃就會一致撞向地球的大氣，此時便能觀察到許多流星放射狀移動的情景，也就是所謂的流星雨。

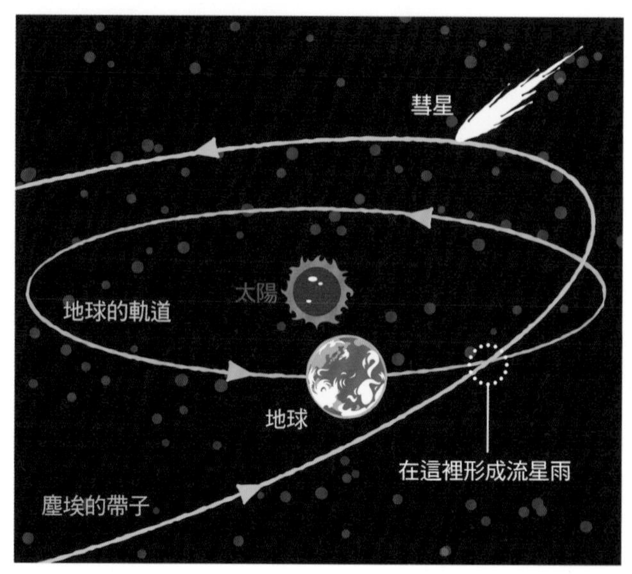

▲流星雨的成因。

▼流星雨。

NASA

觀察看看！ 觀察流星雨吧！

流星雨在地球和彗星軌道接近或交會時出現，可以週期性觀賞到。尤其是「象限儀座流星雨」、「英仙座流星雨」跟「雙子座流星雨」三大流星雨，可以觀賞到許多流星。

流星雨名稱	流星出現期間	極大期	每小時可見流星數
象限儀座流星雨	1月1日至1月7日	1月4日	40
天琴座流星雨	4月15日至4月25日	4月22日	10
水瓶座 η 流行雨	4月25日至5月17日	5月6日	5
水瓶座 δ 流行雨	7月12日至8月19日	7月27日	5
英仙座流星雨	7月17日至8月24日	8月13日	50
獵戶座流星雨	10月2日至10月30日	10月21日	40
金牛座流星雨（南群）	0月15日至11月30日	11月5日	5
金牛座流星雨（北群）	10月15日至11月30日	11月12日	5
獅子座流星雨	11月10日至11月25日	11月18日	10
雙子座流星雨	12月5日至12月20日	12月14日	80

世界天文年的流星雨」（日本國立天文台）：https://www.nao.ac.jp/phenomena/20090000/index.html

※極大期…可以觀賞到最多流星的期間。

土星為什麼有環？

回答 冰與岩石碎片集結成我們所見的外環。

●土星是太陽系中第二大的行星，約有地球的9倍大，但幾乎是由氣體形成，是相當輕的行星。除了星球本體以外還擁有外環，外觀相當奇特。該外環其實是由冰和岩石等顆粒集結而成。
土星環的寬度有數十萬km，相當巨大。厚度根據觀測約100m。

●為何會形成土星環呢？雖然起源尚未有明確的解釋，但有人認為土星環是含有大量冰的彗星等天體靠近土星，瓦解後的殘骸所組成。

▼土星

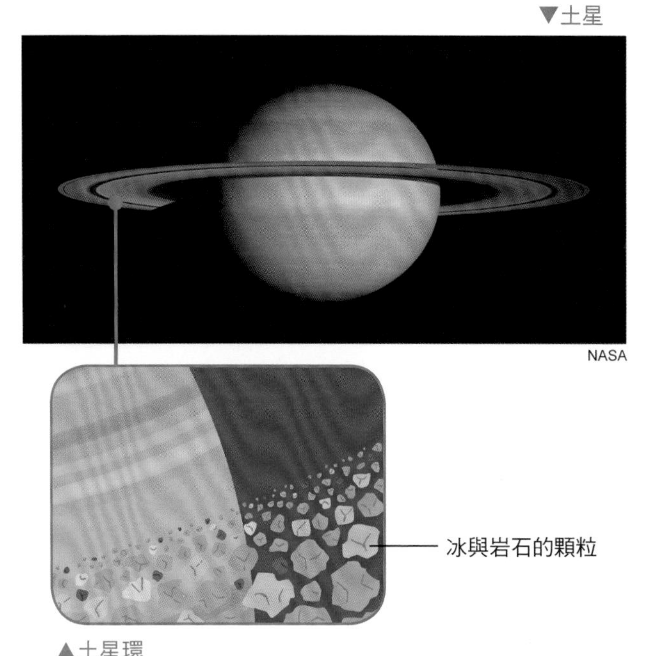

▲土星環

延伸問題 除了土星，還有其他行星有外環嗎？

回答 太陽系內的天王星、海王星、木星也有環。

●雖然外環是土星的一大特徵，但太陽系除了土星之外，也有其他行星有環。

●天王星和海王星也跟土星一樣，具有冰粒所組成的外環。但這兩顆行星的外環很細，並不像土星環那麼清楚。
木星也有細環，但是由圍繞土星的衛星彈出來的碎屑所組成。

NASA

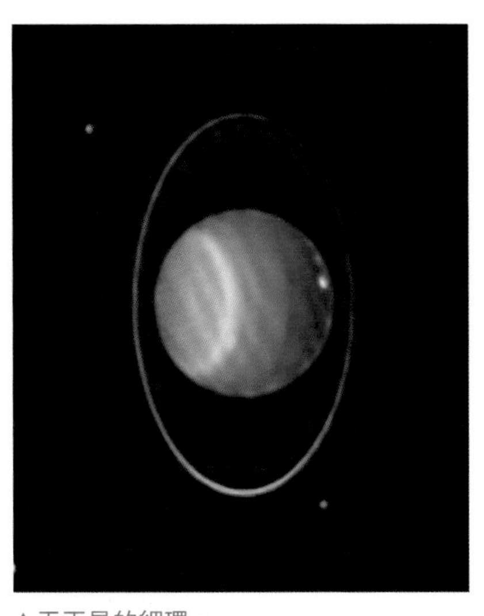

▲天王星的細環。

▲海王星的細環。

星星為什麼只在晚上發光？

回答 星星一整天都在發光，只是白天看不到而已。

●星星只有晚上才能看到，但是星星在日落後從夜空升起、白天天空沒有星星是錯誤的觀念。

●無論是白天還是晚上，星星都同樣在天空發光。只是白天陽光籠罩整片天空，星星的亮度弱於陽光，我們才會無法看見。
滿月的夜晚也有相同情況。雖然月亮不像太陽這麼亮，但滿月時的月光很強烈，所以也很難看到星星。

▲夜晚的星星。

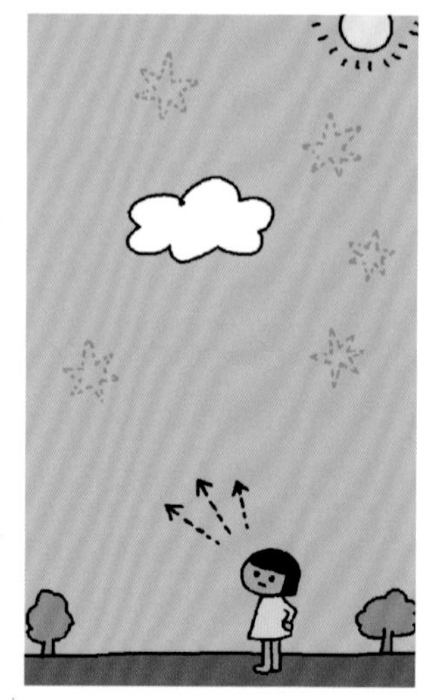

▲白天的星星。

延伸問題 星星為什麼會閃爍？

回答 因為大氣不穩定，導致空氣晃動、折射星光。

當大氣穩定時，光線便能直射向我們，星星會較少閃爍。

●相信大家都看過星星閃爍的情景。這並非是星星自行閃滅，而是跟覆蓋地球的大氣有關。

●地球上壟罩著距地表約數百km的大氣層，星光是穿透過大氣層再照向我們。
雖然大氣層是透明的，但當光線穿過波動的大氣層時就會被折射，看起來在搖晃，這就是星星閃爍的原因。

●大氣如果穩定，光線穿透時的折射減少，星星看起來就較少閃爍。

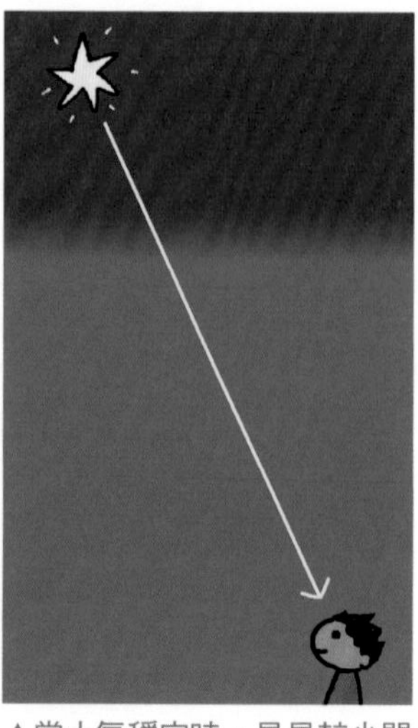

▲當大氣穩定時，星星較少閃爍。

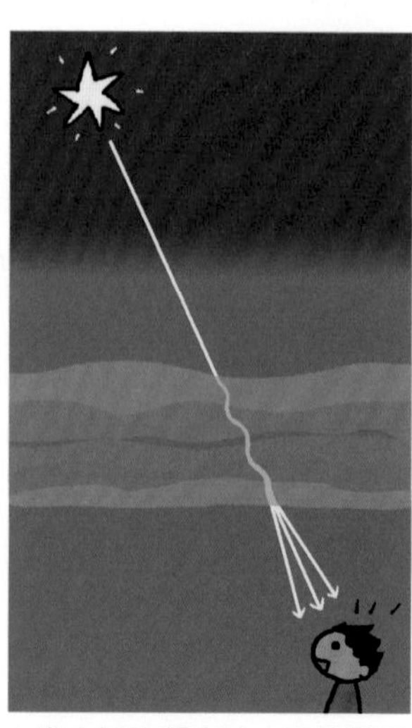

▲當大氣不穩定時，星星看起來會頻頻閃爍。

星星的亮度為何會有所不同？

回答 星星本身亮度差異，以及和地球距離遠近不同所造成。

●星星的亮度是以「星等」為單位。從地球觀看時的亮度被稱為視星等，假設星星在同樣距離的亮度則稱為絕對星等。我們肉眼能辨識的星星，視星等共分成1至6等星。

1等星到6等星的星星數量約有8600顆，因為我們僅能看見出現在地平線上方的一半星星，所以實際看到數量約為4000顆。

●造成星星亮度差異的原因之一，是與地球的距離。即使是同顆星星，若距離地球近看起來會較亮，距離地球遠看起來會較暗。

●另一個原因是星星本身的亮度。星星是由氣體組成，構成星星的氣體越多，就會是大而明亮的星星。構成星星的氣體越少，就會成為小而黯淡的星星。

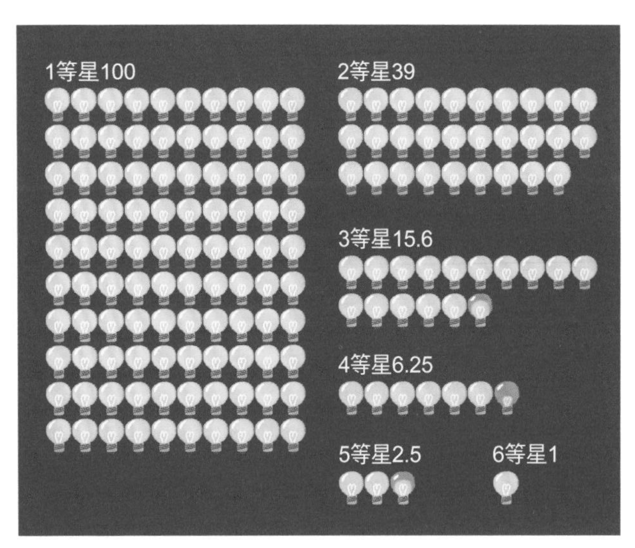

▲星等亮度比較圖（視星等）
若6等星的亮度為1，1等星的亮度為6等星的100倍。

延伸問題 為何星星的顏色有所不同？

回答 顏色會隨著星星的表面溫度而改變

●仔細觀察星星會發現，有藍白色，也有帶紅色的。顏色產生差異，主要是星星表面溫度不同所致。

表面溫度低至3000℃的星星偏紅色，6000℃的星星為黃色，溫度更高的則是偏白色。溫度超過1萬℃的星星，會發出藍白色光輝。

由此可知星星顏色和該顆星的表面溫度有關。

夏季代表性星座天蠍座的心宿二是發紅光，冬季代表性星座大犬座的天狼星則是發藍光。兩顆星同屬1等星，都是很容易觀察到的星星。

顏色	種類	例子
紅	～3500℃	心宿二（天蠍座）
橙	3500～6000℃	北河三（雙子座）
黃	6000℃	太陽
淺黃	6000～7000℃	南河三（小犬座）
白	7000～1萬℃	天狼星（大犬座）
藍	1萬℃	角宿一（室女座）

▲星星表面溫度與實例。

▲天蠍座的心宿二。

▲大犬座的天狼星。

為什麼會打雷？

回答 雲內蓄積的電，受到地面的電拉扯所形成。

●打雷有種說法又叫「落雷」，實際上並非是雷掉落下來，而是雲內蓄積的電和地面上的電形成通道，因此看起來就像是從空中墜往地面。

●雲是由水和冰粒彙集而成，在水和冰粒衝撞下，會產生正負電子。正電子會往上方聚集，至於負電子則會往下方聚集。因此雲下方會蓄積許多負電子，與地面的正電子互相拉扯，瞬間放電的現象就稱為打雷。

雷電的強度約有1億伏特，足足是家庭用電的100萬倍。但由於是瞬間產生的電，難以被家庭利用。

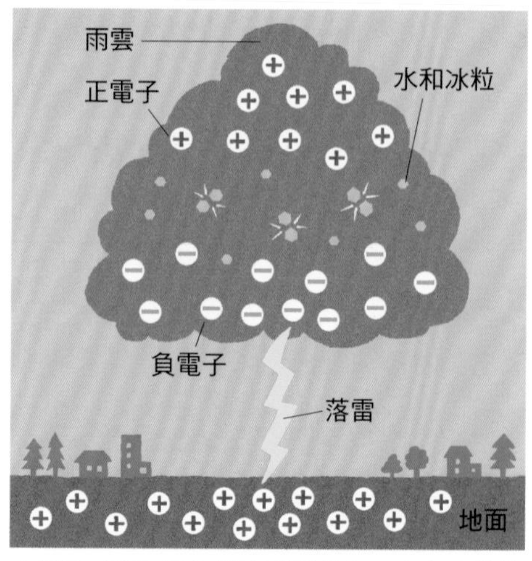

▲雨雲（積雨雲）等大型雲朵內，水和冰粒衝撞會產生電。蓄積的電瞬間釋放的現象就稱作雷。

延伸問題 為何會有閃電？

回答 因為雷電流竄到空氣中，會使空氣變熱發光。

●物體有高溫會發光的性質，而空氣也一樣。當雷電穿過空氣時，與空氣摩擦形成高溫而發光。像細線般發光的閃電，就是電的路線。

●霹靂轟隆的打雷巨響，是接觸到電的空氣因高溫而膨脹、震動時產生的聲音。打雷聲會比閃電還慢才會聽到，是因為光線在空氣中傳導得比聲音快。

光的秒速約為30萬km，所以1秒可繞行地球七圈半。聲音傳導的速度1秒約為340km，所以如果看見閃電後三秒才聽到打雷聲，代表打雷處在1km遠的地方。

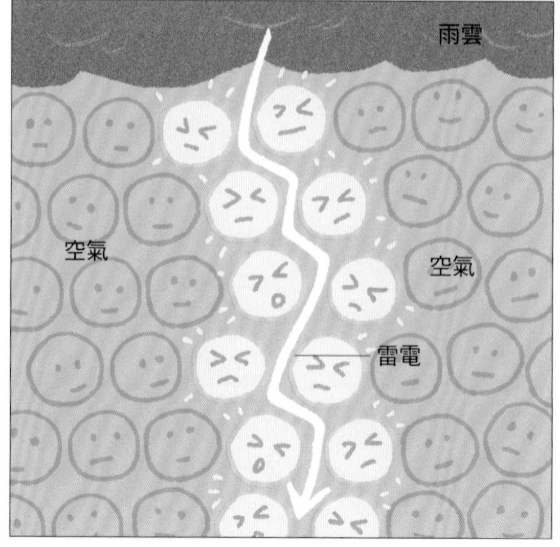

▲當雷電硬生生穿過空氣，周圍的空氣就會發光。

晚霞為什麼是紅色？

回答 隨著太陽位置改變，紅光會漸漸增強。

●天空白天是藍色，到了傍晚就會逐漸變成紅色。天空色彩的變化，與太陽的位置有關。
雖然陽光看起來是偏白，但其實是由和彩虹一樣的七種顏色聚集，而呈現白色。
這七種顏色的光有不同性質。藍光碰撞到空氣內的氧氣和氮氣會散開，無法直向前進。相較之下紅光和橘光不易分散，依然能在空氣中前進，因此能夠抵達遠方。

●夕陽的陽光，通過大氣層抵達眼睛的距離比白天時長，所以藍光會減少，造成較多紅光抵達眼睛。因此晚霞看起來才會是紅色。

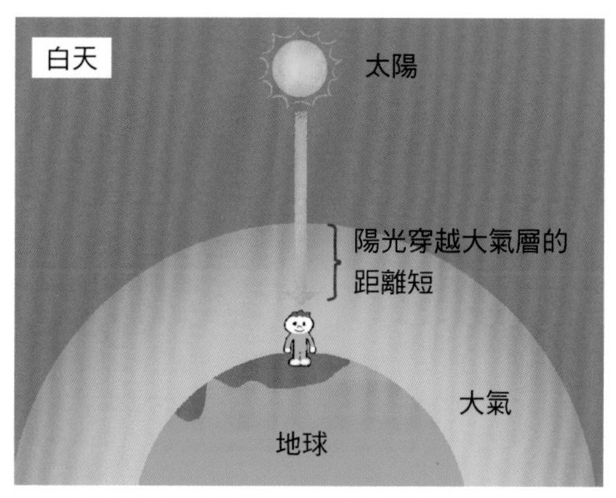

▲白天太陽位在高處，陽光穿越大氣層的距離短。

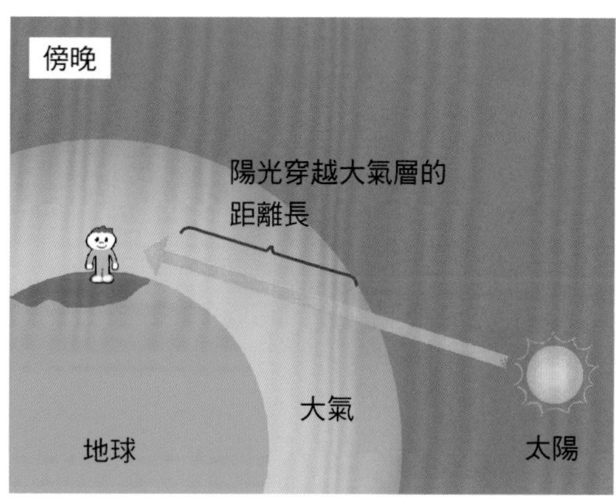

▲到了傍晚，太陽會偏移，陽光穿越大氣層的距離變長。

實驗看看！ 試著製造晚霞！

利用寶特瓶和手電筒，重現白天的太陽和傍晚天空吧。光線的照射方式究竟有何不同？

準備用品

容量2L的方形寶特瓶、手電筒、牛奶、水。

①在寶特瓶內加入1小匙牛奶，將水灌滿瓶子蓋緊瓶蓋。
②將①橫放在平面上，將室內的燈關掉。
③觀察將手電筒擺在寶特瓶正上方照射時，與從瓶底照射時的顏色變化。

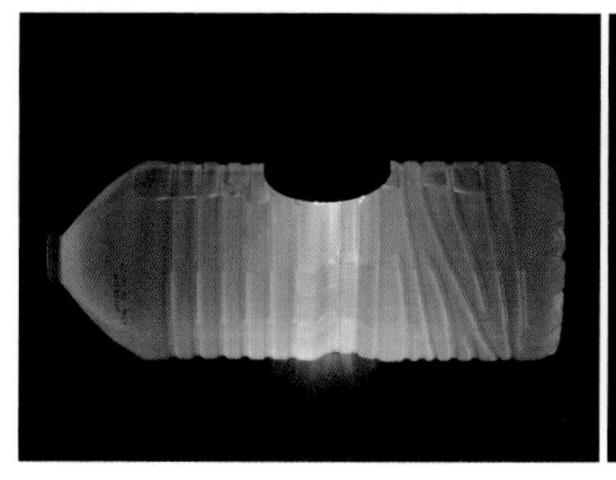
▲從上方往下照，看起來偏白色（白天的太陽）。

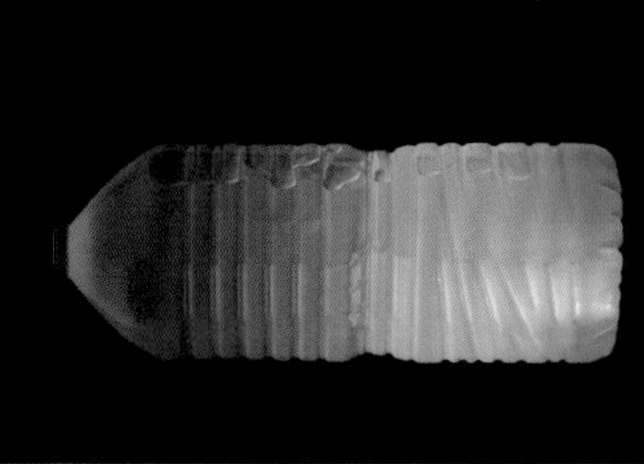
▲從瓶底照過去，看起來偏紅色（傍晚的太陽）。

彩虹是怎麼形成的？

回答 空氣中的水滴折射陽光，讓顏色分散開來。

- 天空出現彩虹，通常是在雨剛停的時候。雨停後就算不再下雨，空氣內也瀰漫著許多水滴，彩虹就是水滴折射陽光所出現。
- 看起來偏白的陽光，實際上是各種顏色混合組成。陽光射過水滴，被水滴內部折射後，光線的顏色就會被分開，行成所謂的彩虹。
- 有時天空會出現罕見的雙彩虹。這是光線在水滴內反射兩次，形成了另一個與原本彩虹顏色順序顛倒的彩虹。這時主要的彩虹稱為「主虹」。

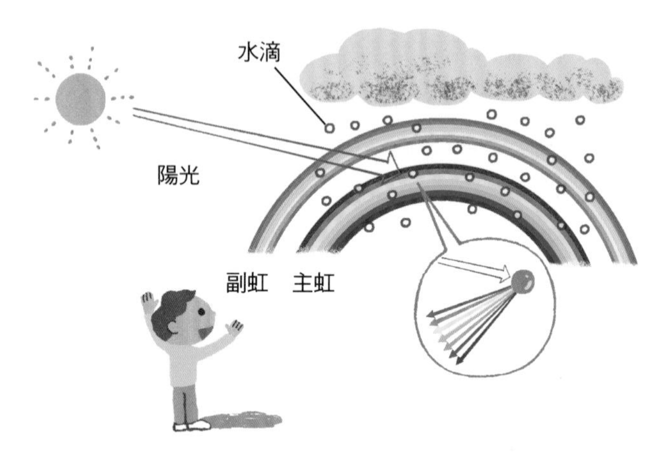

▲彩虹的形成原理。

雖然陽光看起來是透明的，但其實有各種顏色交疊在一起呢。

延伸問題 為什麼彩虹有七種顏色？

回答 陽光內人眼可辨識的成分，大致分成七種顏色。

- 彩虹是陽光折射所形成。陽光是由紅、橙、黃、綠、藍、靛、紫七色混合而成，讓陽光通過玻璃製的三角柱「稜鏡」就能一目了然。
  陽光通過稜鏡後光線會彎曲，這種現象稱作「折射」。每種色彩的光線波長各不相同，波長長的紅、橙色等光線會在稜鏡內小幅彎曲，至於波長短的藍、紫色光線則會大幅彎曲。角度不同的光線會依序出現，排列成紅、橙、黃、綠、藍、靛、紫七種美麗的色彩。
- 陽光在稜鏡內部產生的現象，就跟穿過空氣內的水滴是相同道理，所以天空才會出現大大的彩虹。

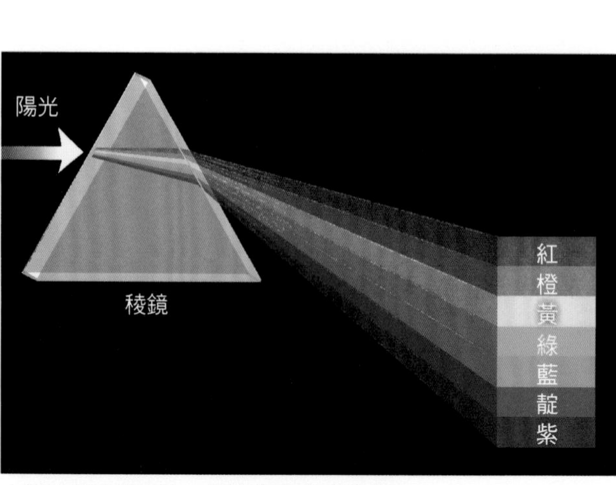

▲陽光通過稜鏡後，會被分開成7種顏色。

實驗看看！ 試著在室外製造彩虹

利用噴霧器，便能在室外輕易觀察彩虹。

準備用品

噴霧器・水。

實驗方法

①在噴霧器中裝水。
②外面天氣晴朗時，背對著太陽站好，以噴霧器噴水，彩虹就會出現。

實驗看看！ 試著在屋內製造彩虹

利用和光線通過稜鏡的相同原理，
以手電筒和放大鏡在家裡製造圓形彩虹吧。

準備用品

手電筒、放大鏡、黑色圖畫紙、雙面膠、剪刀、白牆壁（或白紙）。

實驗方法

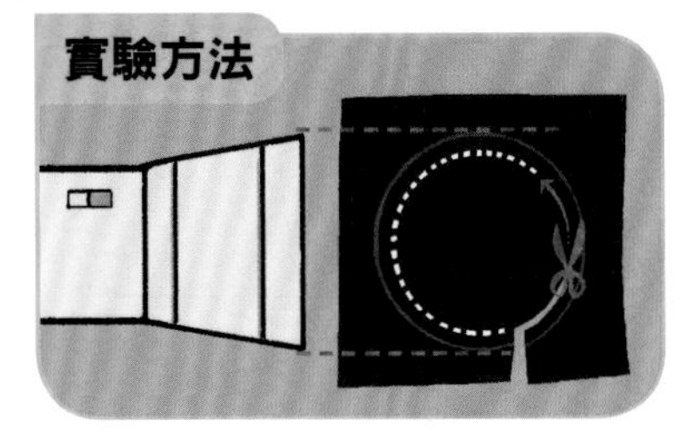

①測量手電筒頂端的直徑，以黑色圖畫紙剪出小一圈的圓形。

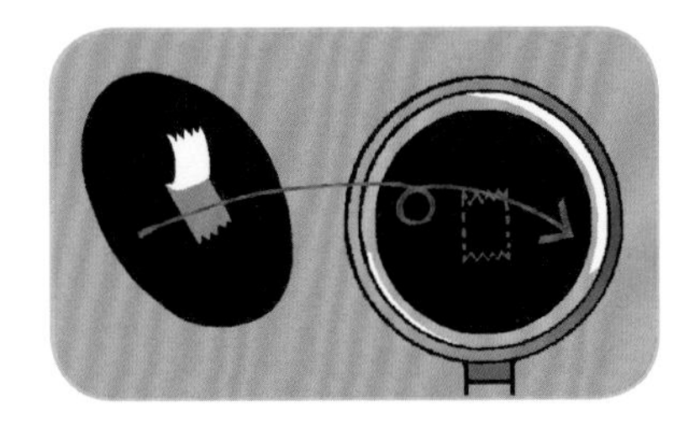

②將①以雙面膠稍微黏貼，固定在放大鏡中央。

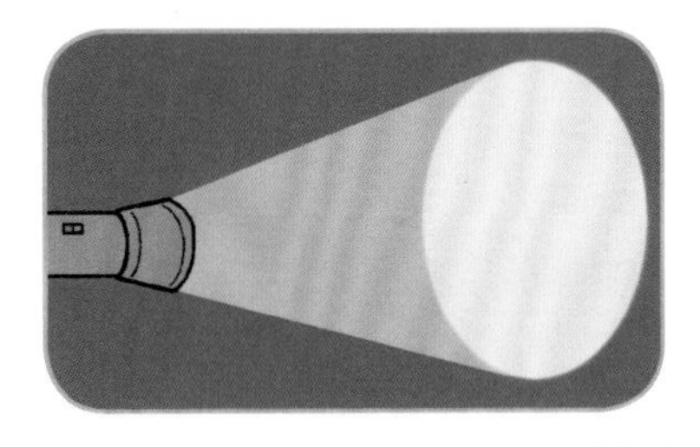

③將房間內的燈關掉、保持陰暗，以手電筒的光照白色牆壁。

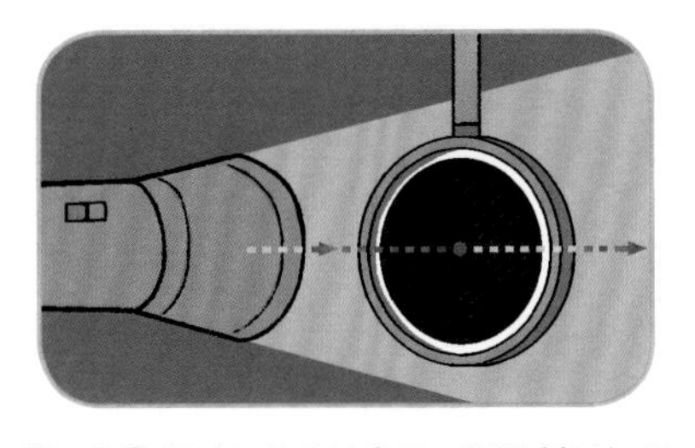

④以②的放大鏡遮住手電筒的光線（將放大鏡中心對準手電筒光線的中心）。

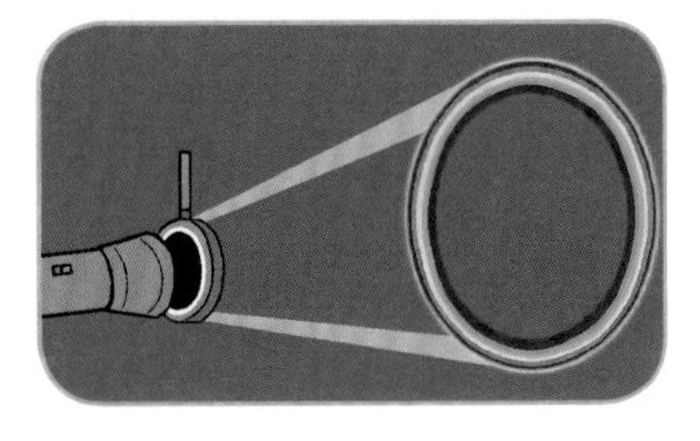

⑤調整放大鏡和手電筒的位置，使光圈內出現彩虹的顏色。

梅雨是什麼？

回答 五月到七月期間陰雨綿綿的氣象現象。

●所謂梅雨，是春季轉換為夏季的五到七月期間，以日本為首的東亞地區經常下雨的現象。
梅雨期間，來自北方的潮溼冷空氣，與來自南方的潮溼暖空氣，會在日本上空相撞，兩者衝撞處稱為梅雨鋒面

●在梅雨鋒面的高空，因為空氣溫差所產生水蒸氣，被上升氣流舉至高空。水蒸氣集中形成許多雲，導致大量降雨。
由於梅雨期間的暖空氣和冷空氣兩者的推力都很強，所以會在梅雨鋒面的位置滯留。於是受梅雨鋒面影響的日本會在梅雨期間不斷下雨。

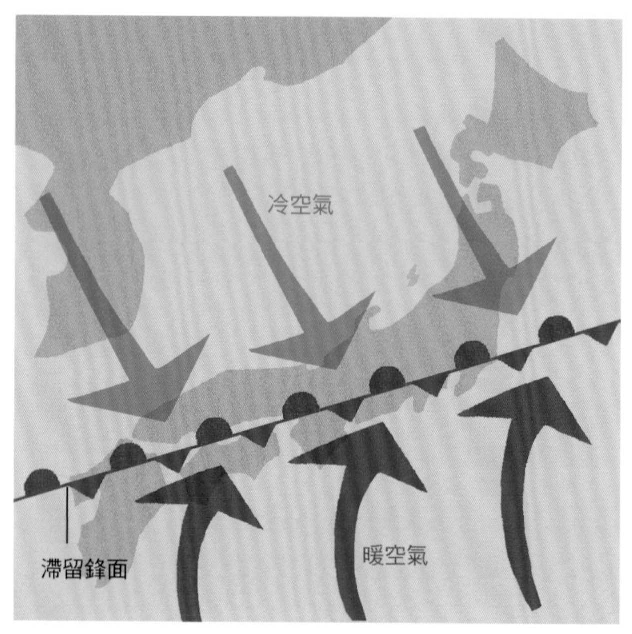

▲來自北方的空氣與南方的空氣互相推擠，在日本上空形成鋒面。

延伸問題 為什麼梅雨季東西會容易腐壞？

回答 氣溫和濕度高，使細菌蓬勃活動。

●梅雨時期會下很多雨，接近夏天氣溫也會逐漸升高。為了培育朝氣蓬勃的農作物，這個時期的雨相當重要，但生活上也有需要留意的部份。

●濕氣和高溫會為各種各樣的細菌營造出理想的繁殖環境，食物會比其他時期更容易腐敗、洗好的衣服也不易乾、產生異味，也容易發黴。尤其梅雨期間是一整年中最容易引發食物中毒的時期，需要特別留意。

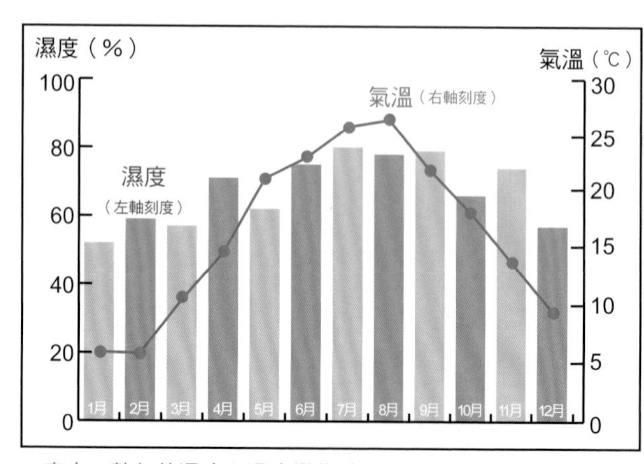

▲東京一整年的濕度和溫度變化（2015年．日本氣象廳）

朝陽跟夕陽為什麼看起來比較大？

回答 看起來比較大是眼睛的錯覺。

●一天當中，朝陽跟夕陽看起來比白天的太陽都還要大。其實太陽的大小並沒有改變，是太陽的位置引起人腦的錯覺，讓人誤以為太陽大小有改變。

●我們的大腦會利用與其他物體比較、測量距離等方式，透過各種資訊來判斷物體的大小。

●由於白天的太陽在正上方，我們無法與其他物體進行比較、判斷尺寸，所以會覺得太陽距離遠。相對來說，朝陽跟夕陽由於接近地平線，地面上各種物體如建築物和山等，都可以拿來比較大小，所以會覺得太陽近。我們的腦是根據太陽附近是否有物體比較，來判定白天的太陽，與朝陽跟夕陽的大小，也因此會看起來不同。

▲沉往地平線的夕陽。當太陽靠近地平線和水平線時，眼睛的錯覺會讓太陽看起來變大。但實際上太陽的大小並沒有改變。

無論月亮有多高，大小都吻合5圓日幣中間的孔呢。

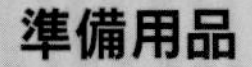 實驗看看！ 試著測量月亮的大小

雖然無法直視太陽，但相同的現象也可以透過月亮觀察到呢。
利用5圓日幣實驗看看吧。

準備用品

5圓日幣。

實驗方法

①滿月之夜手持五圓日幣，將手臂伸直，透過五圓日幣中間的孔窺看月亮。

②換個時間進行①。像是月亮接近地平線，或是在正上方等。

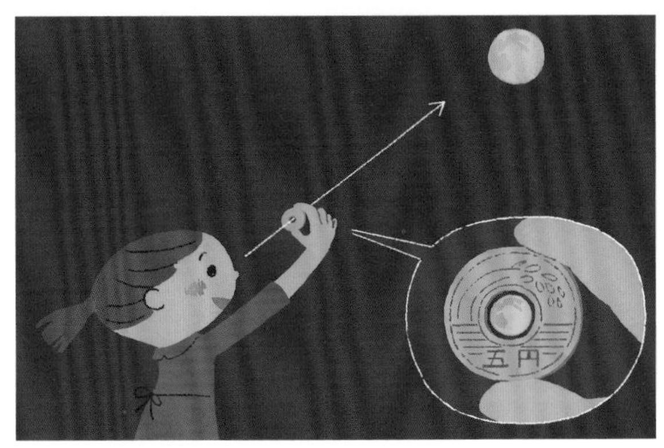

雲是由什麼所組成？

回答 由大量空氣中的水滴跟冰粒聚集而成。

●空氣中含有大量從海、河川和地面等蒸發的水分形成的氣體（水蒸氣）。

水蒸氣具有遇熱後會膨脹變輕的性質，吸收陽光的熱後就會升上高空。

但隨著水蒸氣離開地面往上升，氣溫就會變低。水蒸氣遇冷，就會變成直徑約0.02mm（1mm的2%）的超小水滴或是冰粒。這些小水滴跟冰粒大量聚集後就會形成雲。

▲雲的形成構造圖。

延伸問題 雲為什麼有各種形狀？

回答 雲朵會因高空的風向而改變形狀。

●雲的形狀分成直向延伸的積雲，跟橫向擴張的層雲。

縱向延伸的雲由上升氣流形成，其中積雨雲如同大棉花團，呈現出縱長狀。

至於橫向擴張的層雲是高空強風形成。卷雲是種容易在高海拔處形成的雲。春秋季的高速氣流會刮起強風，形成貌似被拉扯的細雲。觀測雲的形狀，就能明白雲位在的高度。

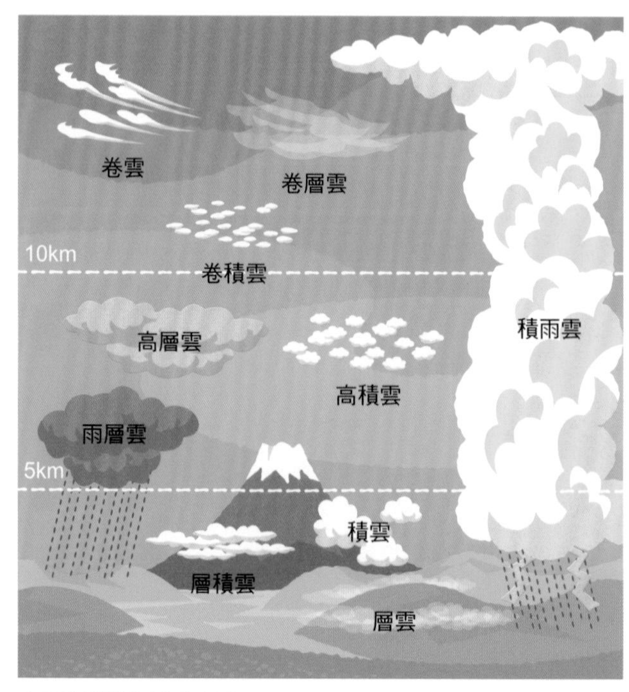

▲雲的形狀和形成高度。

找出10種雲的形狀吧

雲的形狀總共被分為10種。雲的形狀可用來預測天氣的變化，請好好記住吧！

●積雨雲

又名雷雨雲，是很大團的雲，會降下雨和冰雹。

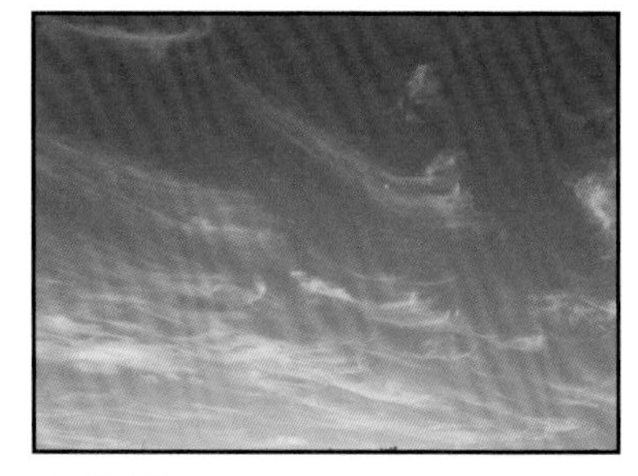

●卷雲

如同以毛筆畫線般，細線狀的雲。

●卷層雲

猶如替整體天空蒙上一層薄霧的雲，是變天的前兆。

●卷積雲

又名鱗狀雲，像魚鱗般纖細的雲。

●高層雲

覆蓋整片天空的厚雲層。是下雨和下雪的前兆。

●高積雲

形成的團塊比卷積雲大。

●雨層雲

又被稱為雨雲。深灰色的雲籠罩整片天空。如果接近低氣壓和鋒面時，會持續降下雨與雪。

●層積雲

猶如田地般排列形成的雲。

●積雲

大團塊狀的雲，於白天天晴時會出現。

●層雲

在接近地面處形成的薄層雲，容易下小雨和雪。

只要理解雲的形狀，就能得知天氣變化的前兆。或許我也能成為氣象專家呢？

天氣預報是怎麼產生的呢？

回答 蒐集全世界的各種資訊，進行預測。

●天氣預報是基於全世界的氣象觀測資料，所作出的預測，並非只有觀測日本。除了利用太空中的氣象衛星觀察雲的動態，也會接收來自日本各地氣象觀測傳來的資訊、調查風向跟風速，並在空中放一種特殊氣球等。

這些資訊都會被彙整到氣象廳的超級電腦內，用來計算氣象的趨勢。最後會得出詳細的數值預報圖。

天氣預報員會基於數值預報圖，來進行天氣預報工作，然後由氣象主播在電視和報紙、廣播等進行天氣預報以及相關說明。

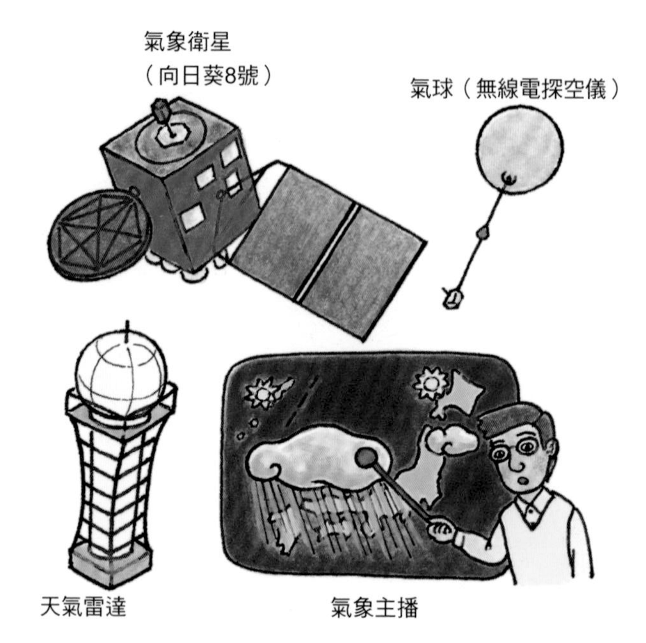

▲天氣預報發表前的流程。

延伸問題 天氣預報的準確率有多少？

回答 據說準確度約高達70%至80%。

●天氣預報要百分百準確相當困難。

例如預測是晴時多雲，但結果卻是多雲時晴等，些微的誤差都會導致判斷困難。

●日本的氣象廳會監視降雨1mm以上的預報是否準確，並給予計分。舉例而言，2014年17點發佈的隔日氣象預報，全國平均分數為84分，一週天氣預報的3天前預報為80分，7天前的預報則為69分。

上述數據平均下來，約有70%至80%的準確度。

日本氣象廳的官網上每3小時就會發佈預測，方便大家能掌握更正確的資訊。

認識氣象圖

報紙和電視的氣象預報，都是利用氣象圖進行說明。雖然使用的符號很多，但認識解讀方式後，氣象預報就會變得很有意思。

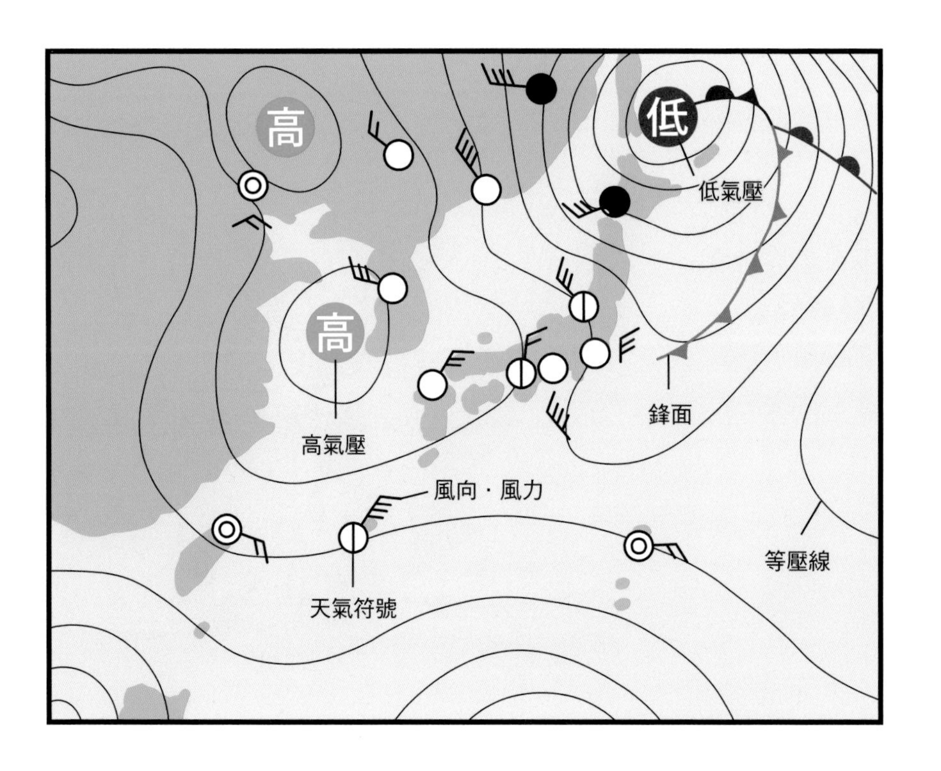

●等壓線

連接同氣壓地點的線。風是從氣壓高的地方吹向低的地方，線與線的間隔越窄，代表風越強。

●風向・風力

表現觀測地的風向和風的強度。會以天氣符號上如同梳子的部份來標示，線越多代表風越強。

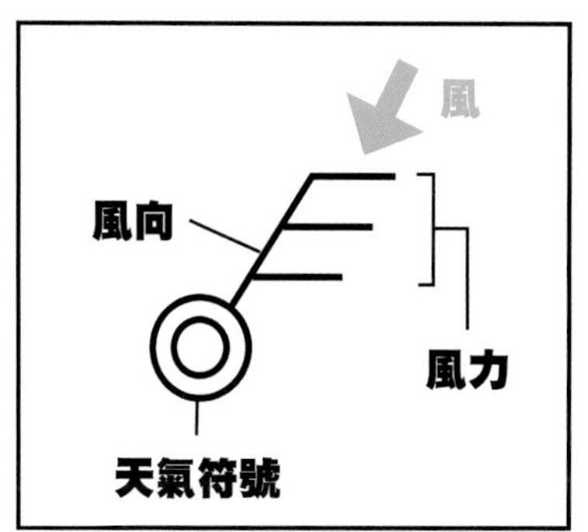

●天氣符號

標示天氣的記號。往往跟風向・風力同時出現。

萬里無雲	晴天	微陰
陰天	霧霾	沙塵暴
暴風雪	霧	毛毛雨
下雨	雨雪交加	下雪
冰霰	冰雹	打雷

※編註：此為日本國內使用符號，與台灣有所不同。

●鋒面

暖空氣和冷空氣相接的交界線，大致分成四種類型。

	暖鋒 大範圍下小雨。
	滯留鋒 不穩定的天氣長期持續。
	冷鋒 小範圍下大雨。
	囚錮鋒 冷鋒追上暖鋒，會下雨或刮風。

●氣壓

比周圍的氣壓高則為高氣壓，若比周圍的氣壓低則為低氣壓。

高…高氣壓	產生從高空下沉到地表的下降氣流。
低…低氣壓	產生從地表上升到高空的上升氣流。 雲蓬勃發展所以天氣陰雨。

為什麼有時會下西北雨？

回答 強烈的陽光導致急速形成雨雲。

●西北雨就是原本晴朗的天空突然烏雲密布，下起傾盆大雨的現象。多半出現在夏季大熱天的午後，又稱雷陣雨、對流雨。

●夏天的強烈陽光會加熱地面。地面受熱後引發富含水蒸氣的上升氣流，形成會降下很多雨的積雨雲，於10km範圍的地區降下激烈的陣雨。

●發生西北雨以前，會先刮起涼颼颼的強風，空氣也帶有潮溼感。若形成大朵積雨雲，會突然開始下雨，所以要特別留意。

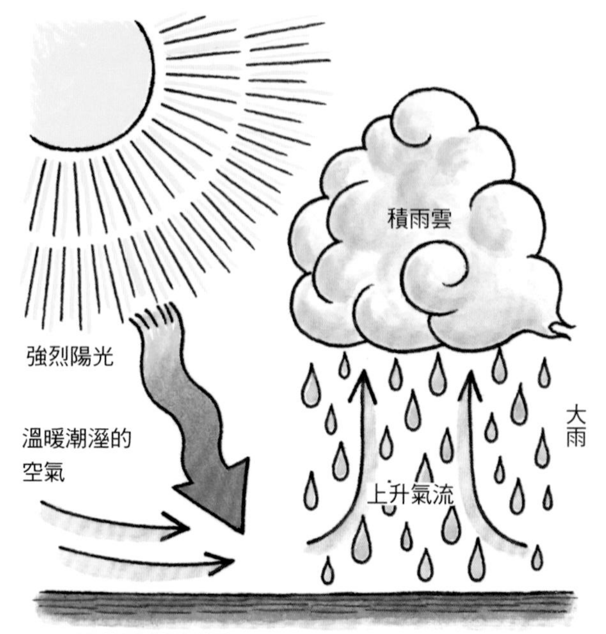

▲西北雨的形成圖。

延伸問題 為什麼會有太陽雨？

回答 因為風颳走雨，使雨雲消失。

●看到天空明明露出耀眼的太陽，卻仍下著雨的情景，相信很多人都曾嚇一跳吧。這種現象並無正式名稱，俗稱為「太陽雨」。

●太陽雨的成因共有三種，其一是雲導致下雨後消失。雨降至地面需要花一段時間，這段期間內雲因為被風吹走等情況而消失。

●其二是小朵雲導致下雨。雖然我們對下雨的既定印象是，像積雨雲等大朵雲造成降雨，但有時候小朵的雲集中在同一地區，也會導致下雨。

●其三是雨被風颳來。從別處的雨雲降下的雨，被高空的強風吹到放晴的地區，導致太陽雨。

太陽雨的構成圖

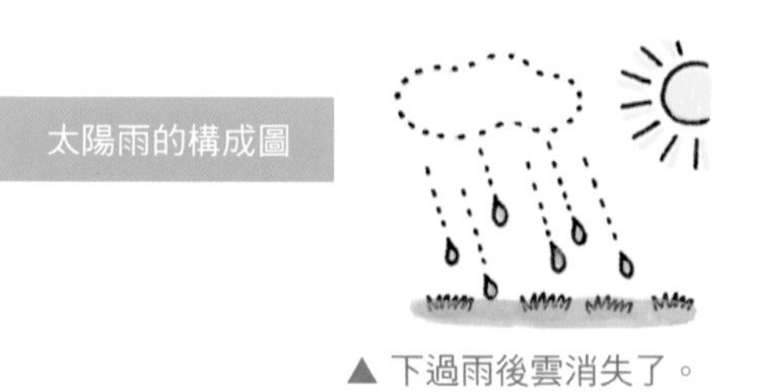

▲ 下過雨後雲消失了。

▲ 小朵雲導致下雨。

▲ 風把雨吹到別的地方。

世界上最深的海有多深？

回答 最深的馬里亞納海溝深度約1萬920m。

●太平洋的馬里亞納海溝，位在太平洋板塊陷入到菲律賓板塊之下的地方，在水深4000至6000m的海底形成了5000m以上的深谷。

●馬里亞納海溝最深的地方，被稱為挑戰者深淵，該處水深為1萬920m。海深超過200m就稱作深海，陽光幾乎照射不到，更深處則是一片陽光完全無法抵達的黑暗世界。

●水深1萬920m處，水壓是陸地的1000倍。由於人類無法潛入，所以只能使用無人偵測機來調查。深海中還有許多尚未發現的生物。

▶深藍色是海溝的位置，標示●處是挑戰者深淵的位置

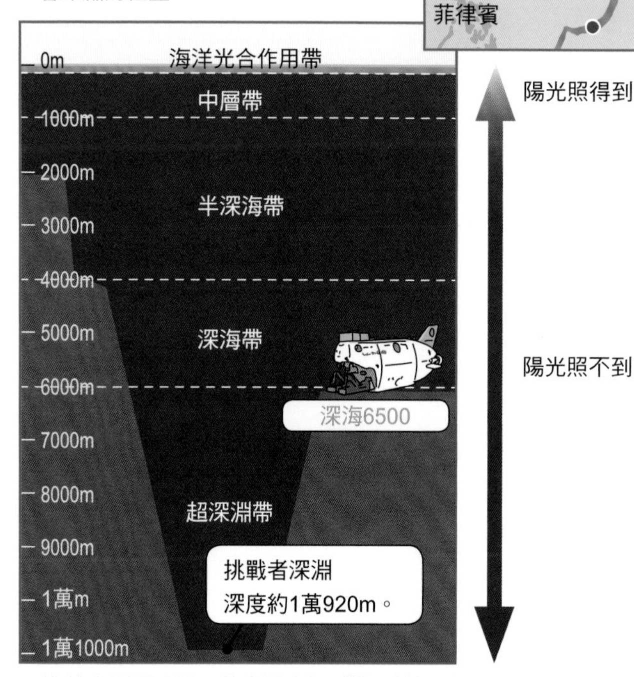

▲海的水深區分圖…載人潛水探測機只能潛到6500 m。

延伸問題 深海中住著什麼樣的生物？

回答 深海存在與陸地生物外觀跟身體構造截然不同的生物。

●深海佔全世界海洋的90%以上。海越深水壓越高，陽光照射不到所以十分昏暗，溫度也很低，氧氣更是稀薄。
由於深海的生存環境嚴峻，因此過去認為生物應該很少，但隨著研究進展，得知實際上深海有大量生物，更有許多發現。

●在馬里亞納海溝的挑戰者深淵所發現的短腳雙眼鉤蝦，擁有稱為纖維素酶的新型酵素，能高效率分解沉到海底的木頭及植物，因此能在缺乏糧食的深海環境生存下來。深海生物具有適合深海環境的身體構造，與陸地生物截然不同。

▲使用在燉菜等料理上的美味魚類紅金眼鯛，就是棲息在水深100至800 m處的深海魚。

酸雨是什麼？

回答 溶有廢氣內成分等物質的雨水。

●雨在降下的過程中，空氣中的髒污也會沾附在上面。髒污的類型五花八門，可能是飛塵、灰塵或是植物的花粉等。

●其中工廠排出的廢煙、汽車排出的廢氣，含有一氧化硫和氮氧化物等成分，溶解在雨水降下就成為了酸雨。

●酸雨會改變河川和湖水的水質，為生物棲息環境帶來不好的影響。

導致酸雨的物質從排出到化為酸雨降至地面時，會移動數千到數百km。

世界氣象組織（WMO）有鑑於此，便以歐洲和北美為中心，在世界各國約200處進行酸雨成分的觀測等，針對酸雨進行防治措施。

▲ 酸雨發生的原理。

延伸問題 酸雨會造成什麼影響？

回答 導致森林的樹木枯萎等各種影響。

●酸雨會對地面造成各種影響。
例如改變河川和湖水的水質，使土壤轉為酸性，影響其中的動植物生態。

●除此之外也會引起金屬生鏽、水泥易壞。不少歷史性的建築物和雕刻也受到酸雨損害。

▲受酸雨影響枯萎的樹木，以及表面變形的石像。

颱風是如何形成的呢？

回答 熱帶地區的低氣壓發達，會形成颱風。

●空氣受熱後會膨脹變輕，升至高空產生上升氣流。

●接近太平洋赤道的南方地區，屬於熱帶，氣候溫暖。因為海水溫度高，容易出現上升氣流形成低氣壓（熱帶低氣壓）。由熱帶性低氣壓產生的積雨雲聚集，風吹入後積雨雲就會開始旋轉，形成小型空氣漩渦。這就是颱風的原形。
如果颱風的原形風勢轉弱就會消失，風勢轉強則會形成強大的空氣漩渦，中心附近最大風速達到每秒17.2m以上稱為颱風。

●颱風的中心稱為颱風眼。颱風眼的直徑從20至200km都有，當颱風眼越小越清晰，代表風勢越強。

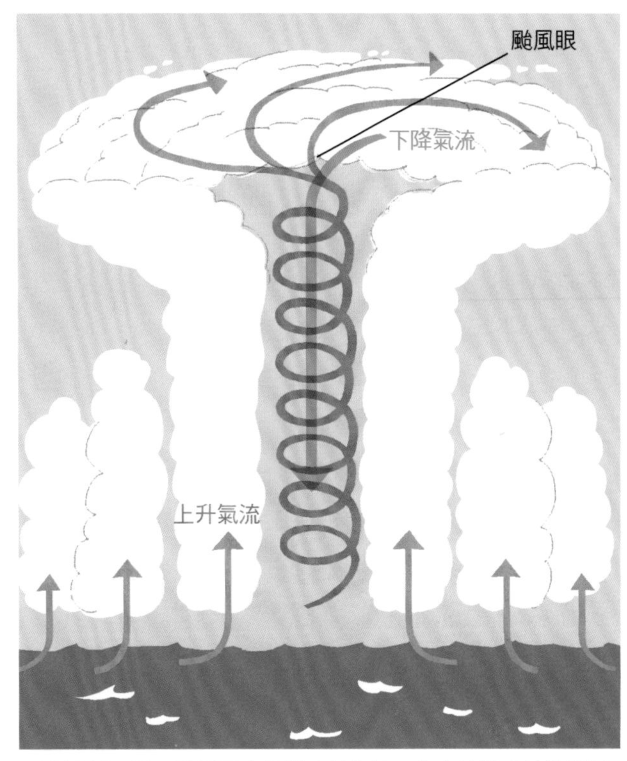

▲**颱風剖面圖**…颱風下方是逆時針旋轉，上方是順時針旋轉同時並噴出氣流。

延伸問題 颱風在不同國家有不同名稱嗎？

回答 名稱會隨著發生的地區和最大風速而改變。

●東亞地區稱為颱風（Typhoon），世界各地則有稱為颶風（Hurricane）、氣旋（Cyclone）等。雖然同樣是指熱帶氣旋，但會由於發生的海域和風勢強弱差異而有不同的名稱。

●颱風在日本寫作台風。由於日本氣象廳訂立的台風最大風速標準，與國際氣象組織（WMO）訂立的國際標準不一樣，所以日本名稱為台風，國際名稱則是颱風（Typhoon）。

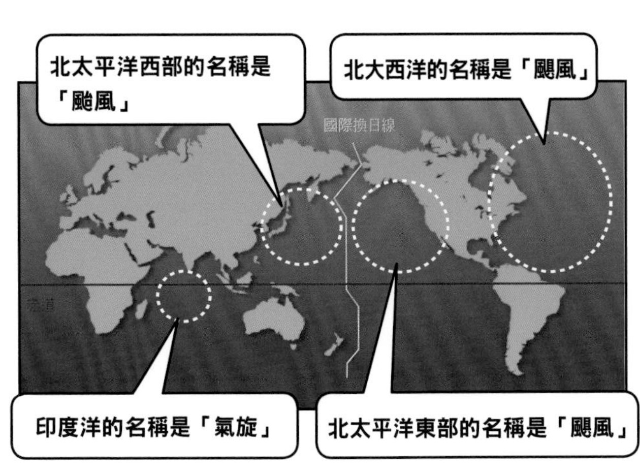

▲不同地區的颱風名稱。

為什麼會有春夏秋冬？

回答 地球的公轉和自轉產生春夏秋冬。

●地球的運動分成地球本身一天旋轉一周的自轉，以及一年繞著太陽一圈的公轉。
但地球的自轉軸並非垂直，而是傾斜約23.4度。就是因為地球是傾斜著公轉，才會產生晝夜長短的變化。

●夏天時北極會朝向太陽，因此北半球的白天時間較長，太陽高度也較高，因此氣溫較高。冬天時當南極朝向太陽，北半球夜晚的時間較長，太陽高度也低，所以會變冷。
春秋兩季的晝夜時間會趨於等長，冷熱溫差不大，是很舒適的季節。

●地球就是依據公轉和自轉的組合，衍生季節變化。

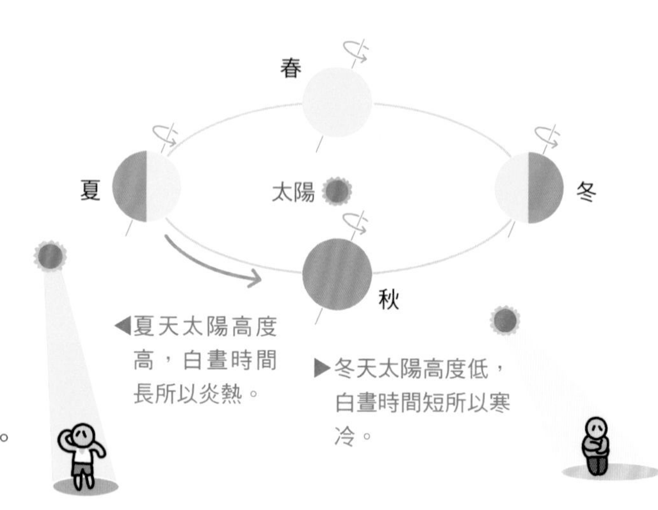

◀夏天太陽高度高，白晝時間長所以炎熱。

▶冬天太陽高度低，白晝時間短所以寒冷。

延伸問題 全世界的季節變遷都一樣嗎？

回答 北半球和南半球的春夏秋冬剛好相反。

●地球以赤道為界線，以北為北半球，以南為南半球。由於地球自轉軸傾斜，北半球跟南半球的四季變遷不一樣。
當北半球正值陽光在上方的夏天，南半球卻因為太陽的高度低，所以是冬天。
相對來說，南半球夏天時，換成北半球的太陽高度低，所以是冬天。

●日本位於北半球。在日本正值寒冷的冬季，歡慶聖誕節的時候，在南半球的澳洲等地卻正值夏天，所以當地的聖誕老人會衝浪或是騎水上摩托車等，享受與日本截然不同的聖誕節。

●北半球和南半球的季節雖然相反，但接近赤道的地區，晝夜的長度一整年都不太有變化，所以幾乎也沒有什麼季節變化，全年如夏。

▲日本冬天的時候，澳洲是夏天。

南極和北極哪邊比較冷？

回答 被厚冰覆蓋的南極比較冷。

●南極和北極都是冰天雪地的地方，但實際上有著不同的特徵。

●南極是被太平洋等海洋環繞的大陸，整整有日本的37倍大。陸地上覆蓋著形狀如山，厚度超過2000m的冰蓋。

北極則是被歐亞大陸、北美大陸、格陵蘭包圍，陸地覆蓋著厚度約數公尺的冰，但與南極不同的是，冰層下方是海。

北極由於冰層下方的海水比冰還要溫暖，所以氣溫不易降低。至於覆蓋南極陸地上的冰層會反彈太陽的熱，在不受熱的情況下，溫度會降低。

●位在南極內陸的日本富士圓頂基地，平均氣溫是零下54℃，俄羅斯的東方一號基地則是零下84℃。

北極包括北極點及位在北極地區的斯瓦巴群島，平均氣溫為零下6℃。相當接近北極地區的、位於西伯利亞的奧伊米亞康，最低氣溫為零下71℃。但是從平均氣溫來看，南極是壓倒性的寒冷。

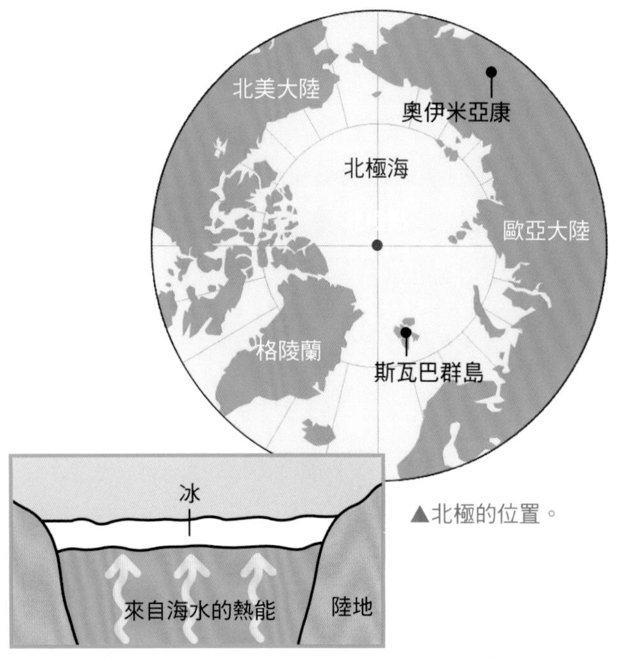

▲北極的位置。

▲北極的剖面圖。

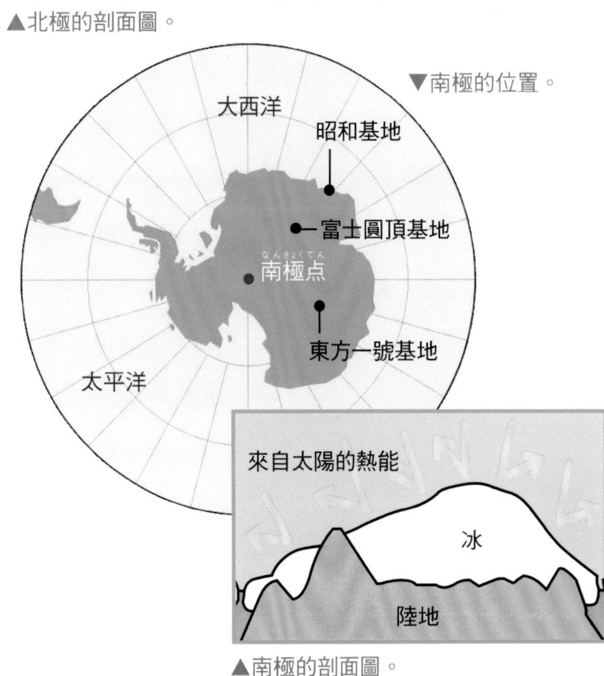

▼南極的位置。

▲南極的剖面圖。

? 小測驗

究竟在哪裡？北極・南極猜一猜！

你知道以下的動物是在南極還是北極嗎？

①

白熊

②

國王企鵝

③

豎琴海豹

解答 ①北極 ②南極 ③北極

地球暖化是什麼？

回答 地球的整體氣溫升高。

●地球周圍的空氣含有二氧化碳、氯氟烴、甲烷等氣體。這些氣體稱為溫室效應氣體。

溫室效應氣體具有能被陽光穿透，並吸收被太陽加熱後的地面所釋放熱量（紅外線）的性質。溫室效應氣體若維持在一定含量，整體地球的氣溫就不會上升。然而溫室效應氣體的含量增加，來自太陽的熱便難以釋放到地球外，導致多餘的熱能被關在地球內。

關起來的熱量導致整體地球的氣溫緩緩上升的現象，就是地球暖化。

●形成溫室效應氣體的主因二氧化碳，存在於工廠和汽車等所排出的廢氣內，甚至利用電和汽油時也會產生。

●植物會吸收二氧化碳製造氧，但全世界的森林不斷遭到破壞，這也被認為是二氧化碳增加的原因。

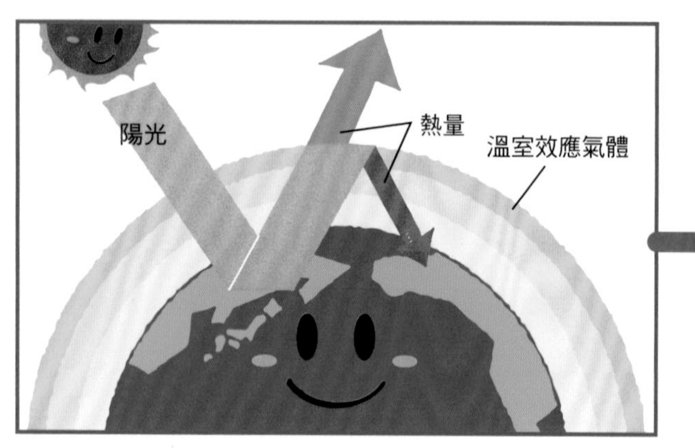

▲過去的地球。

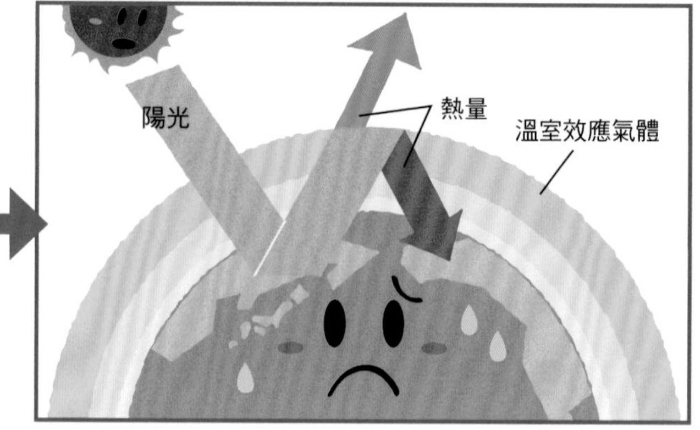

▲現在的地球。

延伸問題 地球持續暖化會造成什麼樣的後果？

回答 會造成容易發生極端氣候等影響。

●地球暖化造成整體地球氣溫上升後，會對全世界帶來各種影響。

例如乾旱造成缺水、野生生物失去賴以維生的環境，也被推測會引發滿潮和洪水等極端氣候。

因此在2015年法國舉辦的地球暖化問題對策會議中，全世界196國協定以全球整體氣溫上升不超過1.5℃為共同努力目標。

化石是怎麼形成的？

回答 遠古時代的生物埋在土中，就這樣遺留至今。

- 所謂化石，是遠古時代的生物死後被埋在泥沙內，被保存下來的產物。多數學者將早於1萬年前的古生物遺體稱為化石。
- 所發現的化石多半是骨頭部份。生物的身體有柔軟和堅硬的部份，死亡後柔軟的部分會被其他生物食用，或是被微生物分解。而像骨頭和貝殼等堅硬部份，比較容易遺留下來，所以容易形成化石。
  化石雖然被掩埋在泥沙的地層當中，但會因為考古發掘而出土，或是地層自然剝落、崩解後出現。
- 只要調查堆疊的地層內有哪個時代的東西，便能了解該生物的生活環境。

①生物死亡後，沉到湖或海底。
②生物的骨頭遺留下來，上方被泥沙堆積埋沒。

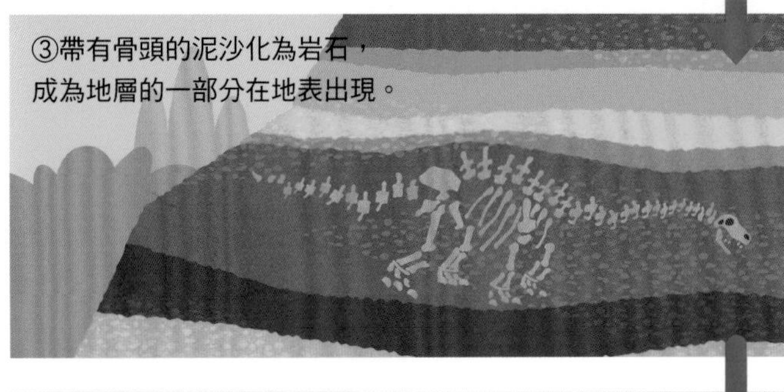

③帶有骨頭的泥沙化為岩石，
成為地層的一部分在地表出現。

④運氣好的人發現化石。

現在全世界仍有新化石不斷被發現呢！

被應用為建築物原料的大理石，有時也會含有生物化石。像百貨公司等大量運用大理石的建築物內，說不定也能找到化石的蹤影。

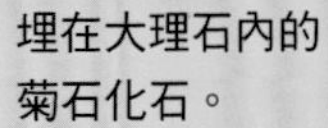

埋在大理石內的菊石化石。

恐龍真的曾經存在過嗎？

回答 全世界都有發現恐龍的化石。

●距今約2億5000萬年至6500萬年前，地球上住著許多恐龍。人類之所以知道恐龍存在過，是因為全世界都有發現恐龍的化石。化石是認識恐龍的姿態、形狀以及生活型態的線索。

●以恐龍的牙齒化石來說，暴龍等肉食性恐龍的牙齒，能夠嘶咬獵食其他恐龍的肉，所以相當銳利。另一方面，三角龍等草食性恐龍以植物為主食，所以牙齒細小。像這樣透過化石能了解恐龍吃什麼。

●在日本也有發現過許多恐龍化石，由此得知過去日本也曾有恐龍生活著。

▲可以前往博物館等地觀看挖掘出土的恐龍化石。

延伸問題 恐龍何時存在於地球上？

回答 距今約2億年前。

●恐龍生活在地球的期間為距今2億5000萬年前至6600萬年前為止，這段期間又被稱為中生代。
在6500萬年前滅絕以前，恐龍地球上生活了長達1億5000萬年。

●至於與猿猴是遠親的人類，出現在數百萬年前，由此可知恐龍稱霸地球的歲月相當悠久。

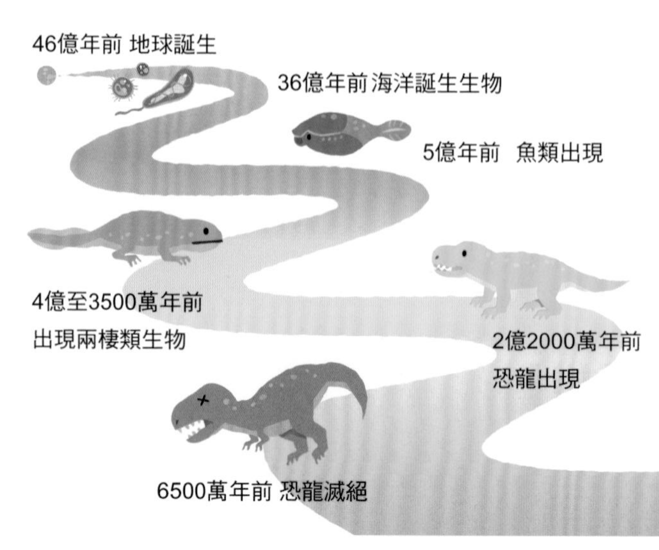

▲恐龍滅絕為止的生物進化。

延伸問題 恐龍是怎麼命名的呢？

回答 根據恐龍的特徵等來命名。

●生物和植物都有學名。學名不僅會表示生物特徵，還能了解到跟哪些生物是遠親。為方便全世界的研究者和學者能通用，所以學名都是使用拉丁語，恐龍也是一樣。
例如肉食性恐龍之中的王者——暴龍（Tyrannosaurus），是將Tyranno（暴徒）和saurus（蜥蜴）兩個詞連在一起命名。

●許多恐龍的名字都包含saurus（蜥蜴），是因為恐龍的祖先就是蜥蜴等爬蟲類。劍龍的特徵就是背上有板狀骨頭，因此名稱也配合外觀被命名為Stegosaurus（屋頂蜥蜴）。

暴龍（Tyrannosaurus，暴徒蜥蜴）

▲劍龍（Stegosaurus，屋頂蜥蜴）

▶腕龍（Brachiosaurus，前臂蜥蜴）是因為前腳比後腳長被命名。

禽龍（Iguanodon）的「don」代表牙齒，是將Iguano（鬣蜥的）和don（牙齒）兩者結合的學名。

延伸問題 為什麼恐龍會滅絕？

回答 隕石落下和火山爆發等，眾說紛紜。

●恐龍的大小從幾十公分到幾十公尺都有，種類各式各樣。但如今恐龍已滅絕，所以我們也無法看見。

●恐龍滅絕的原因有好幾種說法。有隕石碰撞說、火山爆發說、也有氣候變動導致恐龍耐不住嚴寒的說法，但具體的滅絕理由仍尚待釐清。
雖然恐龍已滅絕，但在那之後哺乳類、鳥類和爬蟲類等倖存下來的生物，不斷演化迄今。據說鳥類是由恐龍進化而來。

▲有一說是大顆隕石墜落地球，導致恐龍滅絕。

銀河是什麼？

回答 許多星星呈帶狀擴散，看起來像一條河的地方。

●銀河一如其名，是猶如橫跨於夜空般的帶狀星星。
地球位於以太陽為中心的太陽系，而太陽系位於銀河系之中。
太陽只是由2000億顆星組成的銀河系，裡面的其中一顆恆星而已。

●雖然銀河系從上面看是呈現螺旋狀，但從側面看卻是圓盤狀。從地球望著銀河，遙遠的星星會互相重疊，看起來就像是一條白色帶子，外觀也猶如星星的河川，所以稱為銀河。

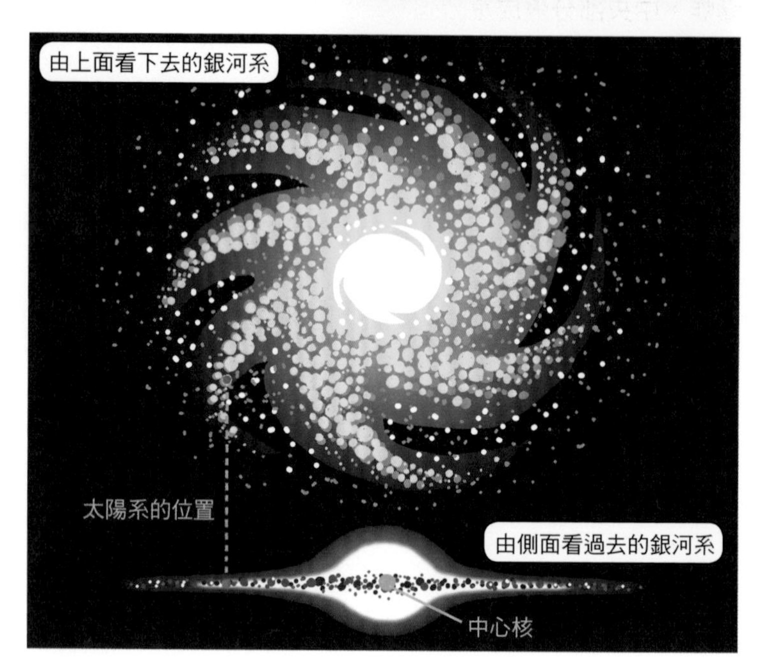

宇宙是何時形成？

回答 始於距今138億年前的大爆炸。

●宇宙形成的原因尚待釐清。但透過地面大型望遠鏡和太空望遠鏡的觀測，我們才開始逐步了解宇宙，才能進行各種推測。

●約138億年前，宇宙剛誕生就發生了一場大爆炸。這場爆炸與現今宇宙有所關連。
從大爆炸產生的氫等化學元素生出星體，星體周圍的塵埃又聚集成行星，然後星體又聚集成銀河，最終形成如今的宇宙。

●目前宇宙還在持續擴張，至於是否會永遠擴張，或是會在某個時間點停止或產生變化等，至今尚未有定論，目前僅得出擴張仍在逐漸加速的結論。

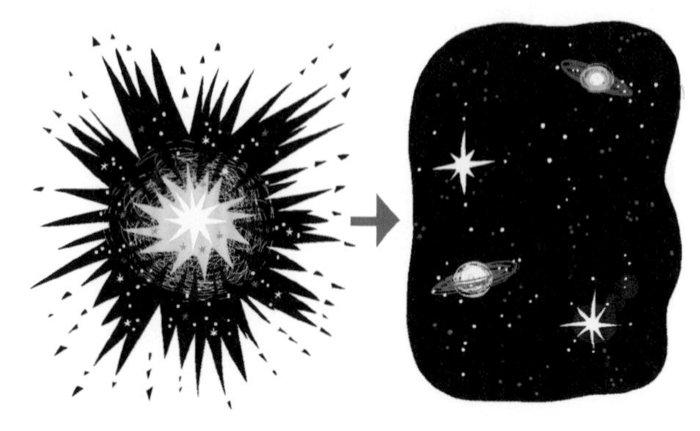

▲大爆炸之後，宇宙仍在持續擴張。

黑洞是什麼？

回答 重力強大到連光線都會吞噬的天體。

●星體的重量有輕重之分。重星體在壽命耗盡時會爆炸，中央部分變成重力強的天體，形成將靠近的物體全數吞噬的黑洞。由於連光線都逃不出去，所以我們無法看到黑洞。黑洞的黑並非代表它本身是黑色，而是指眼睛看不到。

我們是透過觀測黑洞吞噬物質後釋放出的X射線和強烈電波等方式，才能了解黑洞。

目前認為黑洞吞噬的物質會朝黑洞中心墜落，被分解成顯微鏡也看不到的狀態。

●據說夏季代表星座天鵝座內的X-1星就是黑洞。

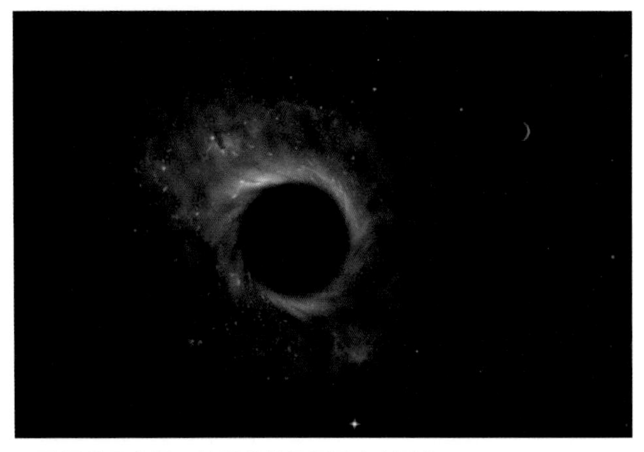

▲黑洞的示意圖，被吞噬的物質再也出不來。

黑洞的大小會因為原本星體重量而有所不同。星體越重黑洞就越大呢！

外星人存在嗎？

回答 現今尚未得知是否真有外星人的存在。

●我們居住的太陽系，有著地球以外的行星和衛星。但目前太陽系沒有如地球般具有適合生物居住環境的天體。

即使宇宙探測技術日益進步，但調查範圍只是九牛一毛，廣大浩瀚的宇宙中仍有許多未明之處。雖然太陽系的天體中沒有外星人，但宇宙除了太陽系以外還有許多天體，未來也許會找到存在外星人的天體。

●NASA（美國國家航空暨太空總署）1972年到1973年發射的行星探測器先驅者10號和11號，在機體上安裝了描繪人類和太陽系的金屬板，作為發給地球以外生命的訊息。

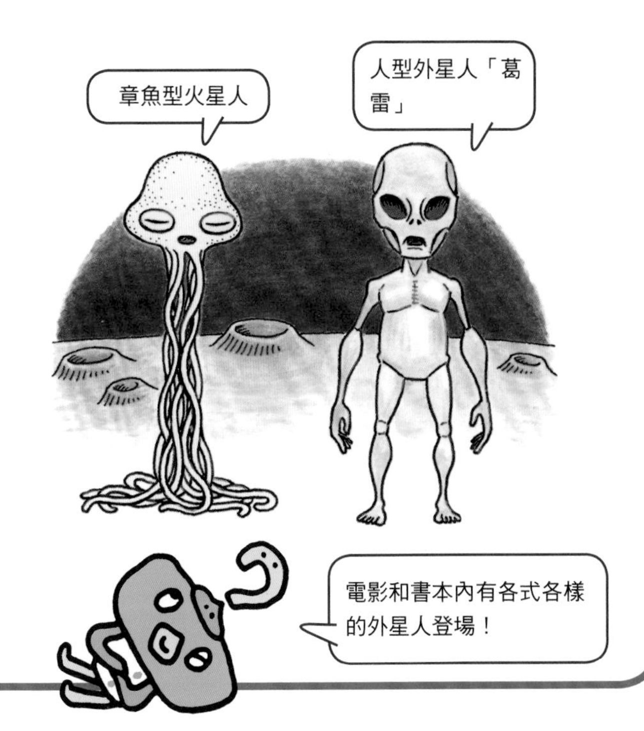

章魚型火星人
人型外星人「葛雷」
電影和書本內有各式各樣的外星人登場！

海市蜃樓是怎麼形成的？

回答 溫度不同的空氣層偏折光線所形成。

●所謂海市蜃樓，是地平線附近的遠處景色看起來懸在空中，朝垂直擴展的現象。海市蜃樓是光線和空氣在偶然下形成。

●當空氣的溫度分成高溫層和低溫層時，空氣層交界面會偏折光線，引發海市蜃樓。

●蜃景共分為2種。第1種是上蜃景，是冷空氣層在下方、熱空氣層在上方時形成。蜃景會呈現上下顛倒，並出現在實際物體上方，所以看起來像是物體被向上拉長。

第2種是下蜃景，是熱空氣層在下方冷空氣層在上方時形成。蜃景同樣是上下顛倒，但是出現在實際物體下方，所以看起來像是朝下拉長，或是懸在空中。

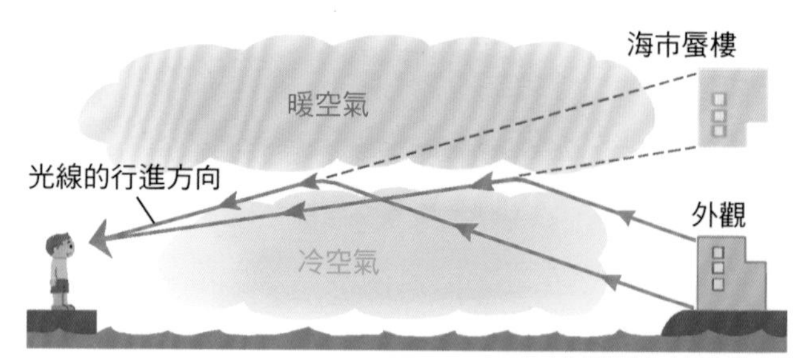

▲上蜃景的原理。

▲上蜃景。看起來就像是浮在海面上。

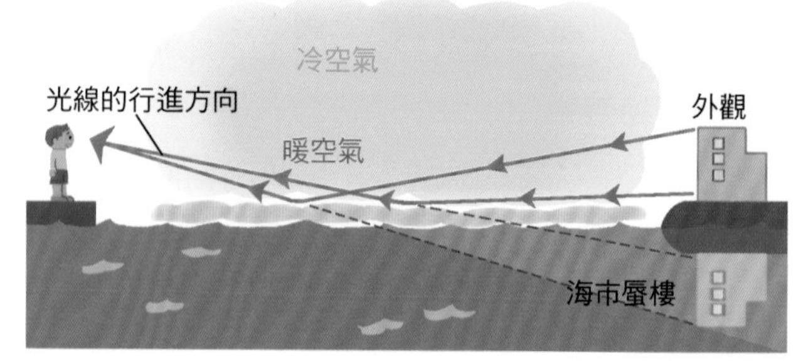

▲下蜃景的原理。

漩渦是什麼？

回答 海水以轉圈方式流動。

●漩渦是潮水的漲退所引發的強勁潮流，海水會轉圈流動。日本瀨戶內海的鳴門漩渦相當有名。

日本鳴門海峽與義大利美西納海峽、加拿大西摩海峽並稱為世界三大潮流，潮流的最大時速可達20km。

狹窄的鳴門海峽寬度僅1.3km，由於海水會一口氣流到外面，造成潮水流速會有快有慢。快慢不一的潮流相互碰撞便會產生漩渦。

●特別是每個月兩次，滿月和新月時會發生潮水漲退差距最大的大潮，就會見識到魄力十足的漩渦。

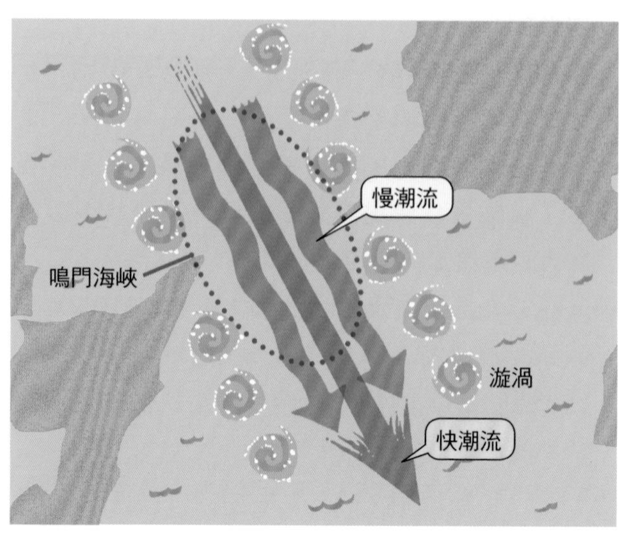

▲鳴門海峽漩渦的流動圖。

海水為什麼是鹹的？

回答 構成鹽的成分溶解在海水之中。

●海水內溶有各式各樣的成分，其中氯和鈉就佔了整體的85%。這兩種成分結合後，就是構成鹽的主要成分（氯化鈉）。

●46億年前地球誕生後，因為小行星撞擊而變得高溫。一時之間空氣內的水蒸氣冷卻後變成雨，朝地面傾盆而降，陸地低窪處漸漸開始積水，這就是海的起源。
火山氣體中的氯化氫隨著雨水，落下後溶出岩石內的鈉。氯和鈉在雨水中結合，形成鹹鹹的海水。

●地球整體海水溶解的鹽量約有3萬4700兆噸。如果這些鹽全部覆蓋地球，東京鐵塔有一半會被埋在鹽裡面。

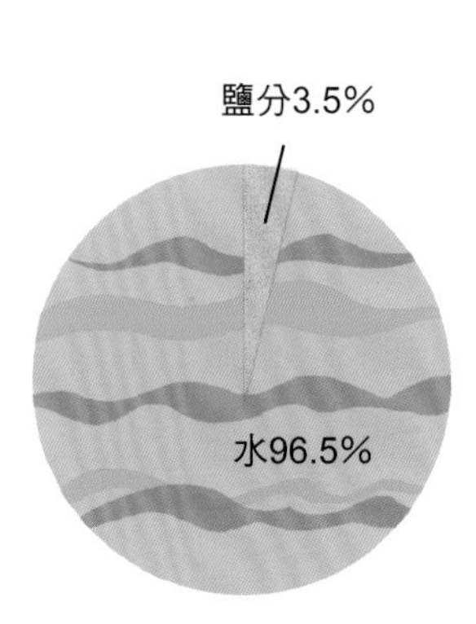

▲海水的成分。

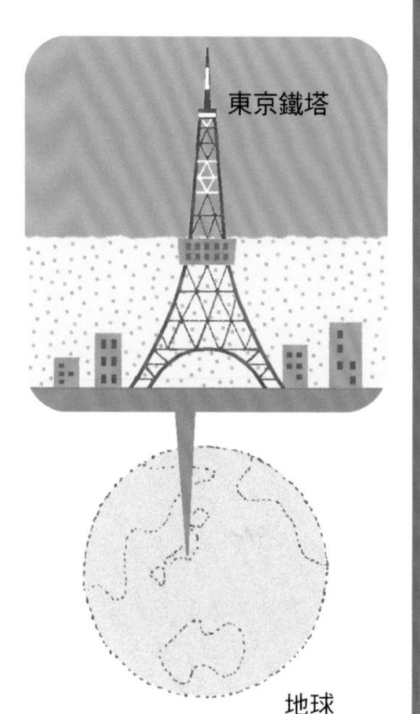

極光是什麼？

回答 像薄紗窗帘般的光線浮在夜空，變化成各式各樣顏色的現象。

●極光是來自太陽的太陽風碰撞地球所形成。來自太陽帶電的粒子如風般蜂擁到地球，就是所謂的太陽風。太陽風的移動速度每秒約數百km，相當駭人。

●地球是北極是S極，南極為N極的超級大磁鐵，整顆地球都被磁力覆蓋。多虧有磁力，太陽風才不會直接吹襲地球表面。當太陽風吹到地球後，會匯集於北極和南極地區，與地球大氣內的氮和氧相互碰撞釋放的光線，就是極光。
由此可知極光只能在以南極和北極為中心的寒冷地帶看得到。雖然在日本北海道等地區也可以觀測到淺色極光，但極為罕見。

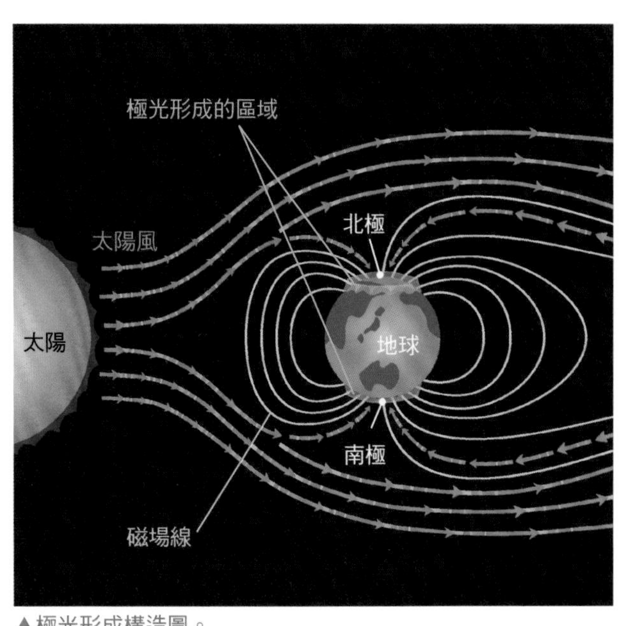

▲極光形成構造圖。

臭氧層是什麼？

回答 能隔絕陽光中的有害紫外線、保護地球的大氣層。

●覆蓋地球的空氣，依高度分為好幾層。在地面10至50km的平流層內，有種稱為臭氧的物質成層籠罩整顆地球。
這層臭氧層具有吸收太陽有害的紫外線、保護地球的作用。有害的紫外線如果增加，對人體和自然都會產生各種影響。

●但氯氟烴等化學物質會使臭氧逐漸減少。氯氟烴是不存在自然界的人工合成物質，被使用在冷暖氣機和冰箱、工廠等處。當氯氟烴升往高空到達平流層，就會破壞臭氧。每當臭氧層被破壞1%，有害的紫外線就會增加2%，北極和南極已發生臭氧層空洞的「臭氧洞」現象。

●隨著臭氧洞的擴大及數量增加，全世界已規定禁用氯氟烴，或是限制使用。

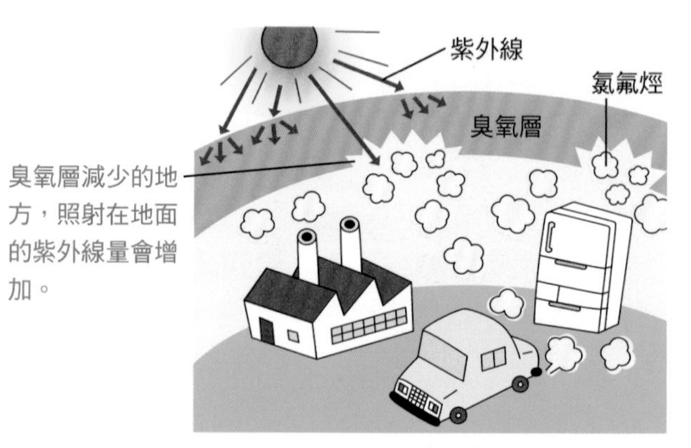

▲臭氧層的作用是守護地球不受紫外線傷害。

為什麼會有溫泉？

回答 地下蓄積的水受熱後升至地面，或是挖洞取用。

●溫泉是從地下源源不絕湧起的熱水。溫泉分成兩大類，兩種都是蓄積在地下受熱的水。
第一種是火山性溫泉，經火山岩漿房內的熱水和火山氣體加熱的地下水，從斷層縫隙湧上來，或是挖洞使地下水湧上來。
第二種是非火山性溫泉，便是從地面挖掘深洞，抽取被地熱加熱的地下水。不過溫泉並非隨處都有，地下蘊藏豐富自來水為先決條件。
擅自挖掘溫泉屬於違法行為，必須申請許可。

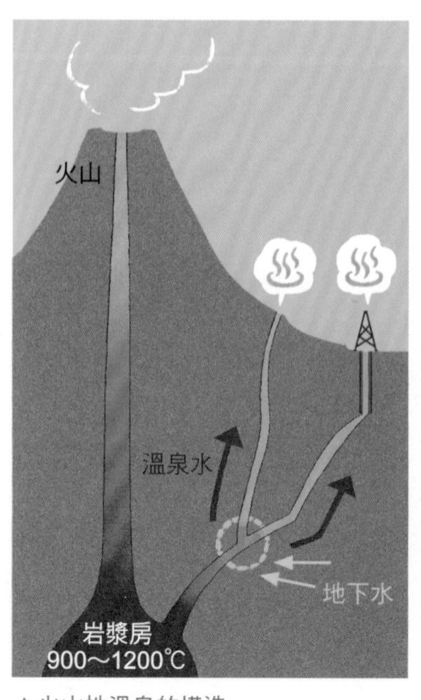

▲火山性溫泉的構造。

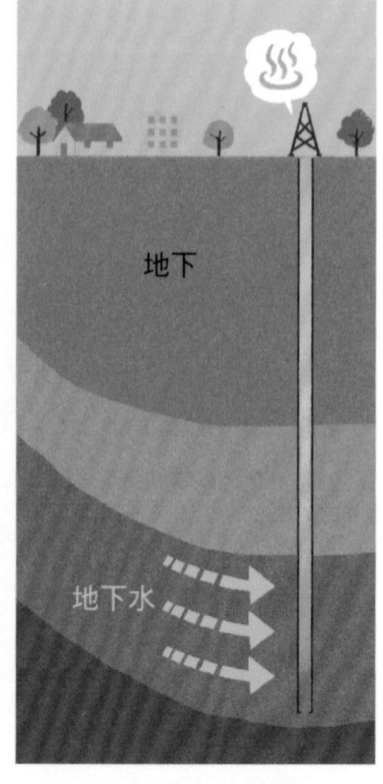

▲非火山性溫泉的構造。

名詞解說

名詞解說

本篇將解說科學中的專有名詞。

慣性定律

乘坐交通工具時，忽然開始行駛後，身體會倒向與前進方向相反的方向，這就是叫作「慣性」的力量發揮作用。物體具有只要沒被施加外力，靜止的物體會保持靜止，運動中的物體會持續運動（靜者恆靜，動者恆動）的特性，稱為「慣性」。物體的重量越重，慣性就越大。而地球上的運動中物體，會受到空氣的阻力或是與地面摩擦等因素，最後會停下運動。

▲透過「敲不倒翁遊戲」認識慣性定律。

氣壓

覆蓋地球的空氣也有重量，從四面八方推壓而來。空氣對物體施加的壓力被稱為「氣壓」，以百帕（hPa）為單位。

由於氣壓會隨著層疊的空氣量而改變，所以越往高處氣壓就越低，此外也會隨著地點和時間而改變。

報紙和電視天氣預報的天氣圖上，繪製著圓圈和彎彎曲曲的線條。這種線條稱為「等壓線」，連結著氣壓相同的地點。

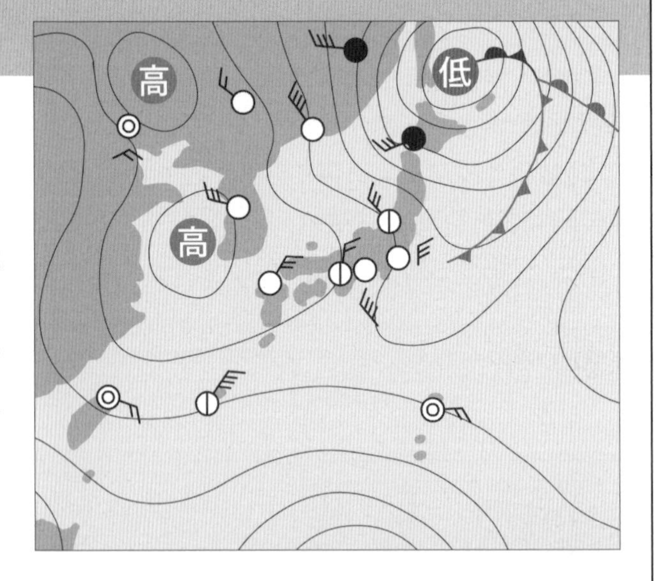

折射

光線會直射入空氣、水和玻璃等透明物質之中。但當光線行進，跨越了空氣和水、水和玻璃等不同厚度的物質時，光線就會在交界處彎曲，這個現象就被稱為「光線折射」。

放入裝有水的玻璃杯中的吸管，看起來就像被折彎了。那是因為水內和水外的光線行進角度改變，再進入我們的眼睛。

即便同樣是在空氣中行進，一旦溫度不同，空氣之間也會產生折射，進而產生海市蜃樓。

礦物

以放大鏡觀察路邊的石頭，會看到表面排列著許多小顆粒。這些顆粒是稱為「礦物」的小結晶。例如大樓和墓碑使用的花崗岩，就是由石英、長石、雲母等礦物所組成。

礦物的種類高達4000種以上，含有許多礦物的岩石稱為「礦石」。從礦石開採下來的礦物，被廣泛應用於日常生活當中。

▲石英。形狀漂亮的結晶則被稱為「水晶」。

固體・液體・氣體

水依溫度分成固體（冰）、液體（水）跟氣體（水蒸氣）。除了水以外，其他物質同樣也會隨著溫度而有不同的型態。從固體變液體、液體變氣體的溫度，依物質不同而有所不同。

固體轉變成液體的現象稱為「融化」，相反地液體變固體稱為「凝固」。凝固時的溫度稱為「融點」。液體從表面轉變成氣體的現象稱為「蒸發」，溫度上升、液體內部劇烈轉變成氣體的現象稱作「沸騰」。沸騰時的溫度稱為「沸點」。相反的氣體轉變成液體稱為「凝結」。通常固體會先變成液體，再轉為氣體，但也有固體直接轉變成氣體的現象，稱為「昇華」。

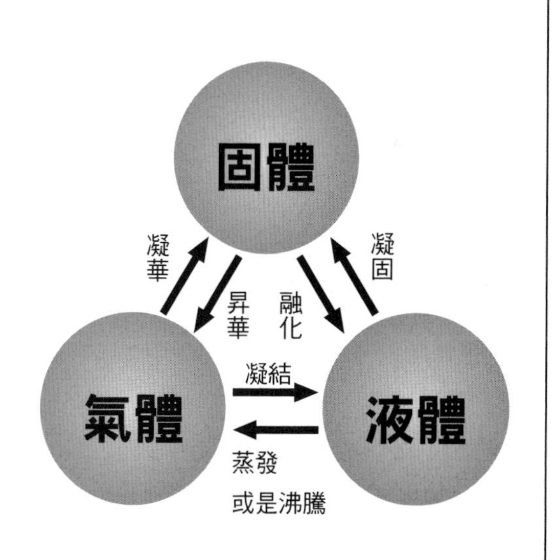

細胞

人體是由相當小的「細胞」聚集而成。細胞有各種不同的形狀、大小跟功用，各自聚集形成「組織」。組織再聚集起來，形成骨骼、皮膚、肌肉、內臟等器官。

構成人體的細胞居然多達60兆個。幾乎所有細胞都有壽命，經常死亡再生，替換新細胞。

除了人類以外，動物和植物等所有生物也都是由細胞組成。此外也有像變形蟲和草履蟲等，僅以一個細胞形成的單細胞生物。

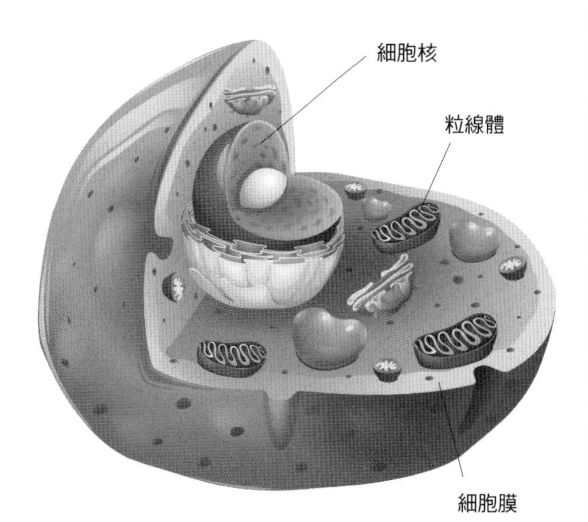

▲人的細胞構造

重力

從空中扔物體，物體會往下墜落，這就是「重力」的作用。我們不會輕飄飄地從地面浮起，物體會往下墜落，都是被重力往地球中央拉扯的緣故。重力也是物體重量的來源。
肉眼看不見的「引力」會發揮作用，使任二物體間相互吸引。重力是地球的引力和地球自轉的離心力合併的力量。物體越大引力相對也越強。由於地球很龐大，所以引力也很強。

▲重力創造出物體的重量。

電磁波

電力和磁力相互影響產生的波動稱為「電磁波」。電磁波依頻率（1秒鐘內的波數）而分成好幾種。頻率的單位為「Hz」(赫茲)，代表每1秒鐘的震動次數。
無論是肉眼看得見的光線「可見光」、讓皮膚變黑的「紫外線」、遙控器使用的「紅外線」、X光檢查使用的「X射線」、微波爐使用的「微波」，全都屬於電磁波。收音機和電視、手機等通訊設備也是利用電磁波。經常被使用的「無線電波」是頻率比光線還低的電磁波。

▲經常運用在飛機與船的通訊以及氣象觀測的雷達，使用高頻率電磁波。

●電磁波譜（以頻率區分電磁波）

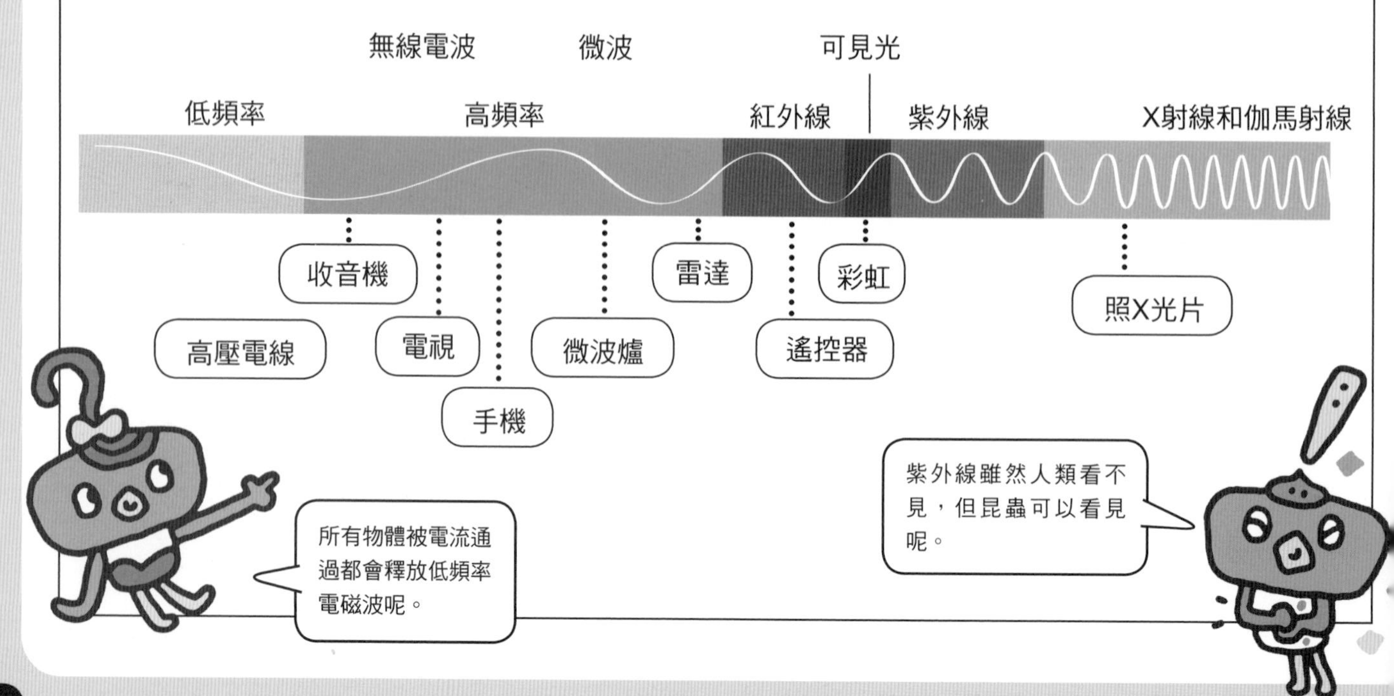

反射

光線在沒有障礙物的前提下會一路直射。然而當光線撞到物體就會反彈，這個現象被稱為「光的反射」。
就像鏡子，表面光滑的物體很會反射光，像布等表面粗糙的物體就不太會反射。
鏡子會映照出物體，也是因為光線反射在鏡子上才能看得見。直射鏡子的光線會直向反射，斜射的光線則會以相同角度反射到相反側。只要利用這個性質，就能以鏡子查看看不到的地方。像汽車的後照鏡和道路反射鏡，也都是利用反射的原理。

▲道路反射鏡可以照出司機看不到的死角。

分子

物質細分到最後，還能保持該物質性質的最小粒子就是「分子」。分子繼續細分成無法再細分的最小粒子則稱為「原子」，細分至原子時，就會失去該物質的性質。當原子的種類、排列方式、大小有差異時，就會成為截然不同的物質。
例如水分子是由1個氧原子（O）和2個氫原子（H）所組成，而塑膠是以碳為中心的超長分子所組成。

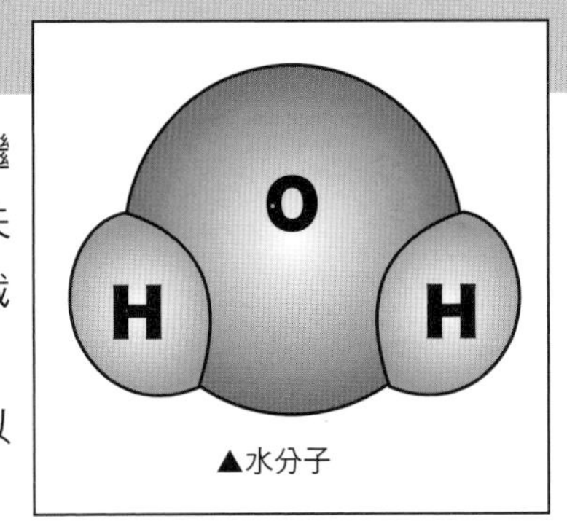

▲水分子

變態

昆蟲和其他動物不同，幼兒的外表與父母截然不同。昆蟲的成長方式被稱為「變態」。
例如蝴蝶從卵孵化成幼蟲，會蛻皮好幾次長成大幼蟲，最後化為蛹。雖然在蛹期間動也不動，什麼也不吃，但蛹內卻產生了很大的變化，約過1個月後會破蛹而出，成為與父母相同姿態的成蟲。
卵→幼蟲→蛹→成蟲的成長方式被稱為「完全變態」。像蚱蜢、椿象、蟬等則不會化蛹，而是從幼蟲期不斷蛻皮長大為成蟲，被稱作「不完全變態」。

●鳳蝶的變態

▲卵

▲幼蟲

▲蛹

▲成蟲

—— 給各位家長的話 ——

讓您游刃有餘地回應孩子的「為什麼？」

中島千惠子

（千葉經濟大學短期大學部兒童學科教授）

透過體驗知曉的喜悅・理解的樂趣，是奠定學習的基石

還記得孩子在某段時期，總愛追根究柢地問「○○是什麼？」、「為什麼？」嗎？孩童會經歷一段把興趣、注意力、好奇心放在外界事物上的時期。察覺到不可思議、令人驚訝的事物，從中了解原因的喜悅，是孩童學習的原點。

但隨著年歲漸長，於無意間流失、忽略的事物也變得越來越多。世界運作得如此快速，被時間和該做的事情追著跑的我們，很可能過著內心毫無餘裕的日子。因此請各位關注一下周圍的環境，應該充斥著各式各樣讓孩子們想問的「為什麼」。耐心慢慢閱讀本書，應該能看見許多令人驚呼連連、為何如此、未知未解及不可思議的事情。

為鼓勵孩子坦率開口問「為什麼」，家長應該先展現聆聽的態度。切勿以無聊、沒意義等言辭否定孩子，也要避免以忙完再說等理由搪塞，最後不了了之的方式來對待孩子。當場認真接受孩子的提問，創造親子一起動腦思考的時間吧。

面對孩子的提問，您是否秉持著非得要答對，即使被問倒也要裝作若無其事的想法呢？其實重點並非對孩子的疑問和話語給予正確回答，針對孩子抱持疑問，確實傳達像「虧你注意得到」等讚許才是關鍵所在。接下來與孩子有志一同地調查和進行實驗吧。透過體驗認知的喜悅、理解的樂趣，奠定學習的基石，達到終身學習的目的。

本書的重點並非是知識多寡，而是透過親自動手做以實際體驗知識。其中也包含大人不知道和不明瞭的知識，家長與孩子一起邁步向前學習，樂在其中的態度尤其重要。藉由發表各自的想法，親子間的溝通也會變得更豐富親密，同時還能加深彼此的羈絆。家長不妨以輕鬆愉快的口吻鼓勵孩子「要不要來調查」、「要試試看嗎」，像這種循循善誘，會成為孩子們的心靈支持以及希望。

●關於生物的為什麼？

孩子們都很喜歡生物，而且極度感興趣與關注。周遭生物的存在，可以讓孩子們實際體會到生命的不可思議、驚異和神祕。

生物各自具備其獨特的型態和生態。除了外觀、動作耐人尋味以外，與自己的生活相比也令人匪夷所思……想必孩子們會滿腹疑問吧。任何生物都有存在的意義，而且還有許多適應環境的求生智慧。親子間請務必多談論關於求生能力的話題。

還有很多肉眼看不見和被忽略的生物，請與孩子攜手調查，培養他們仔細觀察思考的態度吧。讓他們明白每種生物都有存在的必要，還有對環境的重要性。雖然部分家長難免怕蟲，但請大人率先表現出想逐步理解生物本質的態度，從家中、庭院、路上、生活周遭開始思考「為什麼」吧。

●關於日常生活的為什麼？

生活中有許多不可思議的現象。環視家中就能注意到廚房的瓦斯爐、櫥櫃、冰箱內部構造和食材，耐人尋味的寶庫就近在眼前。正因為是近在咫尺的事物，我們更該提高關注，懷抱一探究竟的想法。假使有許多事情被孩子一問三不知，我們也會明白到過去無意間看到、所做的事情，其實都有合理的回答。

現代人生活忙碌，傾向認為儘快處理好許多事比較好。但從現在起，請認真接受孩子停下腳步，對你提出的單純疑問和想法，然後與孩子共同品味小疑問帶來的大驚奇。透過簡單的實驗來加深理解，增添生活的樂趣。

●關於身體的為什麼？

面對奧妙又神祕的人體，雖然很難釐清確切是體內的什麼事物如何發揮作用，但透過表面的現象和症狀等，便能找出自己需要什麼，以及自己體內到底發生了什麼事。明白身體須仰賴各種必要機能才能維持生命，著實令人驚嘆不已。

重要的是讓孩子們在自行能理解的範圍內，注意自己的身體，懷抱健康意識過生活。與孩子一起從頭到腳思考一遍對於自己體內衍生的疑問吧！相信會激起孩子愛惜自己身體、重視他人生命和身體的心情。

學校重視健康教育和飲食教育，並因應年級實踐內容。與孩子多談論從家庭間純粹的交流所產生的感受、疑問，請大家確切感受到人類的美好吧。

●關於地球・宇宙的為什麼？

想必許多人有過觀賞著耀眼奪目的滿天星斗，談論著關於星座的話題，認為月亮上面有玉兔的童年吧。如今人類登陸月球，已可以透過影像得知月球的全貌。科技的進步日新月異，昔日充斥想像和浪漫世界存在的謎團也逐一闡明。太空人也成為一種未來的職業，而非遙不可及的夢想。與孩子共同體會這份憧憬的心情，思考目前現實已知的事吧。

自然也會帶給人類的生活莫大的影響。天氣預報和日常生活息息相關，若能讓孩子確實理解自然現象、地球暖化等各種知識，我想是能留給迎向未來的孩子們的重要資產。也許內容有點艱澀，但藉由親子間彼此調查及討論，應該能感受到人與大自然的重要羈絆，並對自然心懷敬虔。

國家圖書館出版品預行編目(CIP)資料

科學真有趣!為什麼?是什麼?怎麼會?孩子最想知道的科學疑問200+ / 米村傳治郎總監修 ; 亞緋琉, 童唯綺翻譯.
-- 初版. -- 新北市 : 雅書堂文化, 2020.08
面；　公分. --（知識探險家 ; 01）
ISBN 978-986-302-544-3(精裝)

1.科學 2.問題集 3.通俗作品

302.2　　109007818

知識探險家 01

科學真有趣！
為什麼？是什麼？怎麼會？
孩子最想知道的科學疑問200＋

總　監　修／米村傳治郎
翻　　　譯／亞緋琉・童唯綺
發　行　人／詹慶和
執 行 編 輯／陳昕儀
編　　　輯／蔡毓玲・劉蕙寧・黃璟安・陳姿伶
執 行 美 術／陳麗娜・周盈汝・韓欣恬
出　版　者／雅書堂文化事業有限公司
發　行　者／雅書堂文化事業有限公司
郵政劃撥帳號／18225950
戶　　　名／雅書堂文化事業有限公司
地　　　址／220新北市板橋區板新路206號3樓
電 子 信 箱／elegant.books@msa.hinet.net
網　　　址／www.elegantbooks.com.tw
電　　　話／(02)8952-4078
傳　　　真／(02)8952-4084

2020年8月初版一刷　定價680元

KAGAKU TTE OMOSHIROI! NAZE? NANI? NANDE? WAKUWAKU SCIENCE
Supervised by Denjirou Yonemura

Original Japanese edition published by Nitto Shoin Honsha Co., Ltd.

This Traditional Chinese language edition is published by arrangement with
Nitto Shoin Honsha Co., Ltd., Tokyo in care of Tuttle-Mori Agency, Inc., Tokyo
through Keio Cultural Enterprise Co., Ltd., New Taipei City

經銷／易可數位行銷股份有限公司
地址／新北市新店區寶橋路235巷6弄3號5樓
電話／（02）8911-0825 傳真／（02）8911-0801

鳴謝・原書STAFF

●協助
西村聡一（Science Entertainment股份有限公司）
村上渡、関野剛、板桓喜子、市岡元 、田中由香里
海老谷浩（米村傳治郎 Science Production）

●照片提供
冒險大世界（p43）
海野和男（p87）
かみね公園管理事務所（p79）
下關市下關水族館海響館（p33）
Stingray Japan（p33）
長崎Bio Park（p39）
廣島市衛生研究所（p203）
横濱市野毛山動物園（p37）

●照片出處
amanaimages:10-11,82-83,132-133,206-207 / fotolia : Marcel Jancovic:13,
geoffkuchera:20, brm1949:20,Ammit:33,Mariusz Prusaczyk:33,
trialartinf:34,khamkula:3,camerawithlegs:38,brm1949:39,susan flashman:39,Lisa
Hagan:39,shanemyersphoto:40,Fotokon:49,Rainer Gampe:49,Irina K.:60jeremykeithbrown:69,gilitukha:77,anankkml:95,ooaco:95,7activestudio:98,watoson:100,maros_bauer:100,Marcus:100,decade3d - anatomy online:03,vvoe:165/ shutterstock :Jason Patrick Ross:25,KAMONRAT:34,Pearl Media:37,Shane
Gross:36,CristinaMuraca:92,Studio_G:99 / NASA : 212-213 / PIXTA :
12-13,17,18,20,22,25,28,29,30,35-38,40,42,44,46-47,50,55,58,60,62,72,75-76,80-81,
115-116,121,154,199 / Photolibrary/ ©Keisotyo" 源氏螢幼蟲 "/CC BY3.0 : 30 / ©Hans Hillewaert"Ocean quahog from the North Sea."/ CC BY 3.0:33 / ©Twilight Zone Expedition Team 2007,NOAA-OE./ CC BY 3.0:33 / ©Roger Culos"Harpagophytum procumbens"/CC BY 4.0:67

●執筆
宇川静
渋谷典子
とりごえこうじ
栗田芽生（Group・Columbus）
橋本千絵（Group・Columbus）

●角色設計
法嶋かよ

●本文插圖
かわむらふゆみ
末藤久美子
鶴田一浩
とりごえこうじ
吉見礼司

●裝幀
cycledesign

●本文設計
坂田良子

●企劃・編輯
Group・Columbus（石井立子）

●編輯
畠山健一（辰巳出版）